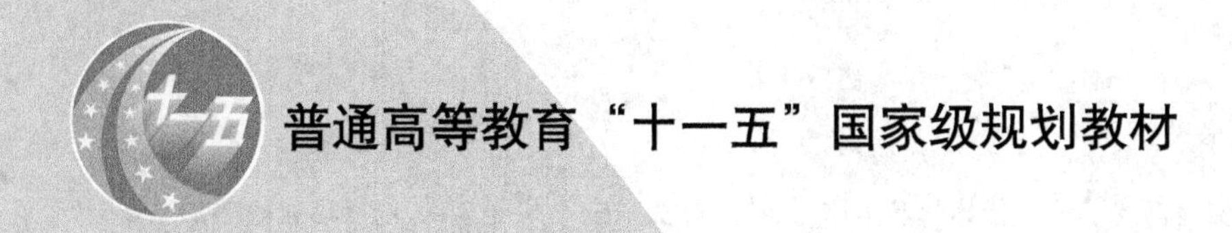

清华大学能源动力系列教材

炉内传热原理与计算

Theory and Calculation of Heat Transfer in Furnace

张衍国　李清海　冯俊凯　编著

Zhang Yanguo　Li Qinghai　Feng Junkai

清华大学出版社

北京

内 容 简 介

本书简明而系统地阐述了炉内传热的基本原理、计算方法。全书共分7章,包括辐射换热的基本理论与计算,层燃炉、室燃炉和循环床锅炉的炉膛传热计算方法,锅炉热力计算方法,以及积灰、结渣对炉膛传热的影响等内容。本书作为衔接基础课"传热学"和"锅炉课程设计"之间的教材,对从基础理论到工程实际的处理方法给予了充分的重视。结合实际的工程案例,提供了完整的炉膛传热和热力计算的实例,并结合最新的研究进展系统介绍了气固两相流的传热和循环流化床锅炉的传热计算。本书采用国际单位制,并附录了常用的中英文专业词汇,供查阅英文资料时使用。

本书是普通高等教育"十一五"国家级规划教材,可作为高等学校热能工程类专业的高年级本科生教材或教学参考书,也可供相关专业工程技术人员参考。

图书在版编目(CIP)数据

炉内传热原理与计算/张衍国,李清海,冯俊凯编著. —北京:清华大学出版社,2008.3(2023.5重印)
(清华大学能源动力系列教材)
ISBN 978-7-302-16967-3

Ⅰ. 炉… Ⅱ. ①张… ②李… ③冯… Ⅲ. ①锅炉—传热学—高等学校—教材 ②锅炉—传热计算—高等学校—教材 Ⅳ. TK224.1

中国版本图书馆 CIP 数据核字(2008)第013179号

责任编辑:曾 洁 洪 英
责任校对:赵丽敏
责任印制:朱雨萌

出版发行:清华大学出版社
网　　址:http://www.tup.com.cn,http://www.wqbook.com
地　　址:北京清华大学学研大厦A座　　**邮　　编**:100084
社 总 机:010-83470000　　**邮　　购**:010-62786544
投稿与读者服务:010-62776969,c-service@tup.tsinghua.edu.cn
质量反馈:010-62772015,zhiliang@tup.tsinghua.edu.cn
印 装 者:北京九州迅驰传媒文化有限公司
经　　销:全国新华书店
开　　本:185mm×230mm　　**印　张**:14.75　　**字　　数**:300千字
版　　次:2008年3月第1版　　**印　　次**:2023年5月第3次印刷
定　　价:46.00元

产品编号:023427-03

序

PREFACE

能源、交通、材料是推动社会工业化、电气化和信息化的基本要素。电力供应和交通运输是社会基础建设的两个先行官。能源动力主要源自化石燃料作为工业粮食在炉内燃烧释放的化学反应热。炉内传热又以辐射换热为主,通过辐射换热和对流换热将热量传递给受热面,然后通过导热传入受热物体内部,炉内传热还包括炉壁导热和烟气灰渣的排放而将热量传向环境,成为未能有效利用的热损失。炉内过程是燃烧和传热与流动的耦合,炉内传热受许多工程因素的制约。设计电站锅炉、燃气轮机和喷气发动机的燃烧室以及各种工业与民用炉窑都必须考虑生态环境和技术经济的要求,应当实现节能、减排、降低制造成本、节约资源消耗的运行费用。

本书是多年来在清华大学热能工程系讲授专门化课程“炉内传热”的基础上编写的教材。先修课为专业基础课“传热学”,后继课有“锅炉设计(校核)”等专业课,是一门典型的由基础理论到工程应用的衔接课程,帮助读者了解如何由表及里、通过适当简化近似的工程学方法,掌握主次地进行创新设计。全书共7章,前三章具体讲解炉内辐射,特别是第1章深入分析了热辐射的本质及其基本规律。第4章扼要介绍不同于常见的层燃炉和悬燃炉的流化床传热。第5章汇总介绍炉内传热的计算,第6章介绍受热面积灰和结渣对传热的影响。第7章介绍了炉内传热的测量、包括新型热流计的实有知识。

全书成稿后,我有幸得窥全豹,深感有其特色,概念清晰,深入浅出,文字简洁,表达流畅,有助于理解实际的炉内传热过程。特为之列举如上,算是简单的推荐,供读者参考。

王补宣

2007年10月于清华园

前言

FOREWORD

能源、交通、通讯和原材料是驱动一个国家的经济前进的四只轮子，缺一不可。

"炉"普遍存在于工业生产、人民生活的各个方面，燃料中不仅有煤，还有油、气及其他可燃物。中国是煤炭大国，火力发电约占总发电量的70%，如加上工业锅炉、民用锅炉及生活用炉，由化石燃料所提供的能源，所占比例更高。除了煤化工过程外，用煤取得热能的设备都离不开炉，如电站锅炉、工业锅炉、炉窑、民用锅炉等，都存在炉内过程，即炉内的燃烧(化学反应)、传热、流动等过程。炉内过程有着广泛的工程应用背景，炉内传热是炉内过程的主要部分之一，是本书的主要内容。

工程热物理的传热学在动力工程中的主要应用之一就是炉内传热，涵盖了热传导、对流换热和辐射换热的所有形式。炉内传热研究炉内过程中的传热行为，主要是炉膛内的传热行为。一般而言，炉膛是燃烧反应的容器，是炉内温度最高的区域，通常的燃烧反应发生的温度比自然环境温度(－40～＋40℃)高得多，其热量交换的主要方式是辐射，因此，本书的主要内容是介绍炉内辐射换热行为及其规律。对流和导热作为另外两种基本传热方式，在炉内换热过程中同时存在，如水冷壁管中的导热和烟气侧的对流换热，但这两种传热方式的基本规律已在基础传热学中有较详细的介绍，因此作为锅炉尾部低温区内的对流换热计算方法在本书中只作了基本介绍，并且为了内容的完整，介绍了锅炉的热力计算方法。限于篇幅和课时，没有介绍炉内传热的数值方法和特种锅炉、工业炉窑的炉内传热等内容。

炉内传热作为一门专业基础课，既是"传热学"等基础课程的继续深化，又为"锅炉设计(校核)"等专业课程提供了解决炉内问题必要的基础。因此，它不仅有一定的理论性，还有明显的工程特点，是一门典型的从理论到实际的课程，帮助学生了解如何通过简化、近似等工程方法从物理理论走向工程应用。通过对本书的学习，希望读者能在两个方面有所收获：一是在方法上掌握工程近似、简化处理的基本思路、方法，了解工程知识的理论背景，以利于掌握新的知识，开拓新的领域；二是在内容上着重对基本概念的理解和对基本原理的应用。

本书由张衍国、李清海和冯俊凯共同编写，由张衍国统编，是多年来在清华大学讲授“炉内传热”课程的基础上编写的。编写的基本原则是概念清晰、系统完整，力求简明扼要，并不强求对基本内容的推导过程进行全面、详细的介绍。

冯俊凯先生把多年积累的关于炉内传热的讲义、内部资料和工程资料全部拿来供编写时参考，在此特别予以感谢！书成之际，我的老师王补宣先生欣然为之作序，令我深感荣幸！

在本书的编写过程中，北京锅炉厂任钢炼总工程师为本书提供了410t/h锅炉的实际算例和部分工程资料；北京交通大学博士生孙进完成了附录的热力计算；同事吕俊复教授提供了部分循环床锅炉的计算方法资料，并修改、审阅了相关的章节；同事谢毅完成了大量的文稿修改工作，在此一并致以深深的谢意！同时感谢关心、支持本书写作的所有同仁！

本书获普通高等教育“十一五”国家级规划教材计划的资助，得到了清华大学热能工程系和热能工程研究所的领导和同事的支持与帮助，以及清华大学出版社编辑曾洁、洪英的大力支持，在此深表谢意！

本书第1章角系数计算公式和附录B引用了文献[18]和文献[20]的部分内容，第4章引用了文献[16]的部分内容和图表，第6章引用了文献[15]的部分内容和图表，在此对上述文献作者表示感谢，并对所有参考文献的作者表示衷心的谢意。

张衍国

2007年10月于清华园

主要符号表

a　常数；吸收系数；黑度；飞灰份额，%；宽度，m

[A]　燃料中灰的质量分数，[%]

A　面积，m^2

b　深度，m

B　磁感应强度；燃料消耗量，kg/s

c　常数；修正系数；光速，m/s；比热容，J/(kg·K)

c_p　比定压热容，J/(kg·K)

C　修正系数

[C]　燃料中碳元素质量分数，[%]

d　直径，m，mm

D　直径，m；锅炉蒸发量，kg/s，t/h

E　能量，J；辐射力，W/m^2；电场强度，V/m

e　能级；误差，%

g　能级简并度；过热器冷段或者热段的烟气质量份额

G　单位质量燃料燃烧产生的烟气量，kg/kg

h　Planck 常数；换热系数，$W/(m^2 \cdot K)$；高度，m

H　磁场强度，A/m；辐射换热面积，m^2；

[H]　燃料中氢元素质量分数，[%]

i　虚数单位

i　工质(水、蒸汽)焓值(质量焓)，kJ/kg

I　辐射强度，$W/(m^2 \cdot sr)$；空气、烟气焓值(质量焓)，kJ/kg

k　减弱系数的系数，$(m \cdot Pa)^{-1}$；Boltzmann 常数

K　辐射减弱系数，m^{-1}；传热系数，$W/(m^2 \cdot K)$

l　无量纲长度

L　长度，m

m　质量，kg

[M]　燃料中水的质量分数，[%]

n　折射率

[N]　燃料中氮元素质量分数，[%]

[O]　燃料中氧元素质量分数，[%]

p　压力(强)，Pa，MPa

Pr　普朗特数

q　热流密度，W/m^2；容积或者截面热负荷，W/m^3，W/m^2；锅炉热量百分比，%

Q　热流量，W；燃料热值，kJ/kg

r　矢径，m；电阻率，Ω·m；气体份额

R　半径，m

R_{90}，R_{30}　孔径分别为 90μm，30μm 的筛子通过后剩余的质量分数，%

s　射线行程，有效辐射层厚度，m；Poynting 矢量，W/m^2；节距，mm

[S]　燃料中硫元素质量分数，[%]

t　时间，s；温度，℃

T　热力学温度，K

u　积分方程的未知函数；流速，m/s

v　空隙率

V　容积，m^3；空气量或者烟气量，m^3/kg

w　速度，m/s

x,y,z　坐标

x　有效角系数

Z　管排数

α　吸收率；吸收度；Lagrange 因子；过量空气系数；放热系数

β　Lagrange 因子；空气预热器过量空气系数

γ　介电常数，F/m

Δ　差值符号

δ　光学厚度；壁厚，mm

ε　发射率；黑度

φ　角系数；保热系数

η　无量纲坐标；效率，%

θ　极角，入射角，rad；温度，℃；倾角，(°)

Θ　无量纲温度

λ　波长，μm；导热系数，W/(m·k)

μ　磁导率，H/m，V·s/(A·m)；无因次浓度(质量分数)，kg/kg

ν　频率，Hz；运动黏度，m^2/s

ξ　无量纲坐标利用系数；利用系数

ζ　灰污系数

Π　系数

ρ　密度，kg/m^3；反射率；电荷密度；积灰系数，$m^2·℃/W$

ρw　蒸汽质量流速，$kg/(m^2·s)$

σ　Stefan-Boltzmann 常数，$W/(m^2·K^4)$

τ　穿透率；系数

ϕ　方位角，rad

χ　折射角，rad

ψ　热有效性系数

ω　圆频率，s^{-1}

Ω　立体角，sr

($\bar{\ }$)　平均

上标

$'$　入口

$''$　出口

0　理论

下标

A　表面；截面

a　吸收；空气；绝热

air　空气

aph　空气预热器

ar　收到基

ave　平均

b　黑体；底部；锅炉；床

bd　锅炉排污

c　炭黑；折算；对流；冷段

cal　计算

ca　冷空气

co　焦炭

d　漫射；分散相

daf　干燥无灰基

db　密相床

ds　减温水

DT　变形温度

dw　向下

e　发射；环境；出口；当量

eco　省煤器

ex　排烟

F　炉膛；截面

f　前

fa　飞灰；折焰角

fb　稀相区

fe　炉膛出口

fl　火焰

FT　流动温度

fw　锅炉给水，炉壁

G　灰体

g　烟气

H　截面

h　热段

ha　热空气

H_2O　水

i　入射；入口；内径

I　投射

ic　结壳

i,j,k　表面编号

in　进入

is　内壁，内侧

l　漏风

lf　发光火焰

m　最大；介质；平均；改正

max　最大

mh　门孔

min　最小

ms　制粉系统

n　法向；三原子气体

N_2　氮气

o　出射；外径；出口

os　外壁，外侧

p　投影；第一级；屏式；颗粒

ph　灰渣物理热

r　辐射；后

R　有效辐射

rad　炉体散热

rb　卫燃带

rc　转向室

rh　再热器

RO_2　CO_2 和 SO_2

roof　炉顶

s　散射；本身(辐射)；距离；第二级；侧面；表面；系统；饱和

sh　过热器

ss　过热蒸汽

ST　软化温度

sys　系统

t　透过；管子；水冷壁

uc　固体不完全燃烧

ug　气体不完全燃烧

up　向上

ut　锅炉有效吸热

V　容积

w　壁面；墙

wch　冷灰斗

wm　工质

x,y,z　在 x,y,z 方向上的分量

r,β,θ　球坐标轴

λ　单色(波长)

ν　单色(频率)

ϕ　方位角

α　吸收

τ　穿透

ρ　反射

目录

CONTENTS

第1章

CHAPTER 1

热辐射的理论基础和基本性质

一切物质，由于分子或原子受到与内能有关的激发(如受热、光照、化学反应以及电子等微粒撞击等)，都能连续地发射电磁能，这种现象称为辐射。经典物理认为辐射是电磁波，而近代物理则认为辐射是光量子即光子的传输。严格地说，辐射具有波粒二象性，既有光子(微粒)的性质又有电磁场(波)的性质，因此在本书中认为这两种提法是等同的，也就是说提到辐射，既指光子，也指电磁波。

在平衡状态下，物质的内能与温度有关，温度越高，内能越大，物质发出的辐射能的范围可以覆盖整个电磁波谱。图1.1给出了电磁波谱和相应的产生机制。

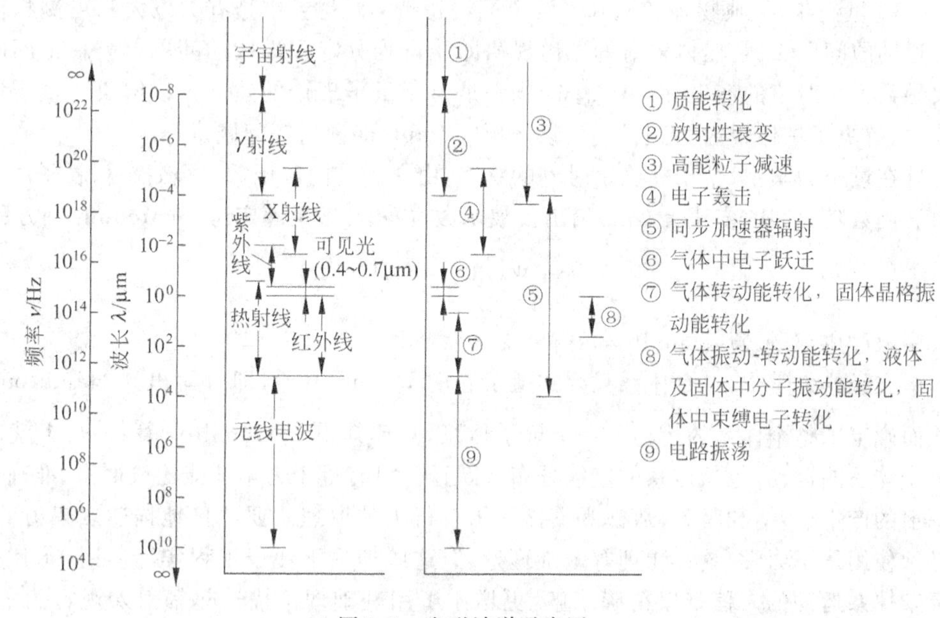

图1.1 电磁波谱示意图

在工程上，通常把组成物质的大量分子作杂乱而不规则运动所具有的能量称为该物质的热能，而把物质的热能转变为辐射能的现象称为热辐射，热辐射所发射的为射线。一般地，热辐射包括红外线和可见光，也包括近紫外线的一部分，其波长范围大致为0.1～100μm，其中0.7～

100μm 属于红外线,0.4～0.7μm 属于可见光,0.1～0.4μm 属于近紫外线。

从传热学角度看,热辐射是物体之间热量交换的一种方式。通过射线的发射与吸收进行能量交换的换热方式称为辐射换热。

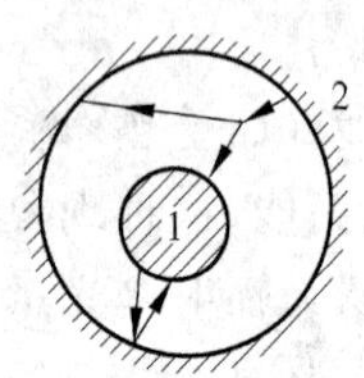

图 1.2 同心球之间的辐射换热

如图 1.2 所示,是两个同心的球壳 1 和 2,球壳之间为真空,如果起始状态两者温度不相等($t_1<t_2$),然后经球壳 2 加热(不采用导热或对流等其他方式),那么球壳 1 的温度也会升高,这时 1 与 2 之间没有导热或对流传热,球壳 1 的温升就是由于辐射所致。

本章介绍热辐射理论的最重要的基础,扼要说明物体热辐射的基本性能表示方法,着重介绍热辐射的基本定律和辐射换热计算的原则性方法。这些是求解辐射换热问题和进行工程计算的基础。

1.1 热辐射的理论渊源——黑体辐射定律

19 世纪末,经典物理学遇到了两个无法超越的难题：一是有关以太和可测物体的相对运动的问题,二是黑体辐射的光谱规律即能量均分定理失效的问题。第一个问题的解决导致了相对论的产生,而第二个问题则是由于量子理论的建立得以解决。量子理论的建立,解决了黑体辐射、光电效应、康普顿(Compton)散射等问题。

在量子力学中,粒子在确定时刻的状态,由一确定的波函数 $\Psi(\boldsymbol{r})$描写,粒子的运动则由波函数随时间的变化 $\Psi(\boldsymbol{r},t)$给出。波函数 $\Psi(\boldsymbol{r},t)$满足薛定谔(Schrödinger)方程

$$\mathrm{i}\hbar\frac{\partial}{\partial t}\Psi(\boldsymbol{r},t)=\hat{H}\Psi(\boldsymbol{r},t)\tag{1.1}$$

式中,$\hat{H}$为哈密尔顿(Hamilton)算符；$\hbar$ 为常数。

在经典力学中,一个体系只要知道了它的 Hamilton 量,即可写出其 Hamilton 方程,从而确定了整个体系的运动。一个量子体系,只要知道了 Hamilton 算符 $\hat{H}$,也就确定了整个体系的运动,包括体系的能级分布及跃迁。只有量子力学才能比较严格、准确地描述辐射的产生、传播和吸收,从微观上描写辐射行为的原理。要严格地描述热辐射的行为,必须使用量子力学、统计物理等基础理论,但这些理论不便于工程实际使用,尤其是描述复杂体系运动的方程难以精确求解,更增添了用基础理论描述热辐射宏观行为的困难。因此,在工程时间允许的范围内进行合理的简化、近似,以便于工程应用,就成为必要的事情了。这个任务由工程专业学科来完成。

这一节重点介绍作为整个热辐射理论基础的黑体辐射定律,即普朗克(Planck)定律。在基础传热学课程中,我们知道黑体就是指可以全部吸收投射于其表面的各种波长的辐射能的物体。Planck 定律描述黑体辐射的行为,这个定律的推导需要使用量子力学和统计物理的一些基本概念与方法,下面予以简单介绍,以便于读者了解热辐射的理论基础和

渊源。

根据量子力学，频率为 ν 的光子的能量为

$$e = h\nu \tag{1.2}$$

式中，$h=6.6262\times10^{-34}\,\mathrm{J\cdot s}$，是 Planck 常数。

在统计物理中，通常把一个由大量微粒子组成的系统的几率最大的分布称为该系统的最可几分布。最可几分布常被用来表示某些孤立系统的平衡态分布。光子不服从泡利(Pauli)不相容原理，因而是玻色(Bose)子，而中子、电子、质子等服从 Pauli 不相容原理的粒子则称为费米(Fermi)子。

经典的粒子在能量连续、简并等条件下，满足经典的麦克斯韦-玻耳兹曼(Maxwell-Boltzmann)分布。Bose 子遵守玻色-爱因斯坦(Bose-Einstein)分布(即 B-E 分布)，而 Fermi 子则遵从费米-狄拉克(Fermi-Dirac)分布(即 F-D 分布)。

根据统计物理的基本原理，可以导出 B-E 分布的统计公式为

$$N_i = \frac{g_i}{\exp(\alpha + \beta e_i) - 1} \tag{1.3}$$

式中，N_i 为处于能级 $e_i = h\nu_i$ 的粒子数；g_i 为能级 e_i 的简并度；α、β 为拉格朗日(Lagrange)因子。对于光子而言，$\alpha=0$，即光子遵从的统计公式为

$$N_i = \frac{g_i}{\exp(\beta e_i) - 1} \tag{1.4}$$

考察体积为 V 的空腔，其表面温度为 T，对 V 中的光子而言，有

$$\beta = \frac{1}{kT} \tag{1.5}$$

式中，k 是 Boltzmann 常数，为 $1.38\times10^{-23}\,\mathrm{J/K}$。$V$ 中的光子在能级为 e_i 时简并度为

$$g_i = \frac{8\pi V v_i^2}{c^3}\mathrm{d}v_i \tag{1.6}$$

把式(1.5)、式(1.6)代入式(1.4)，可得到空腔 V 中频率在 $v_i \sim v_i + \mathrm{d}v_i$ 之间的光子数为

$$\mathrm{d}N_i = \frac{8\pi V v_i^2}{c^3}\frac{\mathrm{d}v_i}{\mathrm{e}^{\frac{e_i}{kT}} - 1} \tag{1.7}$$

把光子能量 $e_i = h\nu_i$ 代入式(1.7)，有

$$\mathrm{d}N_i = \frac{8\pi V v_i^2}{c^3}\frac{\mathrm{d}v_i}{\mathrm{e}^{\frac{h\nu_i}{kT}} - 1} \tag{1.8}$$

那么与总数为 $\mathrm{d}N_i$ 对应的光子的能量为

$$\begin{aligned}\mathrm{d}e_i &= h\nu_i \mathrm{d}N_i \\ &= \frac{8\pi h V v_i^3}{c^3}\frac{\mathrm{d}v_i}{\mathrm{e}^{\frac{h\nu_i}{kT}} - 1}\end{aligned} \tag{1.9}$$

单位体积的光子能量即 $v_i - v_i + \mathrm{d}v_i$ 的辐射能量密度为

$$u_i \mathrm{d}v_i = \frac{\mathrm{d}e_i}{V} = \frac{8\pi h v_i^3}{c^3} \frac{\mathrm{d}v_i}{\mathrm{e}^{\frac{h v_i}{kT}} - 1} \tag{1.10}$$

这就是辐射能密度形式的 Planck 定律。对于某一频率 ν_i 而言，可以去掉下标 i。式(1.10)还可以用波长 λ 来表示，由 $v=c/\lambda$ 可得到 $\mathrm{d}v=-\frac{c}{\lambda^2}\mathrm{d}\lambda$，那么在波长区间 $\lambda \sim \lambda+\mathrm{d}\lambda$ 的辐射能量密度为

$$u_\lambda \mathrm{d}\lambda = \frac{8\pi hc}{\lambda^5} \frac{\mathrm{d}\lambda}{\mathrm{e}^{\frac{hc}{\lambda kT}} - 1} \tag{1.11}$$

即有

$$u_\lambda = \frac{8\pi hc}{\lambda^5} \frac{1}{\mathrm{e}^{\frac{hc}{\lambda kT}} - 1} \tag{1.12}$$

从上面简单的推导可以看到，Planck 定律完全是在量子力学和统计物理的基本规律下导出的一个必然结果。这个定律表明，一定的波长区间 $\lambda \sim \lambda+\mathrm{d}\lambda$ 的辐射能密度除了与该特定波长 λ 有关外，只与空腔的壁温 T 有关，即 $u_\lambda = f(\lambda, T)$。从这个定律出发，还可以计算一定温度 T 下的不同波长 λ 的辐射能密度，从而得到辐射能密度的光谱分布。在以后的章节中可以看到，这个定律是整个辐射理论的基础，加深对这个定律的理解有助于更好地掌握辐射的本质和规律。

为了简便起见，在本书以后各章节中除特别说明外，辐射均指热辐射。

1.2 辐射能量及物体辐射性能的表示

黑体是理想的辐射吸收体和发射体。与热力学中理想气体的概念类似，黑体也是一个理想化的概念，是人们为了与实际辐射物体进行比较的标准。相应地，1.1 节推导的 Planck 定律，也是理想化的辐射能的光谱分布，该分布只与温度和波长有关，那么实际物体的辐射能分布和辐射的性能与黑体有什么差别呢？

1.2.1 辐射能量的表示

首先看看辐射能量是如何被表示的。辐射以光子的形式存在，具有波粒二象性，在此用电磁波的理论来描述。光子即电磁波，遵从麦克斯韦(Maxwell)方程组。

$$\begin{cases} \nabla \times \boldsymbol{E} = -\dfrac{\partial \boldsymbol{B}}{\partial t} \\ \nabla \times \boldsymbol{H} = \dfrac{\partial \boldsymbol{D}}{\partial t} + \boldsymbol{J} \\ \nabla \cdot \boldsymbol{D} = \rho \\ \nabla \cdot \boldsymbol{B} = 0 \end{cases} \tag{1.13}$$

方程组中，$\boldsymbol{E}$ 是空间某一处（坐标为 $\boldsymbol{X}$）、某一时刻（t）的电场强度，严格地说应为 $\boldsymbol{E}(\boldsymbol{X},t)$，此处简化表示，其余各量皆然；$\boldsymbol{H}$ 是磁场强度；$\boldsymbol{D}=\varepsilon\boldsymbol{E}$ 是辅助量，ε 是介电常数；$\boldsymbol{B}$ 是磁感应强度；$\boldsymbol{J}$ 是电流密度；ρ 是电荷密度。

电磁波的能流密度用坡印亭(Poynting)矢量 $\boldsymbol{S}$ 表示：

$$\boldsymbol{S}=\boldsymbol{E}\times\boldsymbol{H} \tag{1.14}$$

在线性介质中 $\boldsymbol{B}=\mu\boldsymbol{H}$，$\mu$ 为常数。那么从方程组(1.13)可得到 $\boldsymbol{E}$、$\boldsymbol{B}$ 满足的波动方程

$$\begin{cases}\nabla^2\boldsymbol{E}-\dfrac{1}{c^2}\dfrac{\partial^2\boldsymbol{E}}{\partial t^2}=0\\[2ex]\nabla^2\boldsymbol{B}-\dfrac{1}{c^2}\dfrac{\partial^2\boldsymbol{B}}{\partial t^2}=0\end{cases} \tag{1.15}$$

在单一频率（即单色）时，方程(1.15)的形式解为

$$\begin{cases}\boldsymbol{E}(\boldsymbol{X},t)=\boldsymbol{E}(\boldsymbol{X})\mathrm{e}^{-\mathrm{i}\omega t}\\\boldsymbol{B}(\boldsymbol{X},t)=\boldsymbol{B}(\boldsymbol{X})\mathrm{e}^{-\mathrm{i}\omega t}\end{cases} \tag{1.16}$$

式中，ω 为电磁场的角频率；i 为虚数，$\sqrt{-1}=\mathrm{i}$。方程(1.15)在非单色时，可通过傅里叶(Fourier)分析得到类似式(1.16)的形式解。

从式(1.14)、式(1.16)可得到

$$\boldsymbol{S}=\boldsymbol{S}(\boldsymbol{X},\omega) \tag{1.17}$$

可见辐射能量是空间($\boldsymbol{X}$)和频率(ω)的函数，也就是说辐射能量是按空间分布和频率分布的。辐射能量的这种性质是这个辐射换热计算与分析的出发点，贯穿于整个热辐射学科。

为了描述辐射能量按空间分布的特点，需要引入若干物理量。在此之前先看看空间立体角的几何定义。如图 1.3 所示，有一个半径为 r 的半球，半球表面上有一微元面积 $\mathrm{d}A_s$，该微元面积对于球心 O 的立体角定义为

$$\mathrm{d}\Omega=\frac{\mathrm{d}A_s}{r^2} \tag{1.18}$$

立体角的单位是球面度(sr)，用符号 Ω 表示。显然，整个半球对球心的立体角为 2π，而整个球面对球心的立体角则为 4π。当然，描述空间的性质还要用方向角来表示，方向角在中学立体几何中已有介绍，不再赘述。

有了方向角和立体角的概念，就可以建立辐射力和辐射强度的概念了。

(1) 辐射强度：空间某一表面在单位时间，与辐射方向垂直的单位面积上，单位立体角内发射的波长从 $0\sim\infty$ 的能量，用符号 I 表示，单位 $\mathrm{W/(m^2\cdot sr)}$，见图 1.4。

图 1.4 中，$\mathrm{d}A$ 为空间某一表面微元面积；$\boldsymbol{n}$ 为 $\mathrm{d}A$ 法线；$\boldsymbol{s}$ 为辐射方向；$\mathrm{d}A_r$ 为垂直于辐射方向 $\boldsymbol{s}$ 的 $\mathrm{d}A$ 投影面积；β 为 $\boldsymbol{s}$ 与 $\boldsymbol{n}$ 的夹角即辐射方向的方向角。因此有 $\mathrm{d}A_r=\cos\beta\mathrm{d}A$，$\mathrm{d}\Omega$ 为 $\boldsymbol{s}$ 方向的任一微元对应的立体角，那么根据定义，令 $\boldsymbol{s}$ 方向辐射能量为 $\mathrm{d}Q$，有

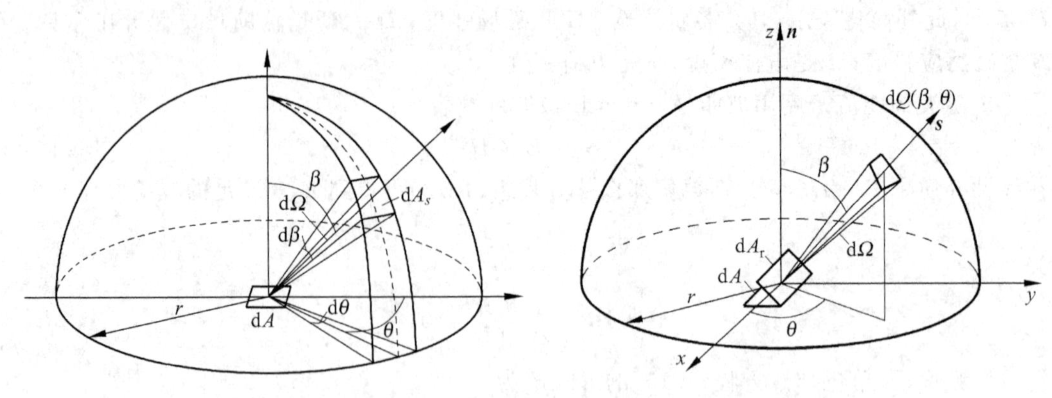

图 1.3　空间立体角的几何定义　　　　图 1.4　辐射强度和辐射力定义示意图

$$I_{\beta}=\frac{dQ}{dA_{r}d\Omega}=\frac{dQ}{\cos\beta dAd\Omega} \tag{1.19}$$

式中，I_β 的下标 β 指 β 方向。

(2) 辐射力：空间表面在单位时间、单位面积上，向在 β、θ 方向上单位立体角发射 0～∞波长的能量，称为 β、θ 方向的方向辐射力，用符号 $E_{\beta,\theta}$ 表示，单位 W/(m² · sr)。由于表面的方向辐射力常与 θ 角无关，故一般不特别指出 θ 角时，用 E_β 表示方向辐射力。如图 1.4 所示，图中符号含义同上所述，则有

$$E_{\beta}=\frac{dQ}{dAd\Omega} \tag{1.20}$$

比较(1.19)和(1.20)两式，可知辐射强度 I_β 与方向辐射力 E_β 之间有如下关系

$$E_{\beta}=I_{\beta}\cos\beta \tag{1.21}$$

特别地，当考虑空间表面在单位时间、单位面积向半球空间辐射 0～∞波长的总能量时，常用半球辐射力(常简称辐射力)E 表示，单位 W/m²，那么 E 与 E_β 的关系是

$$E=\int_{0}^{2\pi}E_{\beta}d\Omega \tag{1.22}$$

1.2.2　物理辐射性能的表示

上面介绍了辐射能按空间分布和频率分布的特点。在工程实际中，主要关心的是物体之间(如锅炉炉腔内的热烟气与水冷壁之间，加热炉的炉墙与工件之间)的辐射换热，因此还需要研究包括固体、液体和气体在内的物体的热辐射性能。

物体对外来的辐射能有吸收、反射和穿透的作用。这里引入吸收率、反射率和穿透率来定量描述这些作用。如图 1.5(a)所示，物体收到外来的投射辐射，其能量 Q_I，物体吸收

了 Q_I 中的一部分能量 Q_α，反射了一部分能量 Q_ρ，还有 Q_τ 的能量穿透了该物体，那么定义

$$吸收率\ \alpha = Q_\alpha / Q_I \tag{1.23}$$

$$反射率\ \rho = Q_\rho / Q_I \tag{1.24}$$

$$穿透率\ \tau = Q_\tau / Q_I \tag{1.25}$$

从图 1.5(b)的能量守恒关系可看出，

$$Q_I = Q_\alpha + Q_\rho + Q_\tau$$

因此有

$$\alpha + \rho + \tau = 1 \tag{1.26}$$

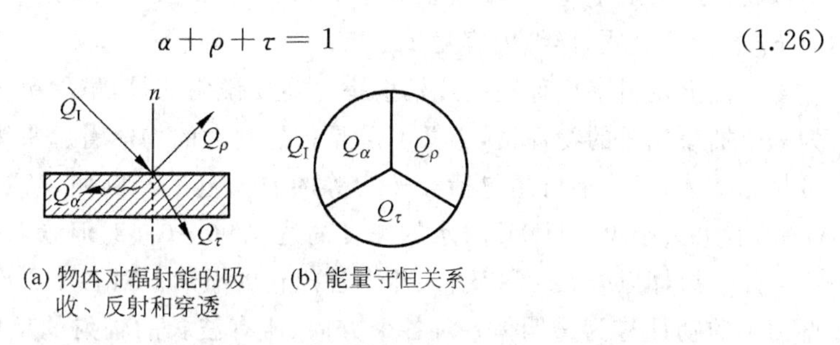

(a) 物体对辐射能的吸收、反射和穿透　(b) 能量守恒关系

图 1.5　辐射能的吸收、反射和穿透

从上述定义可看出，所谓吸收率、反射率和穿透率，实际就是投射辐射被吸收、反射和穿透的份额。那么，这三个份额又与什么条件有关呢？

从图 1.5 和式(1.23)～式(1.25)可看出，物体对外界投射的吸收、反射和穿透的行为，与两个对象有关：一是物体本身，二是投射辐射。概括地说，物体自身的性状，包括物理性质、几何结构，如物质种类、分子或原子排列特点、温度、表面粗糙程度等，都会直接影响物体对外来投射的吸收、反射和穿透的能量。与此同时，投射辐射的频率也直接影响物体的吸收、反射和穿透，也就是说，同一性状的物体，对频率不同的投射辐射的吸收、反射和穿透的能力是不同的。

(1) 吸收行为。从量子力学的观点看，物体对辐射的吸收，本质上是构成物体的粒子(一般是分子或原子)在满足一定条件时吸收了外界的光子，并且发生能级的跃迁。那么，不同种类、不同温度和不同分子或原子结构的物体的微粒微观状态是不同的，其吸收满足其能级之间能量差的光子频率即光子能量也是不同的，因而吸收性能不同；反之亦然。

(2) 反射行为。反射行为主要取决于表面的粗糙程度，遵从反射定律。

(3) 穿透行为。穿透行为主要发生在气体介质中，取决于介质对辐射的吸收能力和反射能力，第 2 章将进一步论述。

根据热力学第三定律，客观世界的一切物体的温度都大于 0K，因此都存在热运动，从而向外发射热辐射。为了描述不同物体在不同温度下发射热辐射的能量，可以借助黑体的性质，建立起发射率的概念。

从传热学中知道黑体就是对所有波长和各个方向的投射辐射完全吸收的物体，也就是说黑体对一切投射辐射的吸收率为1。显而易见，与热力学中的理想气体概念一样，黑体也是一个理想化的概念，从物理本质上说，真正的黑体在自然界中并不存在。

定义一个物体在某一温度下的发射力 E 与同温度下黑体的发射力 E_b 之比为该物体在该温度下的发射率，用符号 ε 表示，即

$$\varepsilon = E/E_b \tag{1.27}$$

实际物体的发射率 $0<\varepsilon<1$。上式中 E_b 是黑体的发射力，由1.1节的Planck定律可以导出 E_b 的计算公式，详细内容见1.3节。

习惯上发射率也称黑度或辐射率。需要说明的是，虽然黑体看上去是黑的，但黑度作为一个抽象比较的物理量，它并不总是指黑度大的物体看起来黑，主要原因在于人眼只对可见光敏感，而热辐射还包括红外线等的波长范围。例如，52℃时炭黑的黑度为0.95～0.99，看上去很黑；而0℃时水的黑度高达0.96～0.98，但看上去却一点不黑。

除了黑体以外，还可以引入几个理想化的概念。对各个方向、所有波长的辐射的穿透率为1的物体称为透明体；对各个方向、所有波长的辐射的反射率为1且符合镜面反射的物体则称为镜体，而符合漫反射的则称为白体。在工程计算误差允许范围内，常把实际物体抽象为几种理想化的物体，或者把这些理想物体当参比物，得到实际物体的某些宏观性质，以利于工程实际的应用，这是从物理理论向工程实际过渡的一种重要而常用的方法。例如，在工程实际中，把几乎不吸收热辐射从而也不发射热辐射的单原子、双原子气体（He、H_2、N_2、O_2）当作透明体处理，把只开一个小孔的封闭空腔当作黑体。

1.2.3 物体辐射性能的单色和方向表示

辐射能量是按空间和波长分布的，辐射能量的交换行为即辐射能的发射与吸收也与空间和波长有关。为了描述物体发射、吸收与波长的关系，引入黑度、吸收率的方向表示。根据发射率、吸收率的原始定义，很容易得到它们的单色、方向表示。

(1) 单色方向黑度 $\varepsilon_{\lambda\beta}$ 指物体在 β 方向上单色辐射强度 $I_{\lambda\beta}$ 与同温度下黑体同波长的单色辐射强度 $I_{b\lambda}$ 之比，即

$$\varepsilon_{\lambda\beta} = I_{\lambda\beta}/I_{b\lambda} \tag{1.28}$$

(2) 单色黑度 ε_λ 指物体某一波长 λ 的单色辐射力 E_λ 与同温度同波长的黑体单色辐射力 $E_{b\lambda}$ 之比，即

$$\varepsilon_\lambda = E_\lambda/E_{b\lambda} \tag{1.29}$$

(3) 方向黑度 ε_β 指物体在 β 方向的辐射强度 I_β 与同温度黑体的辐射强度 I_b 之比，即

$$\varepsilon_\beta = I_\beta/I_b \tag{1.30}$$

(4) 单色方向吸收率 $\alpha_{\lambda\beta}$ 指 β 方向上物体吸收的某一波长 λ 的单色辐射强度 $I_{\alpha\lambda\beta}$ 与同

方向同波长的投射辐射强度 $I_{I\lambda\beta}$ 之比，即

$$\alpha_{\lambda\beta} = I_{\alpha\lambda\beta}/I_{I\lambda\beta} \tag{1.31}$$

(5) 单色吸收率 α_λ 指物体吸收的某一波长的单色辐射力 $E_{\alpha\lambda}$ 与同波长的单色投射辐射力 $E_{I\lambda}$ 之比，即

$$\alpha_\lambda = E_{\alpha\lambda}/E_{I\lambda} \tag{1.32}$$

(6) 方向吸收率 α_β 指物体在 β 方向吸收的辐射强度 $I_{\alpha\beta}$ 与同方向投射辐射强度 $I_{I\beta}$ 之比，即

$$\alpha_\beta = I_{\alpha\beta}/I_{I\beta} \tag{1.33}$$

1.3　热辐射的基本定律

从前两节的分析中可以看到，热辐射的能量是按波长和空间分布的，而 Planck 定律描述了黑体辐射能量按波长分布的规律，这个定律是整个辐射换热理论的基础。显然，只知道辐射能量按波长分布的规律还不够，还需要知道辐射能量按空间分布的规律，其基本规律由朗伯(Lambert)定律反映。此外，热辐射作为一种传热方式，在对其热量传递规律的分析与计算中，显然需要确定物体发射热辐射的本领和吸收热辐射的本领，这个关系则由基尔霍夫(Kirchhoff)定律来描述。本节主要介绍 Planck 定律的工程应用形式及有关推论，Lambert 定律和 Kirchhoff 定律。

1.3.1　Planck 定律及其推论

1.1 节中导出了黑体单色辐射能量密度公式(1.12)：

$$u_\lambda = \frac{8\pi hc}{\lambda^5}\frac{1}{e^{\frac{hc}{\lambda kT}}-1}$$

为了工程应用的方便，把上式用黑体单色辐射力 $E_{b\lambda}$ 来表示，根据热力学方法，可以得到

$$E_{b\lambda} = \frac{c}{4}u_\lambda \tag{1.34}$$

上式可由 $E_{b\lambda}$ 及 u_λ 的定义得出。把式(1.12)代入上式，得

$$E_{b\lambda} = \frac{2\pi hc^2}{\lambda^5\left(e^{\frac{hc}{\lambda kT}}-1\right)} \tag{1.35}$$

工程上为简化起见，引入 Planck 第一常数 $c_1=2\pi hc^2$，其值为 $5.9553\times10^{-16}\,\mathrm{W\cdot m^2}$；Planck 第二常数，$c_2=hc/k$，其值为 $1.4388\times10^{-2}\,\mathrm{m\cdot K}$。那么，式(1.35)可改写为

$$E_{b\lambda} = \frac{c_1}{\lambda^5\left(e^{\frac{c_2}{\lambda T}}-1\right)} \tag{1.36}$$

式中，波长 λ 的单位为 m；温度 T 的单位为 K。

图 1.6 表示了不同温度下 $E_{b\lambda}$ 随 λ 变化的曲线。从图中可看到，同一温度下 $E_{b\lambda}$ 随 λ 的增大，至一个极大值而后又减小。这个规律由稍后讨论的维恩(Wien)位移定律描述。

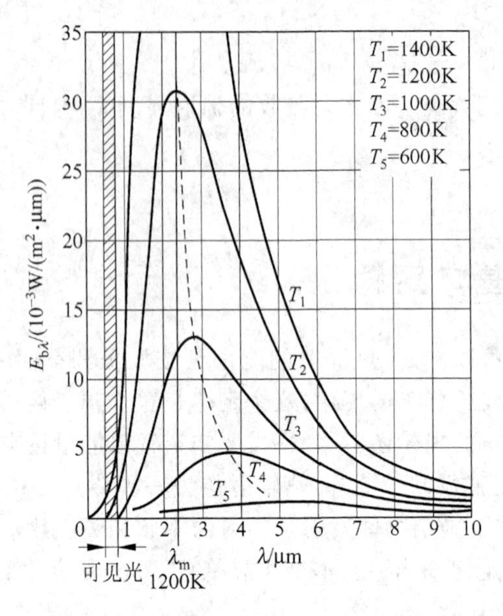

图 1.6　不同温度下黑体辐射力 $E_{b\lambda}$ 与波长 λ 的关系

上述 Planck 定律描述了真空中的黑体辐射，对于非真空介质的黑体辐射，只要把式(1.35)或式(1.36)中的真空中光速 c 换为相应介质下的光速 c' 即可。

对于 Planck 定律，可以进行几点讨论，并得到相应的推论。

(1) 在低频、高温的情况下，如满足条件 $hc/\lambda kT \ll 1$，则式(1.35)分母中的 $e^{\frac{hc}{\lambda kT}}$ 可按级数展开：

$$e^{\frac{hc}{\lambda kT}} = 1 + \frac{hc}{\lambda kT} + \frac{1}{21}\left(\frac{hc}{\lambda kT}\right)^2 + \cdots$$

因为 $\frac{hc}{\lambda kT} \ll 1$，则可略去高次项，保留一次项，那么有

$$E_{b\lambda} = 2\pi kc\,\frac{T}{\lambda^4} \tag{1.37}$$

这就是瑞利-金斯(Rayleigh-Jeans)公式，主要适用于红外区域。

(2) 在高频、低温的情况下，如满足 $\frac{hc}{\lambda kT} \gg 1$，则式(1.35)分母中的 $e^{\frac{hc}{\lambda kT}} - 1 \approx e^{\frac{hc}{\lambda kT}}$，那么：

$$E_{b\lambda} = \frac{2\pi hc^2}{\lambda^5 e^{\frac{hc}{\lambda kT}}} \tag{1.38}$$

这就是最初由 Wien 用半经验方法得到的公式，称为 Wien 公式，主要适用于紫外区。

(3) 从图 1.6 可看出，在一定温度下，能量密度 $E_{b\lambda}$ 在某一波长处有最大值，这一波长称为最概然波长，习惯上以 λ_m 表示。由式(1.36)的极值条件

$$\frac{\partial E_{b\lambda}(\lambda, T)}{\partial \lambda} = 0$$

可得到不同温度下的 λ_m 值。

$$\frac{\partial E_{b\lambda}(\lambda, T)}{\partial \lambda} = -\frac{5}{\lambda^6 (e^{\frac{hc}{\lambda kT}} - 1)} + \frac{hc}{\lambda^7 kT} \frac{e^{\frac{hc}{\lambda kT}}}{(e^{\frac{hc}{\lambda kT}} - 1)^2} = 0$$

令 $x = \frac{hc}{\lambda_m kT}$，则上式可写为

$$5e^{-x} + x = 5$$

这个方程的解为 $x = 4.965$，则

$$\lambda_m T = \frac{hc}{xk} = 2.8978 \times 10^{-3} (\mathrm{m \cdot k}) \tag{1.39}$$

这就是 Wien 位移定律，它表明最概然波长 λ_m 与温度 T 成反比，即 λ_m 随 T 的增加而变小，也就是说温度越高，能量越集中于高频区；反之，温度越低，能量越集中于低频区。

(4) 为了说明黑体辐射力即全波长范围内的单位时间、单位体积辐射能与温度的关系，可对式(1.35)在波长从 $0 \sim +\infty$ 范围积分而得

$$E_b = \int_0^\infty E_{b\lambda} d\lambda = 2\pi hc^2 \int_0^\infty \frac{1}{\lambda^5 (e^{\frac{hc}{\lambda kT}} - 1)} d\lambda$$

令 $x = \frac{hc}{\lambda kT}$，并利用定积分关系 $\int_0^\infty \frac{x^3}{e^x - 1} dx = \frac{\pi^4}{15}$，从上式可得到

$$E_b = \frac{2\pi^5 k^4}{15c^2 h^3} T^4 \tag{1.40}$$

为简化起见，令 $\sigma = \frac{2\pi^5 k^4}{15c^2 h^3}$，称 σ 为辐射常数，代入各物理常数值，有 $\sigma = 5.6693 \times 10^{-8} (\mathrm{W/(m^2 \cdot K^4)})$，则上式可写成

$$E_b = \sigma T^4 \tag{1.41}$$

这个关系式称为斯特藩-玻耳兹曼(Stefan-Boltzmann)公式，又称四次方定律。这是一个十分实用的公式，在辐射传热中经常用到。

1.3.2 Lambert 定律

为了描述辐射能在空间不同方向上的分布规律，前面引入了方向辐射力和方向辐射强度的概念。为了描述黑体的方向辐射力沿空间分布的规律，在此引入 Lambert 定律，它可表述为：在半球空间各个方向上的方向辐射强度都相等，即

$$I_{\beta_1} = I_{\beta_2} = I_{\beta_3} = \cdots = I_{\beta_i} \tag{1.42}$$

式中，β_i 为半球空间任一方向。黑体辐射完全符合 Lambert 定律，即黑体在半球空间各个方向的辐射强度相等。对于黑体，可把式(1.42)写成

$$I_{b\beta_1} = I_{b\beta_2} = I_{b\beta_3} = \cdots = I_{b\beta_i} = I_b \tag{1.43}$$

而且考虑到方向辐射力与方向辐射强度的关系(见式(1.21))，从上式可得

$$E_{b\beta} = I_b \cos\beta \tag{1.44}$$

对于黑体，式(1.44)也适用于单色情形，即

$$E_{b\lambda\beta} = I_b \cos\beta \tag{1.45}$$

由于式(1.44)、式(1.45)的原因，Lambert 定律又称为余弦定律。

无论是否黑体表面，把凡是符合 Lambert 定律的表面称为漫射表面(有时简称为漫表面)。把(1.44)可写为

$$E_\beta = I\cos\beta \tag{1.46}$$

对上式半球空间积分，得

$$E = \int_{2\pi} E_\beta \mathrm{d}\Omega = I\int_{2\pi} \cos\beta \mathrm{d}\Omega$$

式中，$\mathrm{d}\Omega = \mathrm{d}A/r^2 = \sin\beta\mathrm{d}\beta\mathrm{d}\varphi$，那么

$$E = I\int_{\varphi=0}^{2\pi} \mathrm{d}\varphi \int_{\beta=0}^{\frac{\pi}{2}} \sin\beta\cos\beta\mathrm{d}\beta = \pi I \tag{1.47}$$

上式可作为 Lambert 定律对漫反射表面的一般表示。需要说明的是，式(1.47)是在半球空间定义的立体角的前提下推导的，不是无条件普适的。

1.3.3 Kirchhoff 定律

实际物体的辐射和吸收之间的关系，是热辐射理论中的重要问题之一。Kirchhoff 定律描述了实际物体的辐射能力和吸收能力之间的关系。

考察由两个无限大平行壁面组成的封闭系统的辐射换热问题，如图 1.7 所示。表面 1 为黑体，温度 T_b，辐射力 E_b，吸收率 $\alpha_b = 1$；表 2 为任意表面，温度 T，辐射力 E，吸收率 α。由黑体表面 1 在单位时间、单位面积发射的辐射能即辐射力 E_b，余下$(1-\alpha)E_b$ 反射回表面 1，并被黑体表面完全吸收。类似地，表面 2 在单位时间、单位面积发射的辐射能即

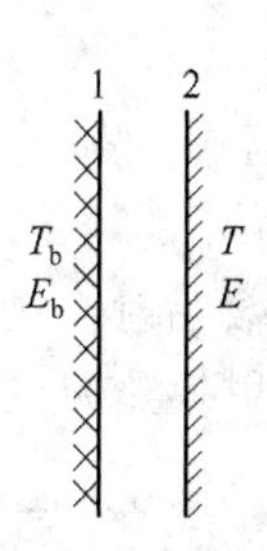

图 1.7　两个无限大平行壁面组成的封闭系统的辐射换热

辐射力 E 投射到黑体表面 1 上，并被完全吸收。这样，两个表面的辐射换热量

$$q = \alpha E_b - E \tag{1.48}$$

如果 $T_1 = T_2$，即两个表面处于热辐射的热平衡状态，此时辐射换热量 q 为 0，则由式(1.48)有

$$\frac{E}{\alpha} = E_b \tag{1.49}$$

上式即为 Kirchhoff 定律的表达式。注意式中 E、E_b 分别指同一温度下的实际物体辐射力和黑体辐射力。从这个定律可得到几个关于物体辐射与吸收关系的性质：

(1) 某一温度的任何物体的辐射力与其对黑体辐射的吸收率之比等于同温度下的黑体辐射力，因而只取决于物体的温度。

(2) 物体的辐射力越大，相应的吸收率也越大，即辐射能力强的物体吸收能力也强。

(3) 同温度下所有物体的辐射力黑体最大，因为实际物体的吸收率都小于 1。

Kirchhoff 定律还有另一种表达形式。把式(1.49)与发射率(黑度)的定义式

$$\varepsilon = \frac{E}{E_b}$$

比较，可得到

$$\varepsilon = \alpha \tag{1.50}$$

式(1.50)只有辐射热平衡时才成立。也就是说 Kirchhoff 定律还可以表述为：在辐射热平衡时，物体的黑度恒等于同温度下该物体的吸收率。这个表述可以更直接地说明上述性质(2)。

Kirchhoff 定律也适用于单色情形，即

$$\varepsilon_\lambda = \alpha_\lambda \tag{1.51}$$

需要指出的是，Kirchhoff 定律不是实验定律，可以从热力学定律进行严格的推导而得到。

1.4 固体表面热辐射性质

在一般的工程技术问题中，绝大多数辐射换热都有固体表面的参与，因此需要掌握固体表面的热辐射性质，以便进行有关辐射换热问题的分析和计算。

1.4.1 黑体与实际物体表面的差异

黑体是一种人为定义的完全理想的物体，完全遵从 1.3 节介绍的热辐射的基本定律。而实际物体则不然，它们的辐射与吸收性质各异。下面先对实际物体与黑体的表面在辐射、吸收两个方面的性质差异进行比较（见图 1.8）。

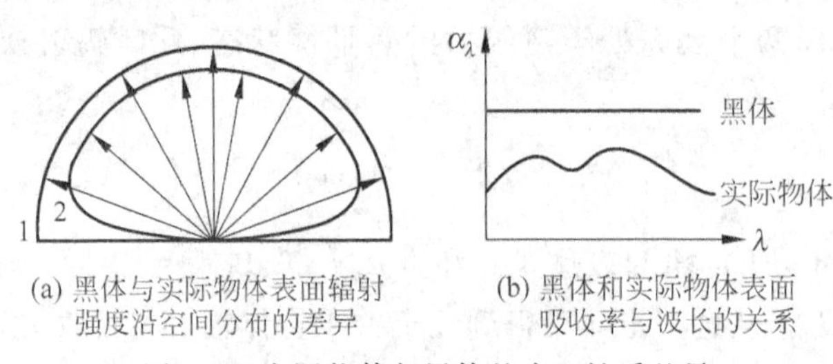

图 1.8 实际物体与黑体的表面性质差异

1. 辐射特性

黑体表面的辐射光谱完全遵守 Planck 定律，其单色黑度恒为 1，而且黑体辐射沿空间各个方向的分布是均匀的，即遵从 Lambert 定律。

实际物体表面的辐射光谱的能量小于同温度下的黑体，即单色黑度小于 1，光谱的波长分布具有选择性，与构成该表面的物质的分子、原子结构及温度有关。实际物体表面的辐射沿空间的分布并不均匀，其辐射强度是方向角的函数，即实际物体表面的辐射不完全满足 Lambert 定律，其特性与表面的几何结构等有关。

图 1.8(a)表示了黑体与实际物体表面辐射特性方面的上述差异，图中 1 是黑体，2 是实际物体。从图中可以看出，黑体表面向空间的辐射强度是均匀的，实际物体则不均匀。

2. 吸收特性

黑体表面对外来的投射辐射完全吸收，即无论投射辐射的方向、波长分布如何，具体表面的吸收率恒为 1，即 $\alpha_\lambda=\alpha=1$，这也表明黑体的反射率始终为 0。

实际物体的表面对外来的投射辐射，其单色吸收率小于 1，因而其反射率也不为 0，且与投射辐射的方向、波长有关。

图 1.8(b)表示黑体和实际物体表面吸收率与波长的关系。

从上面的简要比较中可以看出，实际物体表面的辐射、吸收不同于黑体表面，而所有热辐射的基本定律都是关于黑体这种理想物体的。为了能对实际物体进行辐射换热分析和计算，有必要忽略实际物体的一些次要因素，从而使计算在误差允许的范围内参照黑体辐射的基本规律进行。为此，引入灰体和漫射表面等理想化条件，达到计算结果与实际物体情形基本吻合同时又能借助黑体辐射定律来进行计算的目的。这种方法也是工程计算中常用的一种方法。

1.4.2 灰体

针对实际物体的热辐射光谱不遵从 Planck 定律而且波长有不同分布的特点，引入一个理想化的简化条件——灰体。所谓灰体，指的是物体的辐射没有选择性，其辐射力为同温度黑体的辐射力乘以某一系数，这个系数就是该物体的黑度，而且灰体的辐射力与该物体的实际辐射力相等，见式(1.52)～式(1.54)。

$$E_{G\lambda} = \varepsilon E_{b\lambda} \tag{1.52}$$

$$E_G = \varepsilon E_b \tag{1.53}$$

$$E_G = E_\varepsilon \int_0^\infty E_{b\lambda}(\lambda, T)\,d\lambda \tag{1.54}$$

从灰体的定义可以看出，灰体的单色黑度与波长无关，并且等于半球黑度，即

$$\varepsilon_\lambda = \varepsilon_G \tag{1.55}$$

由 Kirchhoff 定律，有

$$\alpha_\lambda = \varepsilon_\lambda$$

可得到

$$\alpha_G = \varepsilon_G \tag{1.56}$$

即灰体的吸收率等于其黑度，对波长也无选择性，即与投射辐射源的温度无关。

图 1.9 表示了黑体、灰体和实际物体表面辐射力与波长的关系。图 1.10 则是灰体的波长与黑度的关系。

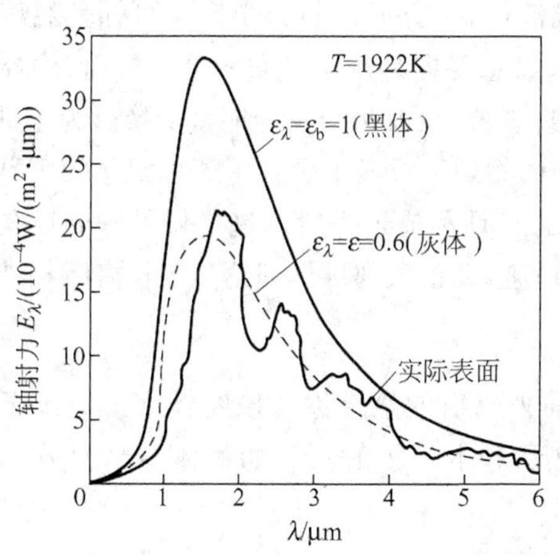

图 1.9 黑体、灰体和实际物体表面辐射力与波长的关系

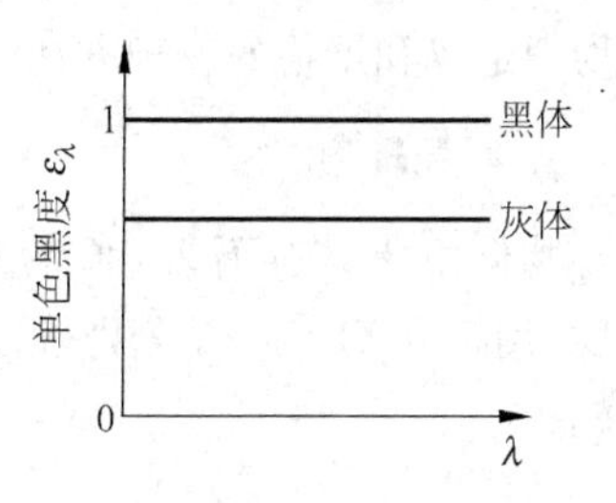

图 1.10 灰体的光谱分布与黑度

对于工程常用的金属与非金属材料，长波段(即红外区)选择性不强。锅炉炉内辐射，其温度一般不高于 2000K，因而一般的工程材料可近似当作灰体处理，误差不大。

1.4.3 漫射表面

辐射能量是按波长和空间分布的，灰体的引入使实际物体的辐射能在波长分布上等同于黑体分布，但强度上按黑度均匀分布。辐射能量按空间分布的特性主要指热射线与表面的方向有关，为了简化实际物体表面发射热射线和反射外辐射在空间分布上的不均匀性带来的复杂性，可以类似地引入漫反射的概念。

所谓漫辐射，是指物体表面发射热射线时完全遵从 Lambert 定律，即在半球表面上均匀分布。同理，漫反射是指物体表面反射外来的投射辐射时完全遵从 Lambert 定律，即反射辐射强度在半球平面上均匀分布，与入射角无关。为简单起见，把符合灰体性质的漫表面称为漫灰表面。

在实际上，一般都把固体表面当成漫灰表面处理，以简化计算。只有在采用漫灰假定会带来工程实际要求不允许的显著误差时，才不使用这个假定。对一般的炉内表面，由于灰污层的存在，表面很粗糙，使用漫灰假定是允许的。

由 Kirchhoff 定律可以知道，漫辐射的物体表面必定漫吸收。但是，漫辐射的物体表面并不一定漫反射；反之亦然。

1.5 辐射热量的形式

1.5.1 辐射热量的不同形式

任何一个物体，无论是固体还是气体或液体，一方面由热力学定律可知其温度不可能达到绝对零度(0K)，那么根据 Planck 定律，它总要向外辐射热量；另一方面，外界投射到它上面的辐射要发生穿透、吸收和反射等物理现象，也就是会发生能量交换。为了进一步描述这些过程和行为，从工程上，而不是从纯粹的物理学意义上引入了若干定义的区别不同形式的辐射热量，从而为分析和计算提供简便的工具和描述手段。这样做的好处就是从基本的物理定律和严格的物理方法，向工程实际过渡，真正做到科学理论与工程实际相结合。

1. 本身辐射

物体由于具有不为 0K 的某一温度而向外辐射的热量称为该物体在该温度下的本身辐射，用符号 Q_s 和 E_s 分别表示本身辐射热量和本身辐射力。如物体的黑度为 ε，则其本身辐射

$$E_s = \varepsilon E_b \tag{1.57}$$

式中，E_b 为与该物体同温度的黑体辐射，可由 Stefan-Boltzmann 定律 $E_b=\sigma T^4$ 计算。

2. 投射辐射

对处于一个特定环境下的物体，环境对它的总的辐射投射热量即为对该物体的投射辐射，用符号 Q_I 和 E_I 分别表示投射辐射热量和投射辐射力。

3. 吸收辐射

对吸收率 $\alpha\neq0$ 的物体而言，外界投射到物体上的热量 Q_I 被该物体吸收的部分称为物体的吸收辐射，用符号 Q_α 和 E_α 分别表示吸收辐射热量和吸收辐射力。如物体对该投射辐射的吸收率为 α，则

$$Q_\alpha = \alpha Q_I \tag{1.58a}$$

$$E_\alpha = \alpha E_I \tag{1.58b}$$

4. 反射辐射

对穿透率 $\tau=0$ 的物体而言，外来的投射辐射被物体反射的部分称为该物体的反射辐射，用符号 Q_ρ 和 E_ρ 分别表示反射辐射热量和反射辐射力。如物体对该投射辐射的反射率为 ρ，则

$$Q_\rho = \rho Q_I \tag{1.59a}$$

$$E_\rho = \rho E_I \tag{1.59b}$$

$$E_\rho = E_I - E_\alpha = (1-\alpha)E_I$$

5. 穿透辐射

对于穿透率 $\tau\neq0$ 的物体，外界对物体的投射辐射穿透物体的部分称为穿透辐射。本书用符号 Q_τ 和 E_τ 分别表示穿透辐射热量和穿透辐射力。如物体对该投射辐射的穿透率为 τ，则

$$Q_\tau = \tau Q_I \tag{1.60a}$$

$$E_\tau = \tau E_I \tag{1.60b}$$

6. 有效辐射

由于实际上物体的本身辐射和反射辐射很难予以区别，它对外界的作用从工程的宏观效果上一般不必予以严格区分，因此为简单起见引入有效辐射的概念来表示这两部分辐射热量之和，见图 1.11。用 Q_R 和 E_R 表示物体的有效辐射热量和有效辐射力。由这个定义有

$$Q_R = Q_s + Q_\rho \tag{1.61}$$

$$E_R = E_s + E_\rho \tag{1.62}$$

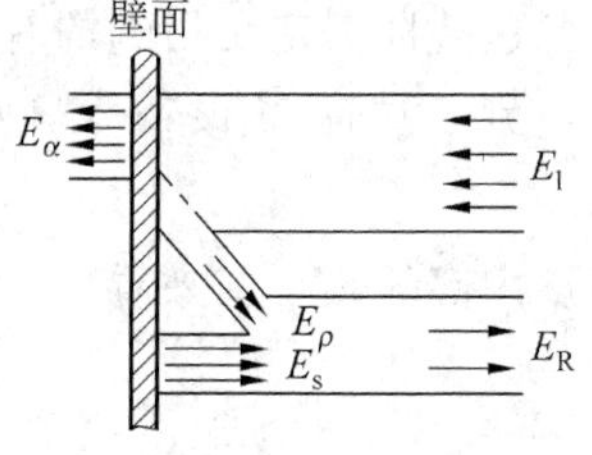

图 1.11　辐射热量的形式

我们知道，物体的吸收率、反射率和穿透率之和为 1，即

$$\alpha + \tau + \rho = 1$$

也即吸收辐射、反射辐射和穿透辐射之和为投射辐射，即

$$Q_\alpha + Q_\tau + Q_\rho = Q_\mathrm{I} \tag{1.63}$$

对于一般的固体，穿透率为0，即穿透辐射为0；但对气体或液体，穿透辐射则不一定为0。

7. 辐射换热量

从概念上说，辐射换热量就是物体得到或失去的净辐射能量。一般在物体得到热量时，其辐射换热量为正，反之为负。有了投射辐射和有效辐射的概念，就可以直接计算辐射换热的热流密度(以得到热量为正)

$$q = E_\mathrm{I} - E_\mathrm{R} \tag{1.64}$$

1.5.2 有效辐射

灰体表面间的辐射换热比黑体辐射复杂，因为它不能完全吸收投射在其上的辐射能，必然有部分辐射能被反射回去，因而在灰体表面间形成多次的反射、吸收的现象。前面引进的有效辐射的概念，可使对这种现象的计算大为简化。

从上文知道，对于固体表面，把单位时间、单位面积上发出的总辐射能称为该表面的有效辐射力，常简称为有效辐射。同样，把外界在单位时间里投射到该表面的单位面积上的总辐射能称为对该表面的投射辐射力，也简称为投射辐射。根据式(1.64)可以简洁地进行辐射换热量的计算。

但是，由于投射辐射 E_I 并不容易测量或得到，我们希望通过物体自身的性质与状态，如辐射物性、温度等，与有效辐射结合起来计算辐射换热量。下面对此予以简要说明。

一方面，根据定义，有

$$E_\mathrm{R} = E_\mathrm{s} + E_\rho$$

而 $E_\mathrm{s}=\varepsilon E_\mathrm{b}$，$E_\rho=(1-\alpha)E_\mathrm{I}$，故

$$E_\mathrm{R} = \varepsilon E_\mathrm{b} + (1-\alpha)E_\mathrm{I} \tag{1.65}$$

对于灰体 $\varepsilon=\alpha$，则

$$E_\mathrm{R} = \varepsilon E_\mathrm{b} + (1-\varepsilon)E_\mathrm{I} \tag{1.66}$$

这是根据定义得到的有效辐射表示式。

另一方面，从该物体与外界物体的热平衡来考虑，

$$q = E_\mathrm{I} - E_\mathrm{R} \quad 即 \quad E_\mathrm{R} = E_\mathrm{I} - q$$

而从内部的热平衡来看，

$$q = E_\alpha - E_\mathrm{s} \quad 即 \quad E_\alpha = E_\mathrm{s} + q$$

此外，$E_\mathrm{I}=\dfrac{1}{\alpha}E_\alpha$，$E_\mathrm{s}=\varepsilon E_\mathrm{b}$，所以，

$$E_R = \frac{\varepsilon}{\alpha}E_b + \left(\frac{1}{\alpha} - 1\right)q \tag{1.67}$$

如是灰体，有

$$E_R = E_b + \left(\frac{1}{\varepsilon} - 1\right)q \tag{1.68}$$

这是基于辐射换热量的表示方法，它把物体的有效辐射 E_R 与辐射物性(ε、α)、温度(T 也即 E_b)、换热量(q)联系起来，便于计算。

从式(1.68)可得出一个有意思的结论。如果一个物体与外界没有辐射换热即 $q=0$，无论该物体是否是灰体，辐射物性是否均匀，都有 $E_R = E_b$ 的关系成立，也就是说该物体的有效辐射等于同温度下的黑体辐射。例如，加热工件或钢碇的加热炉，烧制耐火材料的炉窑，没有受热面的锅炉炉膛等，在达到热平衡时，均属于这种情况。需要说明的是，尽管这时有效辐射等于黑体辐射，可把物体"看作"黑体，但物体的黑度并不为1，因为黑体指的是本身辐射为黑体辐射的物体。

有效辐射的概念对计算辐射换热十分有用，这一点我们将在第3章作进一步的阐述。

1.6　角系数

在辐射换热中，角系数反映了参与换热的表面之间的几何关系对辐射换热的影响，表示从一个固体表面发射的能量中到达另一个固体表面的能量占所辐射能量的份额。角系数又称形状系数、形状因子，是辐射换热中必不可少的一个参数。

1.6.1　角系数的定义

对于任意放置的两个黑体表面 dA_1 和 dA_2，如图1.12所示，两表面之间为真空或透明介质，两个表面的温度分别为 T_1 和 T_2。两个微元面之间的距离为 r，两表面之间的连线与各自表面的法线之间的夹角为 β_1 和 β_2。我们定义这两个微元黑体表面之间的角系数如下：dA_1 对 dA_2 的角系数为离开表面 dA_1 到达表面 dA_2 的辐射量占表面 dA_1 发射的总辐射能的份额，习惯上用 φ 表示角系数，则 dA_1 对 dA_2 的角系数

$$\varphi_{d_1,d_2} = \frac{Q_{d_1,d_2}}{Q_{d_1}} \tag{1.69}$$

式中，Q_{d_1,d_2} 是单位时间从 dA_1 表面发射并投射到 dA_2 的辐射能，可从辐射强度的定义得到

$$Q_{d_1,d_2} = I_{b_1} dA_1 \cos\beta_1 d\Omega_1$$

式中，$d\Omega_1$ 是从 dA_1 看 dA_2 所张开的立体角，

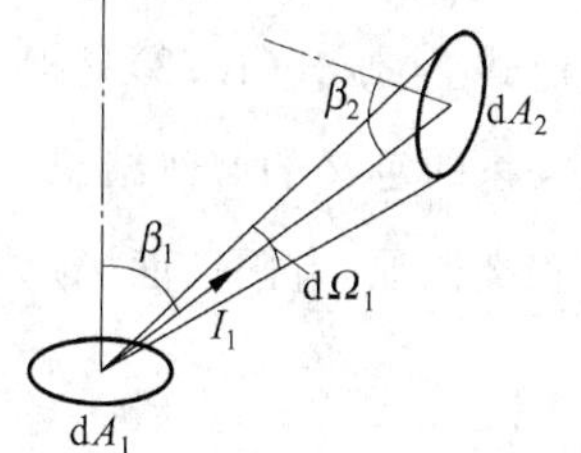

图1.12　微元表面间的角系数

$$\mathrm{d}\Omega_1 = \frac{\cos\beta_2 \mathrm{d}A_2}{r^2}$$

因此，

$$Q_{d_1,d_2} = \frac{I_{b_1}\cos\beta_1\cos\beta_2 \mathrm{d}A_1 \mathrm{d}A_2}{r^2}$$

而式(1.69)中的分母

$$Q_{d_1} = E_{b_1}\mathrm{d}A_1 = \pi I_{b_1}\mathrm{d}A_1$$

把上述两式代入式(1.69)，有

$$\varphi_{d_1,d_2} = \frac{\cos\beta_1\cos\beta_2}{\pi r^2}\mathrm{d}A_2 \tag{1.70}$$

同理，可以得到微元表面 $\mathrm{d}A_2$ 对表面 $\mathrm{d}A_1$ 的角系数为

$$\varphi_{d_2,d_1} = \frac{\cos\beta_2\cos\beta_1}{\pi r^2}\mathrm{d}A_1 \tag{1.71}$$

有了式(1.70)和式(1.71)，就可以求微元表面与有限表面之间的角系数和有限表面与有限表面之间的角系数了。

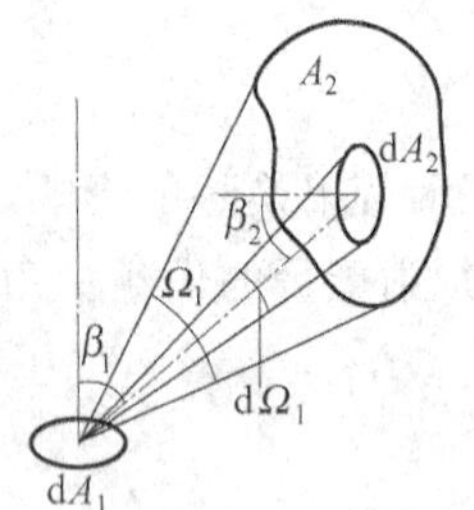

图 1.13　微元表面与有限表面之间的角系数

如图 1.13 所示，微元表面 $\mathrm{d}A_1$ 与有限表面 A_2 均为黑表面，欲求 $\mathrm{d}A_1$ 对 A_2 的角系数，只要在 A_2 上取微元 $\mathrm{d}A_2$。

先求出 $\mathrm{d}A_1$ 投射到 A_2 上的热量

$$Q_{d_1,2} = \int_{A_2} Q_{d_1,d_2} = \int_{A_2} \frac{I_{b_1}\cos\beta_1\cos\beta_2}{r^2}\mathrm{d}A_1 \mathrm{d}A_2$$

再求 $\mathrm{d}A_1$ 发射的总热量

$$Q_{d_1} = E_{b_1}\mathrm{d}A_1 = \pi I_{b_1}\mathrm{d}A_1$$

把上两式代入角系数定义式(1.69)，有

$$\varphi_{d_1,2} = \frac{Q_{d_1,2}}{Q_{d_1}} = \int_{A_2} \frac{\cos\beta_1\cos\beta_2}{\pi r^2}\mathrm{d}A_2 \tag{1.72}$$

从形式上看，式(1.72)是把式(1.70)对 A_2 积分的结果。其实这正是角系数作为能量分配关系的定义的必然结果。

类似地，有限表面 A_2 对微元表面 $\mathrm{d}A_1$ 的角系数可从下面的式子得到：

$$Q_{2,d_1} = \int_{A_2} Q_{d_2,d_1} = \int_{A_2} \frac{I_{b_2}\cos\beta_1\cos\beta_2 \mathrm{d}A_1 \mathrm{d}A_2}{r^2}$$

$$Q_2 = E_{b_2}A_2 = \pi I_{b_2}A_2$$

$$\varphi_{2,d_1} = \frac{Q_{2,d_1}}{Q_2} = \frac{1}{A_2}\int_{A_2} \frac{\cos\beta_1 \cos\beta_2}{\pi r^2} dA_2 dA_1 \tag{1.73}$$

在表面为黑体条件下，对于有限表面 A_1 与有限表面 A_2 的角系数，完全与上面的情形相似，这里不再推导，直接列出结果供参考。

有限表面 A_1 对 A_2 的角系数

$$\varphi_{12} = \frac{1}{A_1}\int_{A_1}\int_{A_2} \frac{\cos\beta_1 \cos\beta_2}{\pi r^2} dA_1 dA_2 \tag{1.74a}$$

有限表面 A_2 对 A_1 的角系数

$$\varphi_{21} = \frac{1}{A_2}\int_{A_1}\int_{A_2} \frac{\cos\beta_1 \cos\beta_2}{\pi r^2} dA_1 dA_2 \tag{1.74b}$$

在上面的推导中，无论是微元表面，还是有限表面，都假定为黑体表面。其实，只要表面温度均匀，辐射性均匀，而且表面为漫灰表面时，同样可以得到上述结果。因此，在实际使用中只要符合这些条件，不是黑体表面的情形也可使用上述结果和后面介绍的有关角系数的性质、计算方法。

1.6.2　角系数的性质

从角系数的定义和上述积分公式看出，角系数仅仅反映了物理表面的几何特性，如几何形状、尺寸和相互位置，及对辐射换热的影响。角系数在满足表面漫灰、温度均匀和辐射物性均匀的前提下，实际上与表面的温度、辐射物性（如黑度）无关。

从角系数的定义和积分公式，可以得到几个性质。

1. 相对性

对任意两个表面 i 和 j，表面面积分别为 A_i 和 A_j，i 表面对 j 表面的角系数为 φ_{ij}，j 表面对 i 表面的角系数为 φ_{ji}，则从式(1.74a)、式(1.74b)可得到

$$\varphi_{ij} A_i = \varphi_{ji} A_j \tag{1.75}$$

式中，对 i、j 表面的形状没有特殊要求，如不要求 i、j 表面为非凹表面。上式对于符合漫灰、温度均匀、辐射物性均匀等工程简化条件（见1.7节）的表面是普适的。

2. 可加性

从角系数的定义可知，角系数显然具有可加性（也称加和性）。如图1.14所示，表面 A_2 由 A_{2A}、A_{2B} 构成，即

$$A_2 = A_{2A} + A_{2B}$$

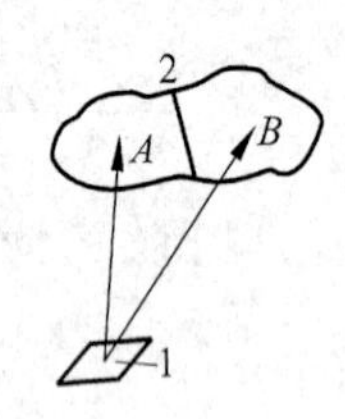

图 1.14 角系数可加性

则 A_1 对 A_2 的投射热

$$Q_{12} = Q_{1,2A} + Q_{1,2B}$$

那么，A_1 对 A_2 的角系数

$$\varphi_{12} = \frac{Q_{12}}{Q_1} = \frac{Q_{1,2A}}{Q_1} + \frac{Q_{1,2B}}{Q_1} = \varphi_{1,2A} + \varphi_{1,2B} \tag{1.76}$$

角系数的可加性在求解一个表面对另一个复杂表面的角系数时可简化计算，即把复杂表面分解为几个较简单的表面，求出各自的角系数，然后利用可加性进行相加。

3. 完整性

一个非凹表面 A_1 辐射出的所有能量 Q_1，全部投射到包围它的表面 $A_k(k=1,2,\cdots,n)$上，因此

$$Q_1 = \sum_{k=1}^{n} Q_{1k}$$

那么有

$$\sum_{k=1}^{n} \varphi_{1k} = 1 \tag{1.77}$$

上式表明 A_1 对包围它的表面 A_k 的角系数之和为 1。其实，这从角系数的定义看也是显然的。角系数的完整性在用代数法求角系数时是一个重要性质。

如果表面 A_1 不是非凹表面，则 A_1 辐射出的能量有一部分投射到自身，式(1.77)中应补充一项 A_1 对自身的角系数 φ_{11}，即

$$\varphi_{11} + \sum_{k=1}^{n} \varphi_{1k} = 1 \tag{1.78}$$

4. 等值性

如图 1.15(a)所示，以微元 $\mathrm{d}A_0$ 为中心，面积 A_1、A_2 对应同一立体角 Ω，即

$$\Omega = \frac{A_1\cos\theta_1}{r_1^2} = \frac{A_2\cos\theta_2}{r_2^2}$$

由 $\mathrm{d}A_0$ 辐射到 A_1 上的能量

$$\mathrm{d}Q_{01} = \varphi_{d_0,1} E \mathrm{d}A_0$$

由 $\mathrm{d}A_0$ 辐射到 A_2 上的能量

$$\mathrm{d}Q_{02} = \varphi_{d_0,2} E \mathrm{d}A_0$$

由定义可知，立体角相同时 $\mathrm{d}Q_{01} = \mathrm{d}Q_{02}$，则以上两式可得

$$\varphi_{d_0,1} = \varphi_{d_0,2} \tag{1.79}$$

式(1.79)即为角系数的等值性，也就是说，只要从 $\mathrm{d}A_0$ 上看到的不同物体的轮廓构成同

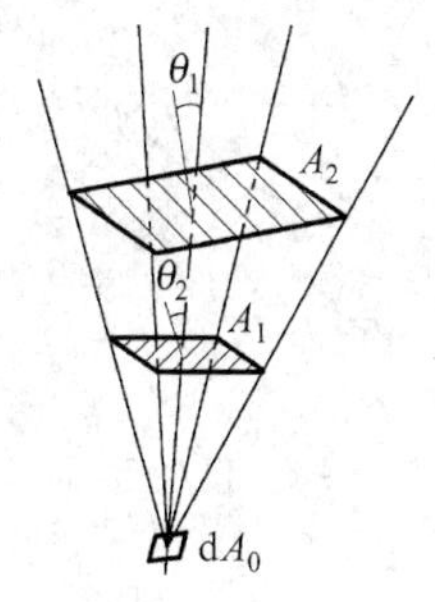

(a) 等值性的推导示意图

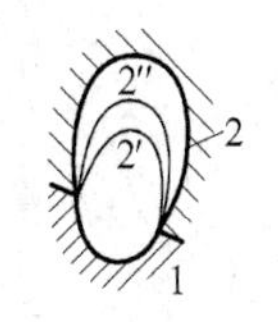

(b) 等值性的直观示意图

图 1.15　角系数的等值性

一立体角，则无论这些物体距离 dA_0 远近，也无论其形状大小，dA_0 对这些物体的角系数都相等。如图 1.15(b)所示，$\varphi_{12}=\varphi_{12'}=\varphi_{12''}$。这个性质在计算曲面或不规则表面的角系数时可用其投影来代替，使物体简化。

1.6.3　角系数的计算

在辐射换热的计算中，很重要甚至是主要的计算工作是分析求解角系数。在工程计算和科学计算中，一般而言，角系数的计算都比较复杂和困难，有时甚至难以用解析的计算方法获得，不得不借助图解和数值方法来求取。限于篇幅，图解方法和基于蒙特卡洛(Monte CarLo)法的数值求解方法本书不予介绍，有兴趣的读者可以参阅参考文献[18]和文献[20]。

角系数的解析求解方法有积分法、微分法和代数法，其中积分法又分为直接积分法和环路积分法。直接积分法就是根据角系数的定义公式(1.69)和公式(1.74a)，代入相应的几何参量经过多重积分得到角系数的表达式，这是计算角系数最常用的方法，但也是非常繁琐的方法。

1. 积分法求角系数

1）两个微元面之间的角系数

例 1.1　求解图 1.16 所示表示的两个母线互相平行的窄条上的微元面间的角系数。

解：上面已经推导得出两个微元面间的角系数公式：

$$\varphi_{d_1,d_2}=\frac{\cos\beta_1\cos\beta_2\,\mathrm{d}A_2}{\pi l^2}=\frac{\cos\beta_1}{\pi}\mathrm{d}\Omega_1$$

由图 1.16 可知

$$l^2=s^2+x^2$$

并且有

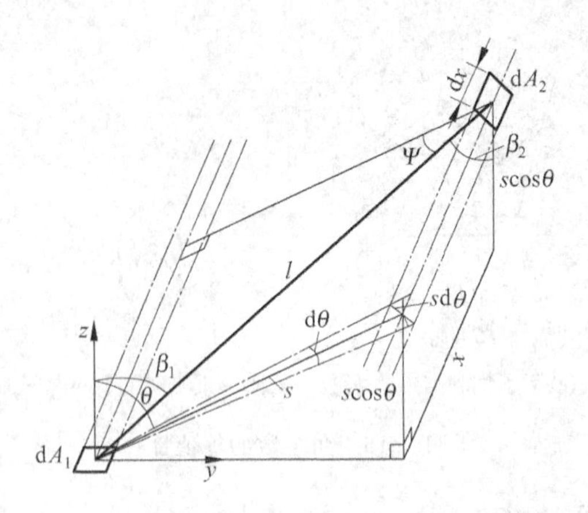

图 1.16　两平行窄条上微元面间角系数的计算

$$\cos\beta_1 = \frac{s\cos\theta}{l} = \frac{s\cos\theta}{(s^2 + x^2)^{1/2}}$$

从 dA_1 观察 dA_2 的立体角

$$d\Omega_1 = \frac{dA_2\text{ 的投影面积}}{l^2} = \frac{dA_2\text{ 的投影宽度} \times dA_2\text{ 的投影长度}}{l^2}$$

$$= \frac{(sd\theta)(dx\cos\Psi)}{l^2} = \frac{sd\theta dx\cos\Psi}{l^2}$$

因为

$$\cos\Psi = \frac{s}{l}$$

$$d\Omega_1 = \frac{s^2 d\theta dx}{l^3} = \frac{s^2 d\theta dx}{(s^2 + x^2)^{3/2}}$$

所以

$$\varphi_{d_1, d_2} = \frac{s\cos\theta}{(s^2 + x^2)^{1/2}} \frac{1}{\pi} \frac{s^2 d\theta dx}{(s^2 + x^2)^{3/2}}$$

整理后得

$$\varphi_{d_1, d_2} = \frac{s^3 \cos\theta d\theta dx}{\pi (s^2 + x^2)^2} \tag{1.80}$$

式(1.80)就是 dA_1 对 dA_2 的角系数公式。

如果 dA_2 是无限长窄条，再对 x 由 $-\infty$ 到 $+\infty$ 范围内积分，就可以得到微元面 dA_1 对无限长窄条 ds_2 的角系数。其几何形状及相互位置见图 1.17。

$$\varphi_{d_1, d_2} = \frac{s^3 \cos\theta d\theta}{\pi} \int_{-\infty}^{\infty} \frac{dx}{(s^2 + x^2)^2}$$

$$= \frac{s^3 \cos\theta d\theta}{\pi}\left[\frac{x}{2s^2(s^2+x^2)} + \frac{l}{2s^3}\arctan\frac{x}{s}\right]_{-\infty}^{\infty}$$

$$= \frac{\cos\theta d\theta}{2}$$

$$= \frac{1}{2}d(\sin\theta) \tag{1.81}$$

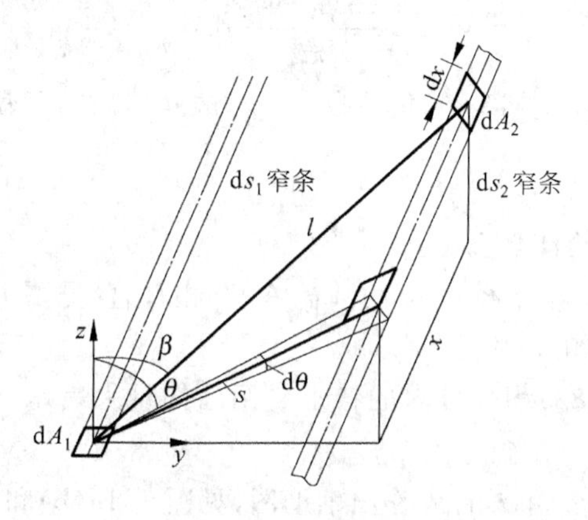

图 1.17　dA_1 对与其平行的无限长窄条 ds_2 的角系数

角 θ 在 yz 平面内。无论 dA_1 在窄条 ds_1 上的位置如何变化，都可以用公式(1.81)计算系数。因此，两微元宽度母线平行的无限长窄条间的角系数也应是$\frac{1}{2}d(\sin\theta)$，即

$$\varphi_{d_1,d_2} = \frac{1}{2}d(\sin\theta)$$

2）微元面对有限表面角系数的计算

利用微元面间角系数的基本公式和角系数的基本概念，可以推出微元面和有限表面之间的角系数。考虑如图 1.18 所示的等温黑体微元面 dA_1 和等温黑体表面 A_2 之间的辐射换热。

从 dA_1 辐射出的总能量

$$dQ_1 = \sigma T_1^4 dA_1$$

由 dA_1 辐射到 A_2 上的微元面 dA_2 的能量

$$dQ_{d_1,d_2} = \sigma T_1^4 \frac{\cos\beta_1 \cos\beta_2}{\pi l^2} dA_1 dA_2$$

对有限表面 A_2 积分后，可得到 dA_1 到达 A_2 的能量

$$dQ_{d_1,2} = \int_{A_2} \sigma T_1^4 \frac{\cos\beta_1 \cos\beta_2}{\pi l^2} dA_1 dA_2$$

根据角系数的基本概念

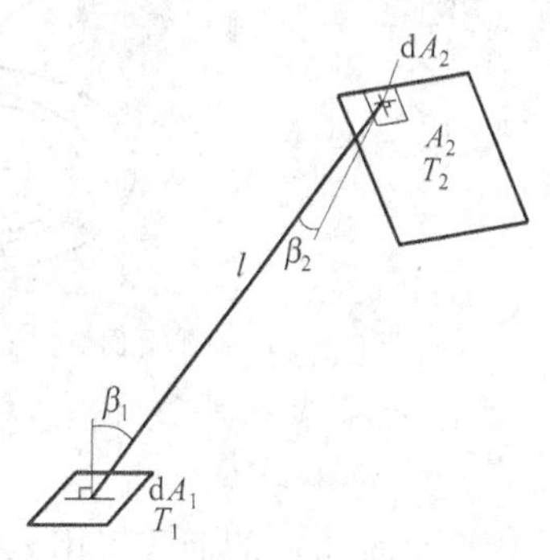

图 1.18　dA_1 与 A_2 间的辐射换热

$$\varphi_{d_1,2} = \frac{dQ_{d_1,2}}{dQ_1}$$

$$= \int_{A_2} \frac{\sigma T_1^4 \dfrac{\cos\beta_1 \cos\beta_2}{\pi l^2} dA_1 dA_2}{\sigma T_1^4 dA_1}$$

$$= \int_{A_2} \frac{\cos\beta_1 \cos\beta_2}{\pi l^2} dA_2 \tag{1.82}$$

上式积分号内恰好是 dA_1 对 dA_2 的角系数 φ_{d_1,d_2}，故式(1.82)可写成

$$\varphi_{d_1,2} = \int_{A_2} \varphi_{d_1,d_2} \tag{1.83}$$

下面举例说明具体的计算方法。

例 1.2 微元面 dA_1 与半径为 r_0 的圆盘 A_2 互相垂直，见图 1.19(a)。试用参数 h、l、r_0 表示出 dA_1 对 dA_2 的角系数。

解：首先将方程(1.82)积分号内的各个量用已知量来表示，然后将它们代入原方程并进行简化。

为了确定 $\cos\beta_1$、$\cos\beta_2$ 和 l，首先作出辅助图，见图 1.19(b)和(c)。

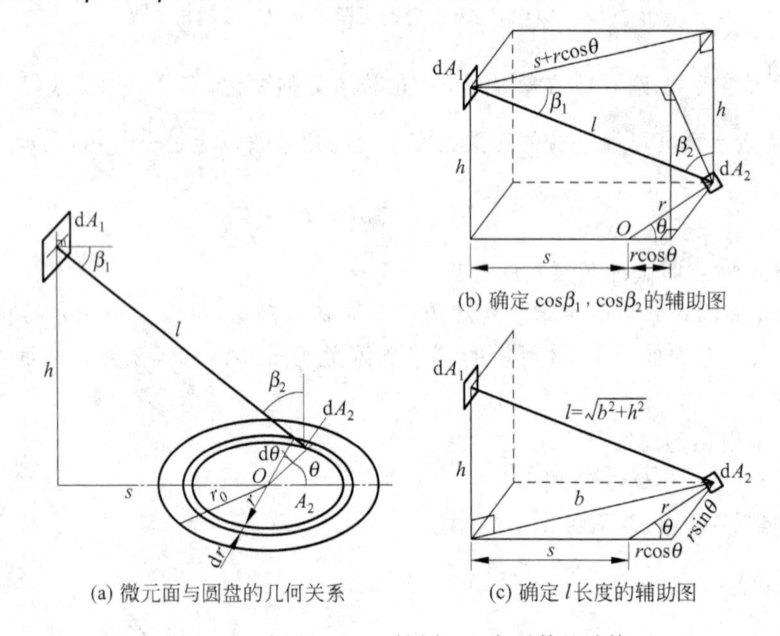

图 1.19 微元面 dA_1 对圆盘 A_2 角系数的计算

微元面 dA_2 的面积可用 dA_2 所在圆环的半径 r 和角度 θ 来表示，即

$$dA_2 = r dr d\theta$$

利用辅助图 1.19(b)求得

$$\cos\beta_1 = \frac{s + r\cos\theta}{l}$$

$$\cos\beta_2 = \frac{h}{l}$$

利用辅助图 1.19(c)求得

$$l^2 = h^2 + b^2$$

式中，

$$\begin{aligned} b^2 &= (s + r\cos\theta)^2 + (r\sin\theta)^2 \\ &= s^2 + r^2 + 2sr\cos\theta \end{aligned}$$

以上各式代入方程(1.82)得到

$$\begin{aligned} \varphi_{d_1,2} &= \int_{A_2} \frac{\cos\beta_1\cos\beta_2}{\pi l^2}\mathrm{d}A_2 = \int_{A_2} \frac{h(s + r\cos\theta)}{\pi l^4} r\mathrm{d}r\mathrm{d}\theta \\ &= \frac{h}{\pi}\int_{r=0}^{r_0}\int_{\theta=0}^{2\pi} \frac{r(s + r\cos\theta)}{(h^2 + s^2 + r^2 + 2sr\cos\theta)^2}\mathrm{d}\theta\mathrm{d}r \end{aligned}$$

利用形状的对称性，定义无量纲量，

$$H = h/s,\quad R = r_0/r,\quad P = r/s$$

用 s^4 除分子和分母，最后得出

$$\begin{aligned} \varphi_{d_1,2} &= \frac{2h}{\pi}\int_{r=0}^{r_0}\int_{\theta=0}^{\pi} \frac{r(s + r\cos\theta)}{(h^2 + r^2 + s^2 + 2rs\cos\theta)^2}\mathrm{d}\theta\mathrm{d}r \\ &= \frac{2H}{\pi}\int_{P=0}^{R}\int_{\theta=0}^{\pi} \frac{P(1 + P\cos\theta)}{(H^2 + P^2 + 1 + 2P\cos\theta)^2}\mathrm{d}\theta\mathrm{d}P \\ &= \frac{H}{2}\left\{\frac{H^2 + R^2 + 1}{[(H^2 + R^2 + 1)^2 - 4R^2]^{1/2}} - 1\right\} \end{aligned} \tag{1.84}$$

3) 两个有限表面间角系数的计算

有两个黑体表面 A_1 和 A_2，$\mathrm{d}A_1$ 和 $\mathrm{d}A_2$ 分别是 A_1 和 A_2 上的微元面，见图 1.20。

前面已经给出从微元面 $\mathrm{d}A_1$ 辐射到 $\mathrm{d}A_2$ 上的能量为

$$\mathrm{d}^2 Q_{d_1,d_2} = \sigma T_1^4 \frac{\cos\beta_1\cos\beta_2}{\pi l^2}\mathrm{d}A_1\mathrm{d}A_2$$

那么，只要对 A_1 和 A_2 的有限面积积分就可以得到从 A_1 到达 A_2 的能量

$$Q_{12} = \int_{A_1}\int_{A_2} \frac{\sigma T_1^4\cos\beta_1\cos\beta_2}{\pi l^2}\mathrm{d}A_1\mathrm{d}A_2$$

离开表面 A_1 的总能量为 $\sigma A_1 T_1^4$，故 A_1 对 A_2 的角系数为

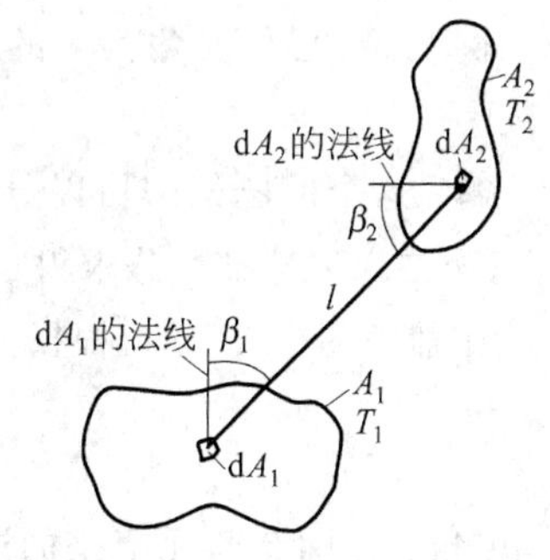

图 1.20　A_1 与 A_2 间的辐射换热

$$\varphi_{12}=\frac{\int_{A_1}\int_{A_2}\frac{\sigma T_1^4\cos\beta_1\cos\beta_2}{\pi l^2}\mathrm{d}A_1\mathrm{d}A_2}{\sigma A_1T_1^4}=\frac{1}{A_1}\int_{A_1}\int_{A_2}\frac{\cos\beta_1\cos\beta_2}{\pi l^2}\mathrm{d}A_1\mathrm{d}A_2$$

因为

$$\varphi_{d_1,d_2}=\frac{\cos\beta_1\cos\beta_2}{\pi l^2}\mathrm{d}A_2$$

所以

$$\varphi_{12}=\frac{1}{A_1}\int_{A_1}\int_{A_2}\varphi_{d_1,d_2}\mathrm{d}A_1$$

又因为

$$\varphi_{d_1,2}=\int_{A_2}\varphi_{d_1,d_2}$$

故

$$\varphi_{12}=\frac{1}{A_1}\int_{A_1}\varphi_{d_1,2}\mathrm{d}A_1 \tag{1.85}$$

同理可以导出 A_1 对 A_2 的角系数

$$\varphi_{21}=\frac{1}{A_2}\int_{A_2}\varphi_{d_2,1}\mathrm{d}A_2 \tag{1.86}$$

根据角系数的互换性

$$A_1\varphi_{12}=A_2\varphi_{21}$$

可得

$$\begin{aligned}\varphi_{21}&=\frac{A_1}{A_2}\varphi_{12}=\frac{A_1}{A_2}\frac{1}{A_1}\int_{A_1}\varphi_{d_1,2}\mathrm{d}A_1\\&=\frac{1}{A_2}\int_{A_2}A_2\varphi_{2,d_1}=\int_{A_1}\varphi_{2,d_1}\end{aligned} \tag{1.87}$$

下面举例说明两个有限表面间角系数的计算。

例 1.3 已知交角为 α 的两个有限宽、无限长的平板，见图 1.21。求解两板间的角系数。

解：这个问题的解可以分两步进行，第一步，求出 $\mathrm{d}x$ 窄条对宽为 s 的表面的角系数 $\varphi_{\mathrm{d}x,s}$；第二步，对 x 积分求得 $\varphi_{s',s}$。

作辅助图 1.21(b)，根据公式(1.81)可得

$$\varphi_{\mathrm{d}x,\mathrm{d}z}=\frac{1}{2}\mathrm{d}(\sin\theta)$$

这里，角 θ 在两个微元窄条的法线平面内，以 $\mathrm{d}x$ 的法线顺时针方向为正值。

窄条 $\mathrm{d}x$ 对宽度为 s 的面的角系数

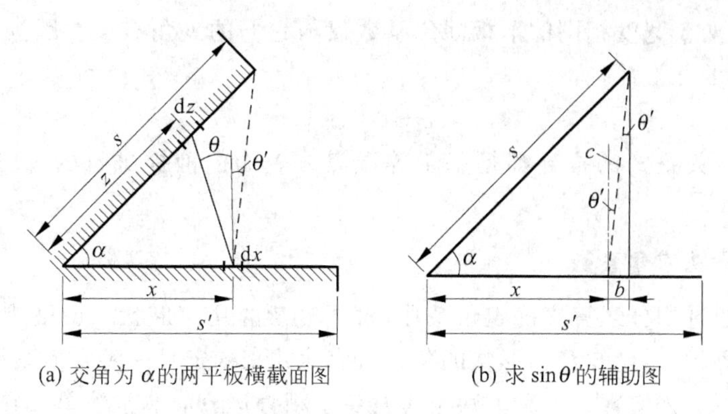

(a) 交角为 α 的两平板横截面图　　(b) 求 $\sin\theta'$ 的辅助图

图 1.21　交角为 α 的两平板间角系数的计算

$$\varphi_{\mathrm{d}x,s}=\int_{z=0}^{s}\varphi_{\mathrm{d}x,\mathrm{d}z}=\int_{\theta=-\frac{\pi}{2}}^{0}\frac{1}{2}\mathrm{d}(\sin\theta)+\int_{0}^{\theta'}\frac{1}{2}\mathrm{d}(\sin\theta)$$

$$=\frac{\sin\theta}{2}\bigg|_{\theta=-\frac{\pi}{2}}^{0}+\frac{\sin\varphi}{2}\bigg|_{\theta=0}^{\theta'}=\frac{1}{2}+\frac{1}{2}\sin\theta'$$

通过图 1.21(b)找出函数 $\sin\theta'$

$$\sin\theta'=\frac{b}{c}=\frac{s\cos\alpha-x}{(x^2+s^2-2xs\cos\alpha)^{1/2}}$$

因而

$$\varphi_{\mathrm{d}x,s}=\frac{1}{2}+\frac{s\cos\alpha-x}{2\,(x^2+s^2-2xs\cos\alpha)^{1/2}}$$

根据角系数的互换性,可得到角系数

$$\varphi_{s,\mathrm{d}x}=\frac{\mathrm{d}x}{s}\varphi_{\mathrm{d}x,s}=\left[\frac{1}{2s}+\frac{\cos\alpha-\frac{x}{s}}{2\,(x^2+s^2-2xs\cos\alpha)^{1/2}}\right]\mathrm{d}x \tag{1.88}$$

由公式(1.87)可知

$$\varphi_{s,s'}=\int_{x=0}^{s'}\varphi_{s,\mathrm{d}x}=\int_{0}^{s'}\left[\frac{1}{2s}+\frac{\cos\alpha-\frac{x}{s}}{2\,(x^2+s^2-2xs\cos\alpha)^{1/2}}\right]\mathrm{d}x$$

根据题意 $s=s'$,采用无量纲 $\frac{x}{s}=X$,上式可写成

$$\varphi_{s,s'}=\int_{0}^{1}\left[\frac{1}{2}+\frac{\cos\alpha-X}{2\,(X^2+1-2X\cos\alpha)^{1/2}}\right]\mathrm{d}X$$

对上式积分得到

$$\varphi_{s,s'}=1-\left(\frac{1-\cos\alpha}{2}\right)^{1/2}=1-\sin\frac{\alpha}{2} \tag{1.89}$$

这个结果说明，两个宽度相同的平板间角系数仅与它们的夹角有关。因为两板的面积相等，根据角系数的互换性，有

$$\varphi_{s,s'} = \varphi_{s',s}$$

上述角系数关系式的推导都是基于等温黑体表面的前提进行的，其适用性讨论见1.7节。

2. 代数分析法求角系数

积分法要通过积分运算来确定角系数，对于复杂的几何形状一般很难实现。为了避免进行积分运算，利用已知几何形状的角系数表达式来确定另一种几何系统的角系数，可以利用代数分析法来实现。这种方法由于避免了积分运算而非常简单。它所依据的基本原理就是能量守恒定律及角系数的互换定律。譬如，以图1.22为例。如果表面 A_1 与表面 A_2 的角系数 φ_{12} 是已知的，而表面 A_2 又是 A_3、A_4 面积之和，则根据能量守恒原理，可以写成

$$\varphi_{12} = \varphi_{1,(3+4)} = \varphi_{13} + \varphi_{14}$$

其中 $A_3+A_4=A_2$。倘若 φ_{12} 和 φ_{13} 是已知的，要求 φ_{14} 和 φ_{41}，则由此很容易得到

$$\varphi_{14} = \varphi_{12} - \varphi_{13}$$

再利用角系数互换性质，给出

$$\varphi_{41} = \frac{A_1}{A_4}\varphi_{14} = \frac{A_1}{A_4}(\varphi_{12} - \varphi_{13}) \tag{1.90}$$

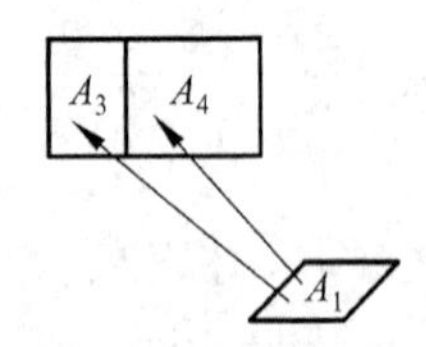

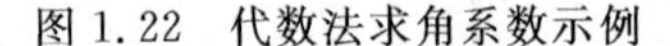

图1.22　代数法求角系数示例

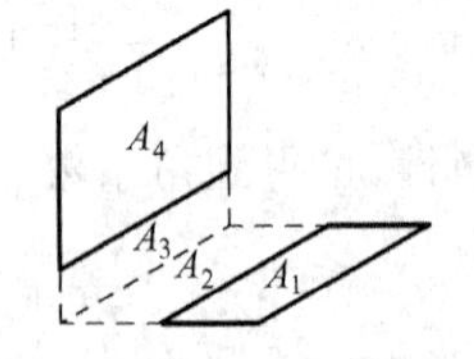

图1.23　不相邻两个矩形表面之间的角系数

例1.4　求图1.23中辐射角系数 φ_{14}。

解：作辅助线以形成面积 A_2 和 A_3，得到

$$A_{12} = A_1 + A_2,\quad A_{34} = A_3 + A_4$$

要利用已知的角系数来确定所求的辐射角系数。根据能量守恒原理可写出

$$A_{12}\varphi_{12,34} = A_{12}\varphi_{12,3} + A_{12}\varphi_{12,4}$$

$$A_{12}\varphi_{12,4} = A_1\varphi_{14} + A_2\varphi_{24}$$

$$A_2\varphi_{2,34} = A_2\varphi_{23} + A_2\varphi_{24}$$

由以上关系可以推导出

$$
\begin{aligned}
A_1\varphi_{14} &= A_{12}\varphi_{12,4} - A_2\varphi_{24} \\
&= (A_{12}\varphi_{12,34} - A_{12}\varphi_{12,3}) - (A_2\varphi_{2,34} - A_2\varphi_{23}) \\
\varphi_{14} &= \frac{1}{A_1}(A_{12}\varphi_{12,34} - A_{12}\varphi_{12,3} - A_2\varphi_{2,34} + A_2\varphi_{23})
\end{aligned}
\tag{1.91}
$$

式中，$\varphi_{12,34}$，$\varphi_{12,3}$，$\varphi_{2,34}$，φ_{23}都可由已知公式算出或由图表查得。

例 1.5　求微元面积 dA_1 对同轴平行圆环 A_1（见图 1.24）的角系数。已知圆环的内圆半径是 R_1、外圆半径是 R_2，两表面之间距离是 D。

解：通过查图或积分计算，可以知道面积元对平行同轴圆盘的角系数公式

$$\varphi_{dA_1,A_{R_1}} = \frac{R_1^2}{R_1^2 + D^2}$$

$$\varphi_{dA_1,A_{R_2}} = \frac{R_2^2}{R_2^2 + D^2}$$

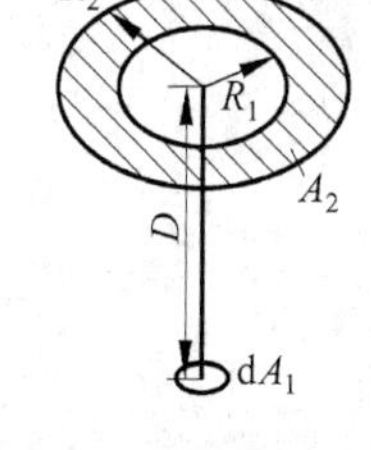

图 1.24　微元面积 dA_1 对同轴平行圆环A_2的角系数

圆环 A_2 的面积为 $A_2 = A_{R_2} - A_{R_1}$，因而有

$$
\begin{aligned}
\varphi_{dA_1,A_2} &= \varphi_{dA_1,A_{R_2}} - \varphi_{dA_1,A_{R_1}} \\
&= \frac{R_2^2}{R_2^2+D^2} - \frac{R_1^2}{R_1^2+D^2}
\end{aligned}
\tag{1.92}
$$

例 1.6　求两个平行、同轴圆环 A_2 和 A_3 之间的角系数。几何尺寸如图 1.25(a)所示。

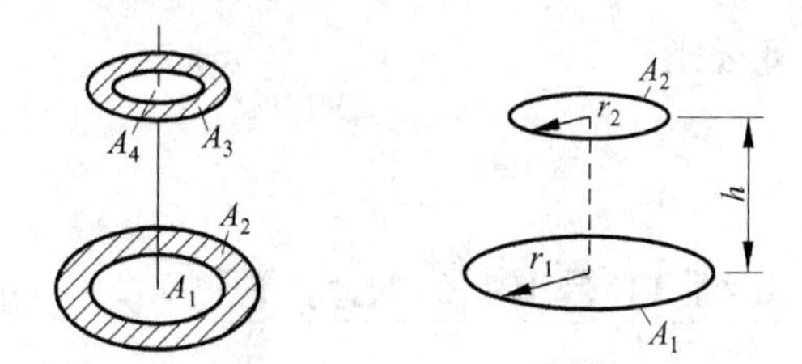

(a) 两个平行、同轴圆环 A_2和 A_3之间的角系数　(b) 同轴圆盘之间的角系数

图 1.25　两个平行、同轴圆环 A_2 和 A_3 之间的角系数

解：通过查图或积分计算，可以知道同轴圆盘(见图 1.25(b))之间的角系数如下：

$$
\begin{cases}
R_1 = \dfrac{r_1}{h} \\
R_2 = \dfrac{r_2}{h} \\
X = 1 + \dfrac{1 + R_2^2}{R_1^2} \\
\varphi_{12} = \dfrac{1}{2}\left[X - \sqrt{X^2 - 4\left(\dfrac{R_2}{R_1}\right)^2}\right]
\end{cases}
\tag{1.93}
$$

此题可利用已知的同轴圆盘之间的角系数(见式(1.93))来求得。

$$\varphi_{23}=\varphi_{2,(3+4)}-\varphi_{24} \tag{1.94a}$$

又因

$$A_2\varphi_{2,(3+4)}=(A_3+A_4)\varphi_{(3+4),2}$$

于是有

$$\begin{aligned}A_2\varphi_{2,(3+4)}&=(A_3+A_4)(\varphi_{(3+4),(1+2)}-\varphi_{(3+4),1})\\&=(A_3+A_4)\varphi_{(3+4),(1+2)}-(A_3+A_4)\varphi_{(3+4),1}\end{aligned}$$

则

$$A_2\varphi_{2,(3+4)}=(A_1+A_2)\varphi_{(1+2),(3+4)}-A_1\varphi_{1,(3+4)}$$

且

$$\begin{aligned}\varphi_{24}&=\frac{A_4}{A_2}\varphi_{42}=\frac{A_4}{A_2}(\varphi_{4,(1+2)}-\varphi_{41})\\&=\frac{1}{A_2}[(A_1+A_2)\varphi_{(1+2),4}-A_1\varphi_{14}]\end{aligned}$$

将 φ_{24} 及 $\varphi_{2,(3+4)}$ 代入式(1.94a)。最后给出

$$\varphi_{23}=\frac{A_1+A_2}{A_2}[\varphi_{(1+2),(3+4)}-\varphi_{(1+2),4}]-\frac{A_1}{A_2}[\varphi_{1,(3+4)}-\varphi_{14}] \tag{1.94b}$$

式中,$\varphi_{(1+2),(3+4)}$,$\varphi_{(1+2),4}$,$\varphi_{1,(3+4)}$ 和 φ_{14} 都是同轴平行圆盘之间的辐射角系数。

3. 常用的角系数计算公式

见附录 B。

1.7 辐射换热工程计算的简化条件

上文提出了黑体、漫灰表面等简化(理想化)了的概念,为了基本的热辐射规律能有效地应用于工程实际,还需要对实际问题通过合理的假定进行必要的简化。简化的依据主要是定律的适用条件和对解决问题的精确度的要求,即简化的目标是使定律能简洁有效地运用,而且能满足我们对所解决问题的精度要求,所受到的限制就是我们对工程数据的掌握,如是否有足够的实验数据来验证我们所作的简化,是否有足够的实验数据提供经验公式使用等。下面进一步明确通常的工程计算的简化条件。

1.7.1 一般工程辐射换热计算中的简化条件

在前述基本概念的基础上,在热能与动力工程的一般场合,需要采用下列简化条件:

(1) 表面等温;

(2) 表面漫灰;

(3) 表面辐射物性均匀;

(4) 表面有效辐射均匀。

1.7.2 对简化条件的说明

除非特殊说明,以上条件在本书默认成立,在目前的一般炉内传热计算中也成立。下面对这四个条件作几点说明。

(1) 等温的假定不仅可用于表面,也可用于介质(如烟气)。如果等温假定会带来显著误差,则可以采用分成若干等温面(体)的方法进行计算,分解的程度由计算精度要求而定。如分成的面(体)较多,则可能需要进行数值计算。

(2) 漫灰的假定中,漫表面只用于表面的简化,灰体的假定不仅可用于表面,也可用于介质(如烟气)。如果漫灰假定会带来显著误差,则可以采用分成若干可以认为是漫灰的小的面(体)进行计算。如需分解,通常和等温表面的分解相同。

(3) 表面辐射物性均匀和表面有效辐射均匀的假定不满足时,也采取类似的分解到能满足为止的办法处理。需要指出的是,这些条件中的任何一个不满足时,都需要分解处理。对这四个条件的处理方法、原则都是相同的,但具体结果(如分区的数量、大小等)可能因影响因素不同而不同,那么从理论上说要采取数学上并集的方法处理,即要满足最严格的要求。工程实际中,为了简化计算,通常是抓主要矛盾,忽略次要问题。

(4) 满足前三个条件的表面不一定满足第四个条件。图1.26(a)满足前三个条件,同时也满足第四个条件;在图1.26(b)则不然。

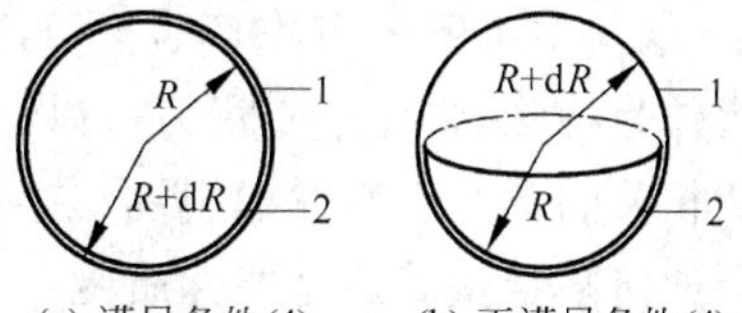

(a) 满足条件(4)　(b) 不满足条件(4)

图1.26　满足前三个简化条件的表面

为什么会出现这种差异呢?可以从定义和物理意义上来理解:如果要使表面的有效辐射均匀分布,则其反射辐射必须均匀分布;如果要使表面的反射辐射均匀分布,则其投射辐射必须均匀分布;如果要使表面的投射辐射均匀分布,则要求所有对该表面有投射的辐射源面的有效辐射均匀分布,并把辐射能均匀地投射到该表面各部分。根据角系数的定义,投射到该表面各部分的能量份额相同,也就是角系数必须相同。假定 i 和 j 由表示多个面组成的封闭系统的任意两个表面,i 表面的微元 d_i 对 j 表面的角系数等于整体的 i 表面对 j 表面的角系数,即

$$\varphi_{d_i,j}=\varphi_{ij} \tag{1.95}$$

这个条件就是满足有效辐射均匀分布的数学表达。

特别需要指出的是,本书前面介绍的角系数的性质、计算公式等,都是在满足上述工程计算条件下才成立的。如果不满足这些条件,角系数就无法从能量分配关系转化成纯粹的几何关系。

一般地,不符合条件(4)的情况用上述简化算法,误差不太大,因此,工程计算经常忽略条件(4)。本书例3.1分析计算这种情形。

介质的辐射与吸收

第2章

CHAPTER 2

广义地说，介质包括固体、液体、气体和等离子体四种形态的物体，对热辐射而言，绝大多数固体、液体是强吸收性介质，即对热辐射的吸收能力很强。例如固态金属，其热辐射的吸收层厚度仅有几百纳米，而通常的绝缘材料的吸收层也只有几分之一毫米。气体则不同，它对热辐射的吸收能力较弱，属于弱吸收性介质，是本章讨论的主要对象。此外，对于由大量带电粒子构成的等离子体，其辐射特性不同于一般的热辐射，且在炉内辐射传热中不涉及，因此本书不予讨论，感兴趣的读者可参考有关文献。

空气的主要成分是 O_2、N_2，它们对于热辐射是透明的，而在炉内介质的热辐射中，介质主要是指燃料的燃烧产物，如烟气中的 CO_2、H_2O 以及 CO、SO_2、NO_x 等，当然还包括 N_2、O_2，可见炉内介质的成分与空气有所不同，那么其辐射特性也会有差异。对于固体燃料，层燃炉和室燃炉燃烧室的烟气中还有飞灰、焦炭和炭黑等固体颗粒，对于液体和气体燃料，燃烧室烟气中也含有炭黑粒子，而燃用生活垃圾或工业废弃物的燃烧室，烟气中可能还有 HCl、Cl_2、HF 等。此外，燃用固体燃料的流化床情形较为特殊，将在第 4 章另行讨论。那么，介质中哪些成分是与热辐射密切相关的呢？它们发射、吸收热射线的机理和行为又是怎样的呢？工业上如何来定量处理这些性质呢？这些问题就是本章主要讨论的内容。

2.1 介质辐射与吸收的机理

2.1.1 分子光谱的特点

物质的原子光谱是由绕核运动的电子在能级跃迁而产生的，光谱是线状的，每条谱线有其相应的频率，整体上这些谱线的分布相对较稀，只在线系的末端才相对密集。分子光谱与原子光谱有显著的差别，前者要复杂得多，主要原因在于分子结构的多样性和分子内部运动的复杂性。

分子的运动除核外电子的运动外，还有平动、转动和振动，每一种形式的运动都对应一定的能量。平动能是由分子热运动引起的，是温度的函数。分子的平动并不引起分子偶极矩的变化，因而分子平动并不发射或吸收光子。与热辐射有关的能量是核外电子的能量，分子内各原子的振动能量和分子的转动能量，这三种能量的变化引起热射线的发射或吸收。

对于空气或烟气中的非极性分子，如 O_2、N_2、H_2 等是对称双原子分子，分子的正负电荷中心重合在一起，分子偶极矩为零，分子的电子对称分布且具有对称中心。这些非极性分子的转动和内部原子核间的振动，都不会使分子周围的电场发生变化，没有发生能级的跃迁，因而没有光子的发射或吸收。因此，对于热射线所处的频率范围，非极性分子可以认为是透明的。

有些非极性分子如 CO_2 等，虽有对称中心，永久偶极矩为零，但由于分子内部的振动，正负电荷的中心会出现相对的偏移，因而产生瞬间变化的偶极矩，这时，能级的跃迁也会产生热射线的发射或吸收。

对于介质中的极性分子，如 H_2O、CO、HCl 等，分子的正负电荷中心不重合，分子的偶极矩不为零。极性分子的振动能级和转动能级发生变化时，辐射能的发射或吸收随之进行。因此介质中的极性分子是不透明的，即有辐射和吸收的能力。

2.1.2　介质的吸收和发射

在研究辐射换热的问题时，通常所说的介质指的是气体，因为液体由于密度较大，辐射的有效射线行程(即有效辐射层厚度)很小，与对流换热及导热相比，可以忽略辐射换热。当然，气体介质中可能包含一些固体颗粒，如上文所述的焦炭、灰粒等，但浓度不会太高，在燃煤的室燃炉和层燃炉中，每标况立方米介质中固体浓度一般在几百毫克至几克之间，在循环床锅炉中稀相区浓度可达每标况立方米几百克至几千克，这些都是本书讨论的介质辐射、吸收和散射的对象。为了说明这些工业上的介质辐射与吸收的机理，这里先讨论最简单的情形，即介质为纯粹的烟气。烟气中各种成分的分子和原子，为什么有的有辐射和吸收能力，有的没有呢？

从量子力学可以知道，热辐射是频率属于红外与可见光的光子，也就是所谓的热射线，它是辐射能量的基本单元。介质发射光子(热射线)，其微观的过程实际上就是组成介质的原子或分子由于能级跃迁从而释放光子所致，而介质的原子或分子由于吸收了热射线，会发生能级跃迁。图 2.1 表示了介质在吸收或发射光子的过程中可能存在的三种类型的吸收和发射，即束缚态-束缚态、束缚态-自由态和自由态-自由态。E_1 为零能级，是介质粒子(原子或分子)的基态，也就是束缚态的最低能级。E_I 是粒子的电离势，E_1 与 E_I 之间的能级(如 E_2、E_3 等)都是束缚态能级。电离势 E_I 是粒子从基态到电离所需的最小能量。

粒子的能级在束缚态中是处于分立、定态的，即不同能级间的能量差是固定的，因而束缚态-束缚态的跃迁产生或吸收的光子，其能量也是定值，并与光子频率相关，即光子能量

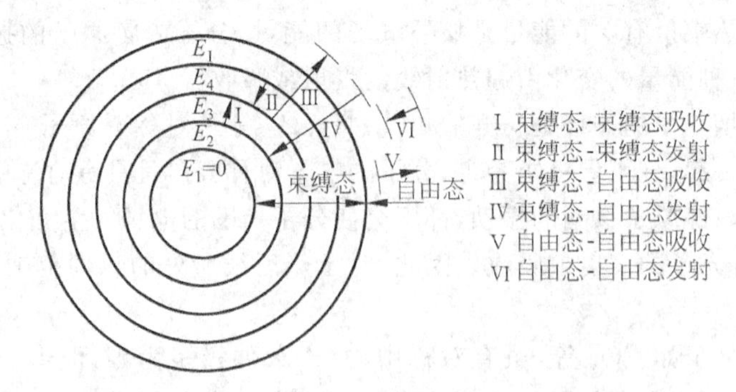

图 2.1　发射与吸收的能级跃迁示意图

$$\varepsilon = h\nu \tag{2.1}$$

式中，h 为 Planck 常数($6.63\times10^{-34}\mathrm{J\cdot s}$)；$\nu$ 为光子频率。

对于由跃迁发射光子的情形，如从图 2.1 中 $E_4\rightarrow E_3$ 的跃迁伴随着一个光子被发射，其能量为

$$\Delta E = E_4 - E_3 \tag{2.2}$$

光子频率由式(2.1)知

$$\nu = \frac{\Delta E}{h} = \frac{E_4 - E_3}{h} \tag{2.3}$$

可见在一定的束缚态之间跃迁发射的光子频率是一定的，不同能级束缚态之间的跃迁会形成一系列频率不连续的谱线。与此相反的过程是分子、原子吸收光子，使某个束缚态能级在吸收后跃迁到一个较高的能级，由于能级的分立，使得可被吸收光子的频率具有一定的不连续值。在没有任何其他影响的理想情况下，束缚态之间跃迁，无论是吸收光子还是发射光子，会形成同样的谱线。当然，实际上由于各种增宽原因(如自然增宽、多普勒(Doppler)增宽和斯塔克(Stack)增宽等)，谱线不是理想的线，会有一定的宽度，情形会复杂得多。

上述束缚态之间的能级变化，没有发生电离或离子与电子的复合，这时一个原子或分子吸收或发射一个光子的过程就是束缚态吸收或发射。这个原子或分子会从一个确定的束缚状态迁移向另一个确定的束缚状态，这些状态可以是转动的、振动的，或者是分子或原子中的电子的。

在一个分子或原子中，振动和转动两种能级总是相互伴随的，由转动能级跃迁形成的转动光谱与由振动能级跃迁形成的振动光谱叠加，产生的是一个间距较小的光谱带，把它们平均得到一个连续的区间上，就成为振动-转动谱带。在工业上常见的温度范围(500～2000K)内，发射和吸收主要源于振动和转动跃迁。一般而言，转动跃迁的谱线处于长波段(8～1000μm)，振动-转动跃迁的谱线处于红外区域(1.5～20μm)，而电子跃迁则是高

温(T>2000K)下重要的发射、吸收形式,其谱线主要集中在可见光范围(0.4～0.7μm)和与之相邻的红外、紫外范围。

2.2　吸收散射性介质的辐射特性

2.2.1　介质吸收与散射的特点

1. 吸收

热射线通过介质时能量变小的现象就是吸收,这种介质称为吸收性介质。吸收性介质的辐射和吸收有两大特点:

(1) 辐射与吸收沿整个容积进行。从2.1节的内容可以看出,吸收性介质从微观上说,包含了大量的有吸收、发射热射线能力的分子或微粒,在一定的热力学状态下这些分子或微粒总是要发射热射线,同时也在不断地吸收热射线;从宏观上说,这些有发射和吸收能力的分子或微粒是充满整个容积的,而且是气态的,分子或微粒的密度较小,射线行程与容积尺寸的数量级相同或接近,因而容积内的介质的辐射和吸收总是沿整个容积进行的。

(2) 辐射与吸收可能具有明显的选择性,介质只在一定波长范围内辐射和吸收,这个波长范围称为光带。在光带以外介质既不吸收也不辐射,即是透明的,如图2.2所示:

CO_2 的主要光带:(2.65～2.80、4.15～4.45、13.0～17.0)μm

H_2O(气)的主要光带:(2.55～2.84、5.6～7.6、12.0～30.0)μm

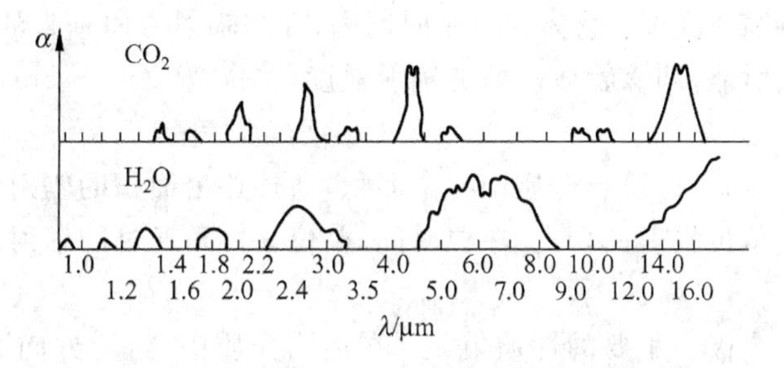

图2.2　CO_2 和 H_2O 的光带示意图

从机理上说,有能力发射、吸收热射线的分子或微粒,能级分布及热力学状态决定了它们对光子的发射和吸收都是在特定的频率(谱线)下进行的,这些频率就确定了光带的范围。

可见,吸收性介质的发射与吸收光谱是不连续的,因而吸收性介质理论上不能被当作灰体。

2. 散射

在物理学上，散射具有四种类型：弹性散射、非弹性散射、各向同性散射和各向异性散射。对于热射线，弹性散射是指光子能量不因碰撞而改变的散射，此时光子的频率、波长是不变的，但方向改变了，因而动量也改变了；而非弹性散射则是碰撞的光子的能量和动量都发生了变化。当散射在各个方向上都相等时，就是各向同性散射，否则是各向异性散射，各向异性散射中沿各个散射方向的能量分布是不均匀的。

热射线通过介质时，主要发生的是弹性散射，即光子能量大小不变而动量发生变化。与吸收相同，散射也是沿容积进行的，而且还会附加选择性。

3. 烟气的吸收和散射

一般地，燃用化石燃料的锅炉和工业炉窑，其烟气由双原子气体（如 N_2、O_2、CO 等）、三原子气体（CO_2、H_2O、SO_2）和悬浮颗粒（炭黑、飞灰和焦炭粒子等）所组成。其中，N_2、O_2 的辐射、吸收的能力很弱，可认为透明，而 CO 的体积分数通常很低（如 $50\times10^{-6}\sim300\times10^{-6}$），可忽略不计。烟气中三原子气体的浓度很高，可达到 5%～30%甚至更大，而悬浮颗粒的浓度可以达到每立方米烟气几百毫克至几克的水平。因此，就传热的角度而言，三原子气体、悬浮颗粒是烟气中主要的辐射、吸收的成分。

气体散射辐射能的能力较弱，常可忽略，而含有悬浮颗粒的气体，由于颗粒的散射（还有反射、折射和衍射等）作用，应当作吸收、散射性介质。

2.2.2 辐射强度的性质

第 1 章定义了辐射强度：物体在单位时间内，在与辐射方向垂直的单位面积上，单位立体角内发射的辐射能，即该物体表面的辐射强度，单位 $W/(m^2\cdot sr)$。这是对固体表面而言的。

对于吸收性介质，可以设想介质中有个面积，通过这个面积的辐射强度可定义为：在垂直于辐射方向的单位投射面积上，单位时间、单位立体角通过的辐射能。两个定义实质完全一样。

辐射强度的一个极为重要的性质就是：在透明介质中，给定方向的辐射强度在该方向上不变。

下面对这个性质给予简单的证明。

如图 2.3 所示，辐射源为 dA_s 的辐射强度为 I_s，接受辐射的面积为 dA，dA_s 与 dA 相距 s，中间是透明介质。那么，从图 2.3(a)看，d^2Q 可用辐射源发射的辐射强度 I_s 表示

$$d^2Q = I_s dA_s d\Omega$$

由于 $d\Omega=\dfrac{dA}{s^2}$，那么

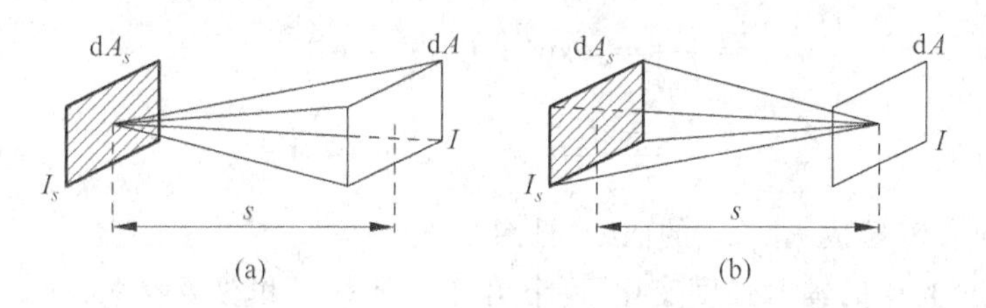

图 2.3　辐射强度的示意图

$$d^2Q = \frac{I_s dA_s dA}{s^2} \tag{2.4}$$

而从图 2.3(b)看，由 dA_s 发射的在 s 方向经过 dA 的辐射热流量是

$$d^2Q = IdAd\Omega_s$$

把 $d\Omega_s = \frac{dA_s}{s^2}$代入上式，有

$$d^2Q = \frac{IdAdA_s}{s^2} \tag{2.5}$$

比较式(2.4)与式(2.5)可知

$$I = I_s$$

由于距离 s 任意，故辐射强度 I 处处不变。

2.2.3　辐射能的穿透与吸收

以上讨论了透明介质中的辐射强度的不变性质，那么在吸收、散射性介质中 I 是否还不变呢?

实验表明，波长为 λ 的单色辐射能垂直通过一薄层厚度为 ds 的介质的吸收，辐射强度的变化与该处的辐射强度成正比，即

$$\frac{dI_{\lambda,s}}{ds} = -K_\lambda I_{\lambda,s} \tag{2.6}$$

式中，K_λ 为单位距离内辐射强度减弱的百分数，称为单色减弱系数，单位 m^{-1}。K_λ 与气体的性质、压力、温度以及波长 λ 有关。式中负号表明辐射强度随着气体层厚度增加而减弱。需要指出的是，K_λ 包括了吸收和散射的作用。

对式(2.6)积分，并令 $s=0$ 处的辐射强度为 $I_{\lambda,0}$，即 $I_{\lambda,0}$ 为投射辐射强度，则

$$I_{\lambda,s} = I_{\lambda,0}\exp\left(-\int_0^s K_\lambda ds\right) \tag{2.7}$$

这就是表述气体吸收规律的布格(Bouguer)定律。这个定律是实验定律。

式(2.7)中，K_λ 不变时令 $\delta_{\lambda,s} = K_\lambda s$，$\delta_{\lambda,s}$称为光学厚度。

下面讨论介质的单色穿透率 $\tau_{\lambda,s}$和单色吸收率 $\alpha_{\lambda,s}$，假定 K_λ＝常数。

$$\tau_{\lambda,s}=\frac{I_{\lambda,s}}{I_{\lambda,0}}=\exp(-K_\lambda s)=\mathrm{e}^{-\delta_{\lambda,s}} \tag{2.8}$$

$$\alpha_{\lambda,s}=\frac{I_{\lambda,0}-I_{\lambda,s}}{I_{\lambda,0}}=1-\mathrm{e}^{-\delta_{\lambda,s}}=1-\tau_{\lambda,s} \tag{2.9}$$

把式(2.8)、式(2.9)绘成 $\tau_{\lambda,s}$、$\alpha_{\lambda,s}$的曲线,见图 2.4。

通过计算全光谱的辐射强度变化,可求出总穿透率 τ_s 和总吸收率 α_s:

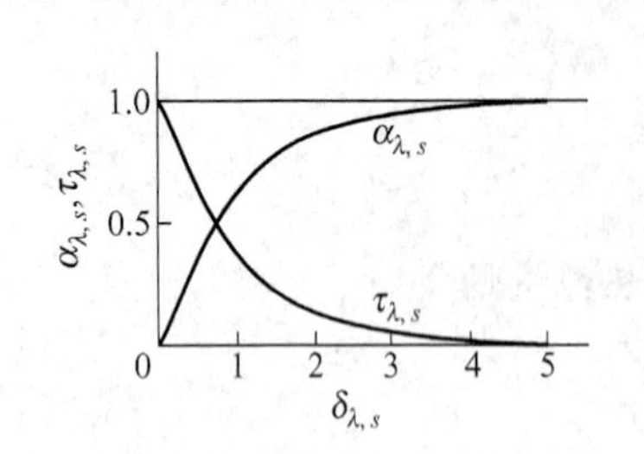

图 2.4　$\tau_{\lambda,s}$、$\alpha_{\lambda,s}$的曲线

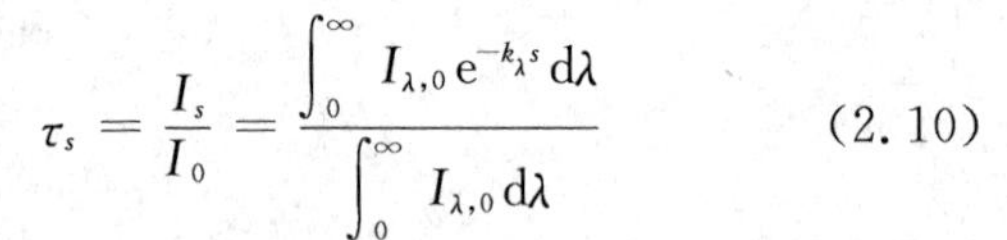

$$\tau_s=\frac{I_s}{I_0}=\frac{\int_0^\infty I_{\lambda,0}\,\mathrm{e}^{-k_\lambda s}\,\mathrm{d}\lambda}{\int_0^\infty I_{\lambda,0}\,\mathrm{d}\lambda} \tag{2.10}$$

$$\alpha_s=1-\tau_s \tag{2.11}$$

可见,总穿透率 τ_s、总吸收率 α_s 与

① 介质本身的性质(如 K_λ)有关;

② 投射辐射能的光谱分布有关;

③ 介质容积尺寸 s 有关。

由 Kirchhoff 定律,单色黑度等于单色吸收率:$\varepsilon_{\lambda,s}=\alpha_{\lambda,s}$,那么总黑度

$$\varepsilon_s=\frac{\int_0^\infty E_{\mathrm{b}\lambda}(1-\mathrm{e}^{-k_\lambda s})\,\mathrm{d}\lambda}{\sigma T^4} \tag{2.12}$$

2.2.4　吸收性介质的分类

考虑单色减弱系数 K_λ 与波长 λ 的关系,可把介质分为三大类:

1. 灰体介质

如图 2.5 所示,I_0 是原始的投射辐射的光谱分布,随着射线穿行的介质厚度 s 的增大,单色辐射强度 I_λ 均匀变小,但单色减弱系数 K_λ 不变,即图中曲线形状不变,高度变小。K_λ＝常数,令 $K_\lambda=K,\lambda\in[0,\infty]$。上述基本关系都可简化,即

$$\mathrm{d}I=-KI_0\,\mathrm{d}s \tag{2.13}$$

$$I=I_0\mathrm{e}^{-Ks} \tag{2.14}$$

$$\tau=\mathrm{e}^{-Ks} \tag{2.15}$$

$$\alpha=\varepsilon=1-\mathrm{e}^{-Ks} \tag{2.16}$$

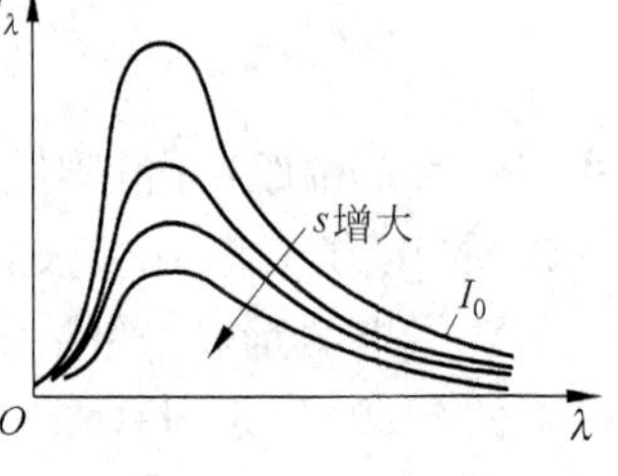

图 2.5　灰体介质的减弱特性

2. 选择性介质

灰体介质是没有选择性的,而且光谱连续,属于理想化的情况。实际的介质,比较接近于选择性介质:

(1) 光谱连续，K_λ 随 λ 而变，如带有细小碳颗粒的烟气。

(2) 光谱不连续，某些光带内 K_λ 随 λ 而变，其余光带透明，实际气体即如此。

如图 2.6 所示，图(a)是光谱连续的情形，随着射线穿行的介质厚度 s 的增大，不仅单色辐射强度 I_λ 变小，而且单色减弱系数 K_λ 也变化，即图中曲线形状改变，高度也变小。图(b)是光谱不连续的情形。

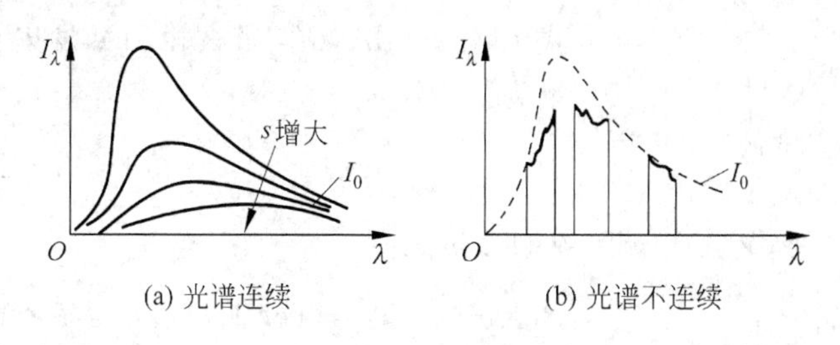

(a) 光谱连续　　(b) 光谱不连续

图 2.6　连续性介质的减弱特性

3. 选择性灰体介质

某些光带内介质有吸收能力且 $K_\lambda=$ 常数，其余光带 $K_\lambda=0$。由于某些光带内介质没有吸收能力，对于连续光谱的投射辐射，有些谱线即使介质厚度足够大(甚至是无穷大)，也不可能被吸收，因而介质吸收率一定小于 1。

在工程计算中，多数情况把介质当作灰体处理，这对于煤粉锅炉和油炉误差不大，而对于以气体为燃料的锅炉或工业炉窑，由于烟气的选择性比较明显，常把烟气当作选择性灰体。

2.3　介质的辐射传递与能量守恒

2.2 节介绍了吸收、散射介质的辐射特性，这一节将在此基础上探讨介质中辐射能传播的规律。

2.3.1　微元体积的辐射

如图 2.7 所示，有一减弱系数为 K 的微元介质 $\mathrm{d}V$(K 在 $\mathrm{d}V$ 中为常数)，$\mathrm{d}V$ 处于一个大空心黑体球的中心，球壁温度为 T，$\mathrm{d}V$ 与球壁间充满温度为 T 的透明介质，$\mathrm{d}A$ 为黑体球壁的一个面积微元，整个系统(包括 $\mathrm{d}V$)温度均匀。

由 $\mathrm{d}A$ 发射到 $\mathrm{d}A_s$ 的辐射强度为 I_b(黑体辐射强度)，进入 $\mathrm{d}V$ 后经过 $\mathrm{d}s$，减弱为

$$I=I_\mathrm{b}\mathrm{e}^{-K\mathrm{d}s} \tag{2.17}$$

那么辐射强度的变化为

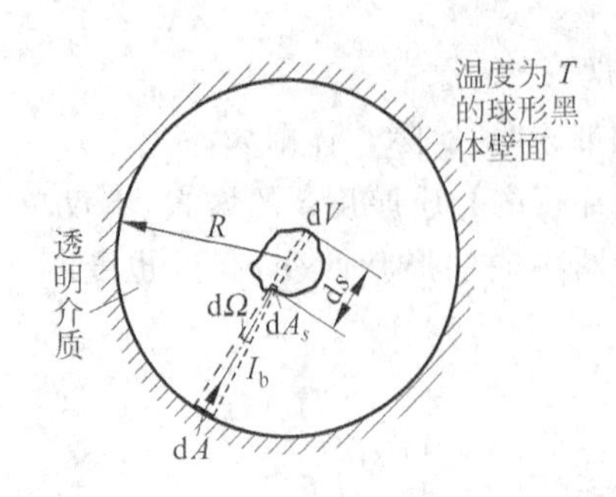

图 2.7 微元体积的辐射

$$dI = I - I_b = -I(1 - e^{-Kds})$$
$$\approx -I_b K ds \quad (\text{一阶展开}) \tag{2.18}$$

由 dA 发射、被微元体积 $dsdA_s$ 吸收的热(流)量为

$$d^3 Q_a = -dIdA_s d\Omega = I_b K dsdA_s d\Omega \tag{2.19}$$

式中，$d\Omega = dA/R^2$，那么由 dA 发射到 dV 吸收的热量为

$$d^2 Q_a = \int_{dV} d^3 Q_a = I_b K dV d\Omega \tag{2.20}$$

整个球壁投射到 dV 上并被吸收的热量是

$$dQ_a = \int_{\Omega=4\pi} d^2 Q_a = I_b K dV \int_{4\pi} d\Omega = 4\pi K I_b dV = 4KE_b dV \tag{2.21}$$

式中，$E_b = \varepsilon T^4$ 是黑体的辐射力。

由于整个系统温度均匀，从能量平衡可知，dV 的本身辐射为

$$dQ_s = dQ_a = 4KE_b dV \tag{2.22}$$

不考虑气体介质对本身辐射的吸收，若 dV 发射的辐射强度在各方向上是均匀的，则

$$dI_s = \frac{dQ_s}{4\pi dA_n} = \frac{4KE_b dV}{4\pi dA_n} = KI_b ds \tag{2.23}$$

式中，$dA_n = \dfrac{dV}{ds}$ 为 dV 在垂直发射方向的投影面积，ds 是 dV 平行发射方向的厚度。

对于非灰体介质，则式(2.22)、式(2.23)改为

$$d^2 Q_{s\lambda} = 4K_\lambda E_{b\lambda} dV d\lambda \tag{2.24}$$

$$dI_{s\lambda} = K_\lambda I_{b\lambda} ds \tag{2.25}$$

以上推导了吸收性微元介质 dV 的辐射能量和辐射强度的计算公式，它们是建立辐射传递方程的基础。

2.3.2 辐射传递方程

从前面的介绍知道，辐射能通过吸收、散射性介质时将被衰减，其规律遵从 Bouguer 定律；但在另一方面，由于介质的本身辐射，辐射强度又将加强。在此，将通过建立辐射传递方程，综合考虑这两方面的作用，来描述介质中辐射能的传递规律。

先讨论纯吸收性介质，减弱系数为 K，K 是温度的函数，在这里不妨当作常数来讨论。

介质吸收：$dI_a = -KIds$

自身辐射：$dI_s = KI_b ds$

其中 I_b 为介质温度下的黑体辐射强度，那么辐射强度的总变化为

$$dI = dI_s + dI_\alpha = (I_b - I)K ds$$

令 $\delta = Ks$ 为光学厚度，则

$$\frac{dI}{d\delta} + I = I_b \tag{2.26}$$

这就是辐射传递方程，是微分形式的方程。对式(2.26)从 $\delta=0$ 到 δ_1 积分，得积分形式的辐射传递方程

$$I = I_1 e^{-\delta_1} + e^{-\delta_1}\int_0^{\delta_1} I_b e^{\delta} d\delta \tag{2.27}$$

I_1 是投射辐射。对于非灰体介质，可以列出对单色辐射的辐射传递方程

$$\frac{dI_\lambda}{d\delta_\lambda} + I_\lambda = I_{b\lambda} \tag{2.28}$$

$$I_\lambda = I_{1_\lambda} e^{-\delta_{\lambda_1}} + e^{-\delta_{\lambda_1}}\int_0^{\delta_{\lambda_1}} I_{b\lambda} e^{\delta_\lambda} d\delta_\lambda \tag{2.29}$$

以上方程均未考虑散射，对于吸收、散射性介质应加入散射项，则

$$\begin{aligned}\frac{dI_\lambda}{ds} &= -K_\lambda I_\lambda + K_{\alpha\lambda} I_{b\lambda} + Q_\lambda \\ &= -(K_{\alpha\lambda} + K_{s\lambda}) I_\lambda + K_{\alpha\lambda} I_{b\lambda} + Q_\lambda \\ &= -K_{\alpha\lambda} I_\lambda - K_{s\lambda} I_\lambda + K_{\alpha\lambda} I_{b\lambda} + Q_\lambda \end{aligned} \tag{2.30}$$

上式右边第一项是介质吸收引起的辐射能减弱，第二项是介质散射引起的辐射能减弱，第三项是介质的本身辐射引起的辐射能增加，第四项是空间的投射辐射在 s 方向上的散射引起的辐射能增加。把上式两边除以 K_λ，并代入 $K_\lambda = K_{\alpha\lambda} + K_{s\lambda}$，$\delta_\lambda = K_\lambda s$，有

$$\frac{dI_\lambda}{d\delta_\lambda} = -I_\lambda + \left(1 - \frac{K_{s\lambda}}{K_\lambda}\right) I_{b\lambda} + \frac{Q_\lambda}{K_\lambda} \tag{2.31}$$

2.3.3　能量平衡方程

为什么要建立能量平衡方程呢？从式(2.26)看，I_b 是温度的函数，严格而言 δ(或 K)也是温度的函数，因此只有式(2.26)并不能求解辐射强度 I，只有建立能量平衡方程，与式(2.26)联立求解，才能确定温度和辐射强度。

根据能量平衡关系 $dQ_s = dQ_\alpha$ 以及上述微元体积的辐射推导，可以得到下列方程

$$K\int_0^{4\pi} I d\Omega + Q - 4K\sigma T^4 = 0 \tag{2.32}$$

式中，Q 是单位体积介质由辐射以外的原因(导热、对流、化学反应)而得到的热量。

在此特别说明两个方程建立的原因及其物理意义。辐射传递方程表示由于介质吸

收、散射作用、辐射作用，辐射强度 I 减弱，同时又由于沿途介质的辐射，I 又得到加强。如果投射辐射强度已知，通过对传递方程的积分可得到沿途 I 的变化。但是，介质发射的能量取决于介质的温度 T，因此必须通过能量平衡关系来确定 T，因而需要建立能量平衡方程。

2.3.4 辐射传递方程的近似解法

求解上面的两个方程的主要困难是解辐射传递方程，其解法有三类：

① 解析法，只适于简单的一维情形；

② 数值方法，这是较为准确而可行的方法，限于篇幅，本书未予介绍；

③ 近似方法，通过近似处理，简化方程，然后求解。

这里简单介绍三种简化的近似解。

(1) 透明介质近似解

$$I = I_{\mathrm{I}} \tag{2.33}$$

介质几乎不吸收，也不发射。

(2) 发射近似解（光学薄近似解）

δ 很小，T 较大时，介质吸收可忽略，则

$$I = I_{\mathrm{I}} + \int_0^{\delta} I_{\mathrm{b}} \mathrm{d}\delta = I_{\mathrm{I}} + \int_0^{\delta} K I_{\mathrm{b}} \mathrm{d}s \tag{2.34}$$

(3) 低温介质近似解

介质 T 较小，介质自身辐射忽略。

$$I = I_{\mathrm{I}} \mathrm{e}^{-\delta} = I_{\mathrm{I}} \mathrm{e}^{-Ks} \tag{2.35}$$

例 2.1 两个无限大灰体平板，温度为 T_1、T_2，黑度为 ε_1、ε_2，其中为几乎透明的介质，用辐射换热方程的近似解法求介质温度。

解：辐射传递方程 $\frac{\mathrm{d}I}{\mathrm{d}\delta} + I = I_{\mathrm{b}}$ 在透明介质近似下 $I = I_{\mathrm{b}}$，在介质中取一微元体积，则投射到该微元体积上的辐射能总能量为

$$\int_0^{4\pi} I \mathrm{d}\Omega = \int_0^{2\pi} I_1 \mathrm{d}\Omega + \int_0^{2\pi} I_2 \mathrm{d}\Omega$$

由透明介质近似，有 $I_1 = I_{\mathrm{b1}}$，$I_2 = I_{\mathrm{b2}}$，而且

$$I_{\mathrm{b1}} = \frac{E_{\mathrm{R1}}}{\pi}, \quad I_{\mathrm{b2}} = \frac{E_{\mathrm{R2}}}{\pi}$$

由网络法求解两个表面的有效辐射 E_{R1}、E_{R2}：

$$\left.\begin{aligned}\frac{E_{b1}-E_{R1}}{\dfrac{1-\varepsilon_1}{\varepsilon_1 A}}&=\frac{E_{b1}-E_{b2}}{\dfrac{1-\varepsilon_1}{\varepsilon_1 A}+\dfrac{1}{A}+\dfrac{1-\varepsilon_2}{\varepsilon_2 A}}\\ \frac{E_{R2}-E_{b2}}{\dfrac{1-\varepsilon_2}{\varepsilon_2 A}}&=\frac{E_{b1}-E_{b2}}{\dfrac{1-\varepsilon_1}{\varepsilon_1 A}+\dfrac{1}{A}+\dfrac{1-\varepsilon_2}{\varepsilon_2 A}}\end{aligned}\right\}\Rightarrow\begin{cases}E_{R1}=\dfrac{\varepsilon_1 E_{b1}+\varepsilon_2(1-\varepsilon_1)E_{b2}}{\varepsilon_1+\varepsilon_2-\varepsilon_1\varepsilon_2}\\ E_{R2}=\dfrac{\varepsilon_2 E_{b2}+\varepsilon_1(1-\varepsilon_2)E_{b1}}{\varepsilon_1+\varepsilon_2-\varepsilon_1\varepsilon_2}\end{cases}$$

该介质有微弱吸收性，其吸收的总能量与辐射的总能量相等，故介质本身辐射

$$E_{bm}=\frac{1}{4}\int_0^{4\pi} I\mathrm{d}\Omega$$

那么把 $E_{bm}=\sigma T_m^4$ 及上式代入前面的式子，可得介质温度

$$T_m=\left[\frac{\varepsilon_1 T_1^4+\varepsilon_2 T_2^4-\varepsilon_1\varepsilon_2\dfrac{T_1^4+T_2^4}{2}}{\varepsilon_1+\varepsilon_2-\varepsilon_1\varepsilon_2}\right]^{\frac{1}{4}}$$

2.4　介质的有效辐射层厚度、吸收率与黑度

2.4.1　平均穿透率和平均吸收率

如图 2.8 所示，等温漫射表面 A_j、A_k 中有等温吸收性介质，介质的黑体辐射强度 I_{bm} 和减弱系数 K 是常数。根据辐射传递方程，可以得到由 A_j 表面投射到 A_k 表面的辐射强度为

$$I_{jk}=I_j\mathrm{e}^{-Ks}+I_{bm}(1-\mathrm{e}^{-Ks})\qquad(2.36)$$

可以推导出 A_j、A_k 之间的辐射换热（过程从略）

$$Q_{jk}=(A_j\varphi_{jk}\tau_{jk})E_j+(A_j\varphi_{jk}\alpha_{jk})E_{bm}\qquad(2.37)$$

式中，E_{bm}是介质的黑体辐射力。从上式可看出，求解有吸收性介质存在的辐射换热，必须计算 τ_{jk}、α_{jk}。

τ_{jk}称为 A_j 到 A_k 的平均穿透率，定义如下：

$$\tau_{jk}=\frac{1}{A_j\varphi_{jk}}\int_{A_k}\int_{A_j}\frac{\tau\cos\beta_k\cos\beta_j}{\pi R^2}\mathrm{d}A_j\mathrm{d}A_k\qquad(2.38)$$

α_{jk}称为 A_j 到 A_k 的平均吸收率，定义如下：

$$\alpha_{jk}=\frac{1}{A_j\varphi_{jk}}\int_{A_k}\int_{A_j}\frac{\alpha\cos\beta_k\cos\beta_j}{\pi R^2}\mathrm{d}A_j\mathrm{d}A_k\qquad(2.39)$$

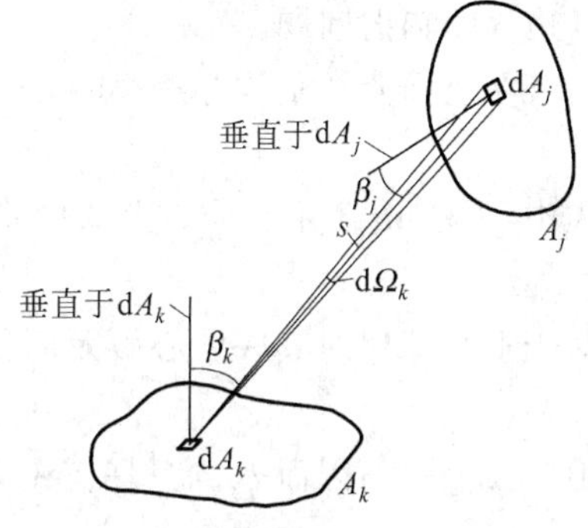

图 2.8　隔有等温介质的两个面之间的辐射换热

上面两式中，φ_{jk}是没有吸收性介质时的角系数，τ、α 是介质本身的穿透率、吸收率。由 τ、α 的定义及式(2.38)、式(2.39)可知

$$\alpha_{jk}+\tau_{jk}=1\qquad(2.40)$$

从式(2.40)可知只要求出 τ_{jk}，也就知道 α_{jk} 了。

从定义知道，求 τ_{jk} 须计算重积分，通常比较复杂，难以用解析方法计算(必须借助数值方法)。这里简单介绍两种简单的求 τ_{jk} 的情形。

1. 半球对底中心的微元面积

图 2.9 所示是充满吸收性介质(减弱系数为 K)的半球。依据上述平均穿透率的定义可以求出

$$\tau_{jk}=\mathrm{e}^{-KR} \tag{2.41}$$

这是求平均穿透率的最简单的例子。上式在建立有效辐射层的概念时要利用。

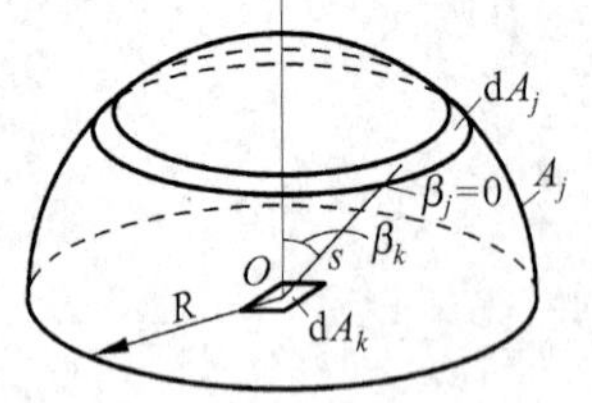

图 2.9 内有吸收性介质的半球

2. 球对球面的任一部分

一个球，内部充满吸收性介质，整个球对球面上任意一部分的平均穿透率为

$$\tau_{jk}=\frac{2}{(2KR)^2}\left[1-(2KR+1)\mathrm{e}^{-KR}\right] \tag{2.42}$$

式中，$2KR$ 为球的光学直径。

2.4.2 有效辐射层厚度

炉内传热主要是炉膛内火焰辐射水冷壁的过程。这里先考虑一下温度均匀的介质对其边界的辐射问题。

在上面介绍平均穿透率时，式(2.37)的第二项表示介质投射给壁面的辐射热流

$$Q_{\mathrm{m}k}=A_j\varphi_{jk}\alpha_{jk}E_{\mathrm{bm}} \tag{2.43}$$

式中，下标 m 表示介质。上式中将 A_k 代以微元面积 $\mathrm{d}A_k$，有

$$\mathrm{d}A_kE_{\mathrm{m,d}k}=A_j\varphi_{j,\mathrm{d}k}\alpha_{j,\mathrm{d}k}E_{\mathrm{bm}} \tag{2.44}$$

对于上半球壁对其底中心微元面积 $\mathrm{d}A_k$ 辐射的情况，从式(2.41)可得

$$\alpha_{j,\mathrm{d}k}=1-\tau_{j,\mathrm{d}k}=1-\mathrm{e}^{-KR} \tag{2.45}$$

由于 $\varphi_{j,\mathrm{d}k}=1$，因而 $\varphi_{j,\mathrm{d}k}=\mathrm{d}A_k/A_j$，那么由式(2.44)有

$$E_{\mathrm{m,d}k}=\alpha_{j,\mathrm{d}k}E_{\mathrm{bm}}=(1-\mathrm{e}^{-KR})E_{\mathrm{bm}} \tag{2.46}$$

由黑度定义知

$$\varepsilon=1-\mathrm{e}^{-KR} \tag{2.47}$$

因此，

$$E_{\mathrm{m,d}k}=\varepsilon E_{\mathrm{bm}} \tag{2.48}$$

因为 A_j，$\mathrm{d}A_k$ 之间的辐射线穿过了半球内的全部介质，因而 $E_{\mathrm{m,d}k}$ 代表半球中全部介质对 $\mathrm{d}A_k$ 的辐射力，而且介质黑度仅取决于半球的光学半径 KR。

从式(2.46)可看到，这个式子用于计算介质对壁面的辐射时非常简便，但这个式子仅限于半球介质对其底中心的情形。

定义一个等价量：把容积为任何形状的介质对其全部周界的辐射看成是半球形介质对其底部中心的辐射，那么假想半球的半径 R 称为有效辐射层厚度(用 s 表示，有些文献又称射线行程长度)。这样，按式(2.46)计算得到的辐射力和实际情况相同，即有

$$E_{mk} = (1 - e^{-Ks})E_{bm} \tag{2.49}$$

可见，由于一个等价性的半径 R(即 s)的定义，使得介质对其周界的辐射力的计算(不论容积的形状)，转化为求该容积介质的有效辐射层厚度 s。

2.4.3 有效辐射层厚度的计算

建立了有效辐射层厚度的概念，可以简便地计算介质的黑度、吸收率或穿透率，使计算大为简化。

1. 介质光学厚度较薄时，整个容积对整个边界的辐射

当光学厚度 Ks 很小时，穿透率

$$\tau = \lim_{Ks\to 0} e^{-Ks} = 1 \tag{2.50}$$

在前面推导微元体积的辐射时知道微元等温介质 dV 发射的辐射能是 $4KE_{bm}dV$，因为 $\tau=1$，即介质几乎没有吸收，介质发射的辐射能几乎全部到达边界。整个容积 V 发射并到达边界的能量是 $4KE_{bm}V$，按整个边界面积 A 平均的辐射力是

$$E_m = 4KE_{bm}\frac{V}{A} \tag{2.51}$$

利用有效辐射层厚度的概念，有

$$E_m = (1 - e^{-Ks})E_{bm} \tag{2.52}$$

在 Ks 很小的情况下的 s 用 s_b 表示，比较(2.51)、(2.52)两式并展开 e^{-Ks} 里的一次项，得

$$s_b = 4\frac{V}{A} \tag{2.53}$$

这里给出几种简单情况的 s_b 值：

① 直径为 D 的球

$$s_b = 4\left(\frac{4}{3}\pi\left(\frac{D}{2}\right)^3\right)\Big/\left[4\pi\left(\frac{D}{2}\right)^2\right] = \frac{2}{3}D \tag{2.54}$$

② 直径为 D 的无限长圆柱体

$$s_b = 4\left(\frac{1}{4}\pi D^2\right)\Big/(\pi D) = D \tag{2.55}$$

③ 间距为 D 的无限大平行平面间的介质

$$s_b = 4\,D/\,2 = 2D \tag{2.56}$$

例 2.2 如图 2.10 所示叉排管束，管束间为高温烟气，求管束的有效辐射层厚度。

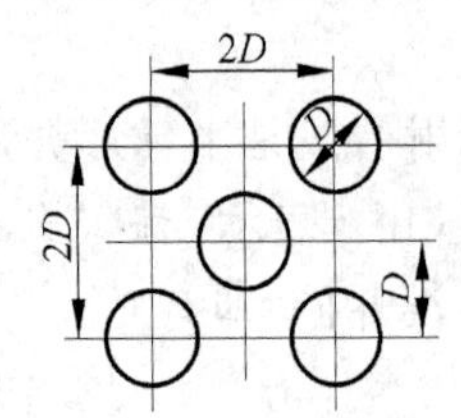

图 2.10 叉排管束的有效辐射层厚度

解：单位长度管束间的烟气容积

$$V=(2D)^2-2\cdot\frac{\pi D^2}{4}=\left(4-\frac{\pi}{2}\right)D^2$$

单位长度管束间的烟气容积对应的受热面积（注意：A 只包括管壁边沿）

$$A=4\cdot\frac{1}{4}\pi D+\pi D=2\pi D$$

那么，管束的有效辐射层厚度为

$$s_b=4\frac{V}{A}=4\frac{\left(4-\frac{\pi}{2}\right)D^2}{2\pi D}=1.546D \qquad (2.57)$$

当 $\delta=Ks$ 不很薄时，引入系数 C 修正：$s=Cs_b$，参阅表 2.1 的取值。近似地，$C=0.9$，故

$$s=3.6\frac{V}{A} \qquad (2.58)$$

对于未经精确计算的几何形状，均可用上式计算。

表 2.1 计算整个容积辐射的有效辐射层厚度

容积形式	特征尺寸	s_b	s	$C=\frac{s}{s_b}$
半球对其底中心的微元面积	半径 R	R	R	1
球对其表面	直径 D	$\frac{2}{3}D$	$0.65D$	0.97
高等于直径的圆柱体对其底中心的微元面积	直径 D	$0.77D$	$0.71D$	0.92
无限长圆柱体对其侧面	直径 D	D	$0.95D$	0.95
高等于直径的圆柱体对其整个表面	直径 D	$\frac{2}{3}D$	$0.60D$	0.90
无限大介质层对其界面	厚度 D	$2D$	$1.8D$	0.90
边长为 1∶1∶4 的正平行六面体	边长 L	$\frac{2}{3}L$	$1.8D$	0.90
立方体对其表面积	短边长 L	$0.89L$	$0.6L$	0.91
管束间的介质对管壁				
等边三角形布置 $s=2D$	管径 D	$3.4(s-D)$	$0.81L$	0.88
$s=3D$	管间距 s	$4.45(s-D)$	$3.0(s-D)$	0.85
正方形布置 $s=2D$		$4.1(s-D)$	$3.5(s-D)$	0.85

2. 两个面之间的吸收性介质的有效辐射层厚度

很多情况下，需要计算两个面之间的辐射换热，也要用到有效辐射层厚度。

两个面 A_k、A_j 之间的有效辐射层厚度(推导过程从略)

$$s_{kj}=\frac{1}{A_k\varphi_{kj}}\int_{A_j}\int_{A_k}\frac{\cos\beta_j\cos\beta_k}{\pi r}\mathrm{d}A_k\mathrm{d}A_j \tag{2.59}$$

具体求解时,先按没有吸收性介质时的方法求角系数 φ_{kj},再按上式求 s_{kj},代入 $\alpha=1-\mathrm{e}^{-Ks}$ 求出 α_{kj},然后可以求出 $A_k\varphi_{kj}\alpha_{kj}$,按式(2.37)可求解换热量。

这里再给出两个特殊情况下的公式:

① 两个相对的相同平行长方形,某一边 $b\to\infty$ 时

$$\frac{\varphi_{jk}s_{jk}}{C}=\frac{4}{\pi}\left[\arctan l+\frac{1}{l}\ln\frac{1}{\sqrt{1+l^2}}\right] \tag{2.60}$$

式中,$l=a/c$,c 为平面间的距离。

② 两个有公共边的垂直长方形,公共边 $b\to\infty$ 时

$$\frac{\varphi_{jk}s_{jk}}{\alpha}=\frac{1}{\pi}\left[\frac{a}{c}\ln\sqrt{\left(\frac{a}{c}\right)^2+1}+\frac{a}{c}\ln\sqrt{\left(\frac{c}{a}\right)^2+1}\right] \tag{2.61}$$

2.4.4 气体的吸收率与黑度

在烟气中具有辐射能力的气体主要有 CO_2、H_2O(气体),它们的辐射和吸收具有明显的选择性,即它们只在某几个光带内发射或吸收辐射能。CO_2、H_2O 的主要吸收光带见表 2.2。

表 2.2　二氧化碳和水蒸气的主要吸收光带

气体	CO_2		H_2O	
光带范围/μm 光带号	$\lambda'\sim\lambda''$	$\Delta\lambda$	$\lambda'\sim\lambda''$	$\Delta\lambda$
1	2.65～2.8	0.15	2.3～3.4	1.1
2	4.15～4.46	0.30	4.4～8.5	4.1
3	13～17	4.0	12～30	18

1. 用线算图求 α_{CO_2}、α_{H_2O}

线算图是在计算工具落后的情况下简便计算的有力手段,在没有计算机、计算器的时代,为工程技术人员使用大量的工程研究成果进行科学、可靠的设计提供了极大的方便。典型的CO_2、H_2O 的线算图见图 2.11、图 2.12。图 2.11(a)、图 2.12(a)是在参考压力 $p_0=9.81\times10^4$ Pa 条件下的曲线,图 2.11(b)、图 2.12(b)分别对总压 p 和分压采用修正系数 K 进行了修正。

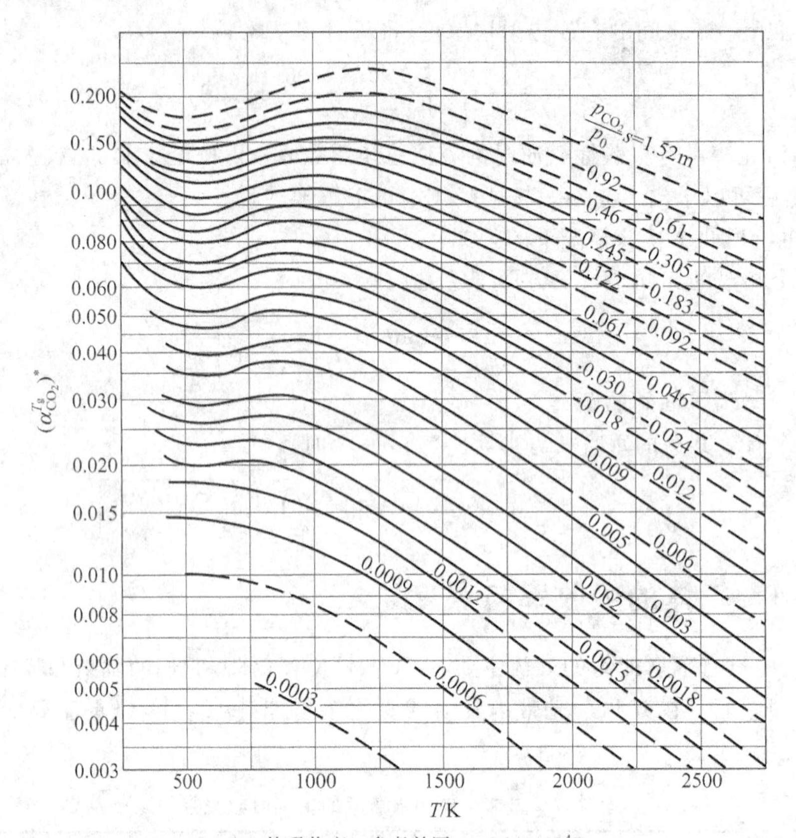

(a) CO_2的吸收率，参考总压 p_0=9.81×10^4Pa

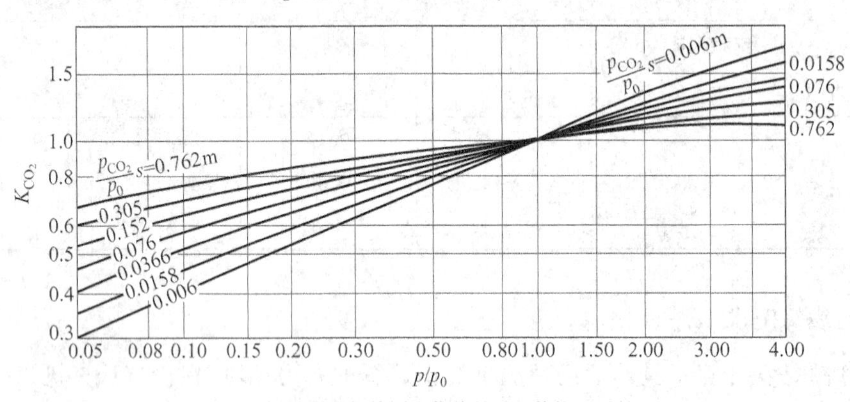

(b) CO_2和透明气体混合物的总压 p 的修正系数

图 2.11　典型的 CO_2 线算图

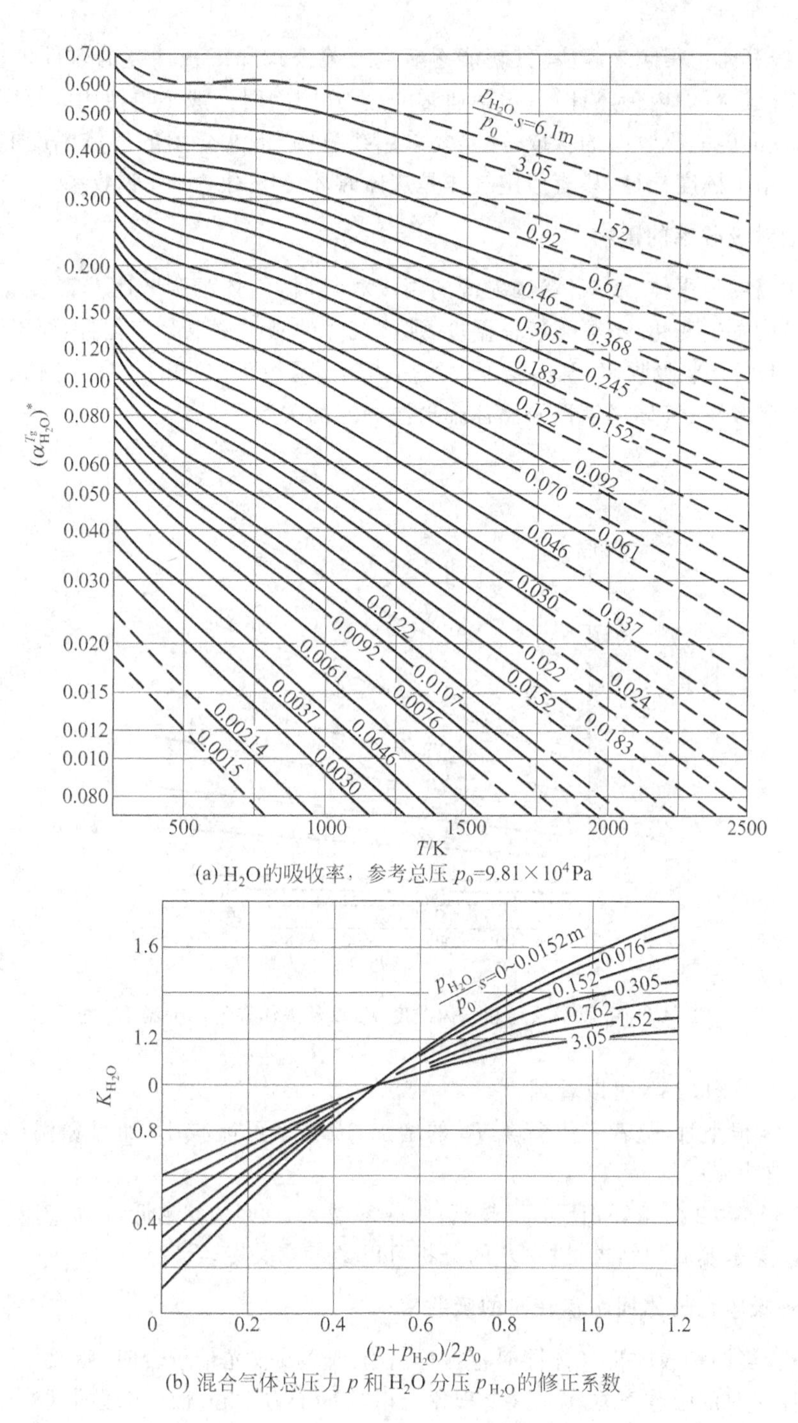

(a) H_2O的吸收率，参考总压 $p_0=9.81\times10^4$ Pa

(b) 混合气体总压力 p 和 H_2O 分压 p_{H_2O} 的修正系数

图 2.12 典型的 H_2O 线算图

今天，线算图用得越来越少，其功能逐渐被经验公式和工程计算的软件包代替了，尤其是用计算机进行炉内传热计算（包括通常的热力计算）时一般不再使用线算图。需要说明的是，比较准确的吸收率的求取，还是要采用线算图，下文介绍的气体黑度的计算公式原则上只适用于黑度计算，只有假定气体是灰体时才可以用来计算吸收率。

2. **温度对吸收率的影响**

当气体温度与黑体（或灰体）辐射源的温度相等时，气体的吸收率与黑度相等。如果辐射源的温度发生变化，不等于气体温度，那么气体的吸收率也会变化，因而不等于黑度。图 2.13 给出了 CO_2 吸收率、气体温度以及黑体辐射源壁温之间的关系。图 2.14 则给出了水蒸气的吸收率、气体温度以及黑体辐射源壁温的关系。

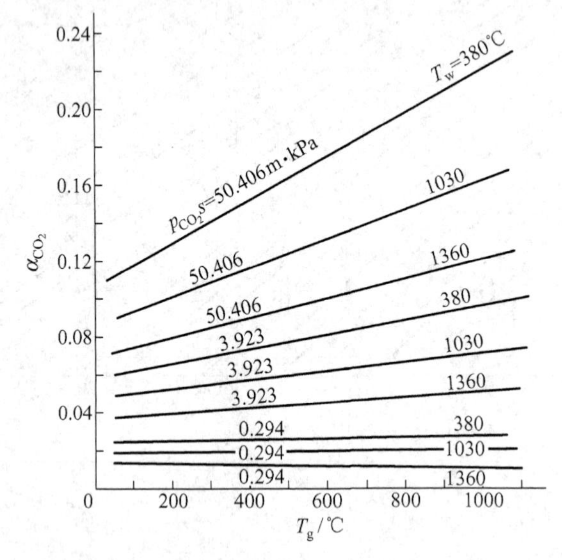

图 2.13　CO_2 吸收率 α_{CO_2} 和气体温度 T_g 以及黑体辐射源壁温 T_w 的关系

从图 2.13、图 2.14 可以看到：

① 当 ps 很小时，随着气体温度 T_g 的增加，吸收率可能减小，而且壁温（辐射源）T_w 越高，减小越明显；

② 当 ps 较大时，正好相反，T_g 越高，吸收率越大，而且 T_w 越低，增加越明显。

这个现象是实验的结果，进一步的分析可以参考有关专著。

3. **两种吸收性气体同时存在时的吸收率**

一般地，当两种吸收性气体同时存在而且有部分吸收光带重合时，吸收率要小于两种气体单独存在时的吸收率之和。这个现象可以从量子力学和统计物理的理论得到解释。

对于有 CO_2 和 H_2O 同时存在的混合物，可用下式计算吸收率

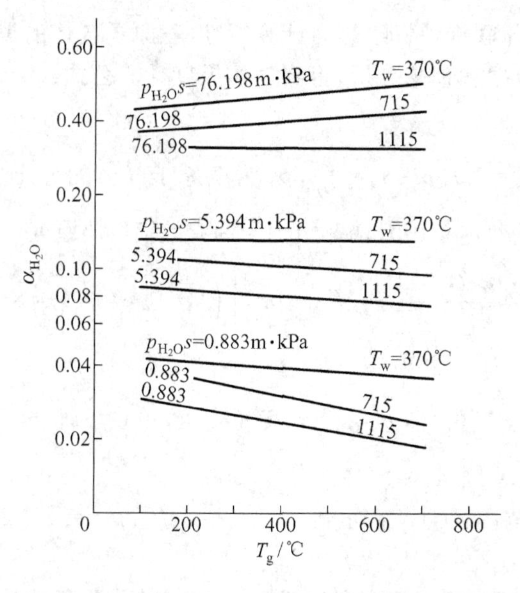

图 2.14　水蒸气的吸收率 α_{H_2O} 和气体温度 T_g 以及黑体辐射源壁温 T_w 的关系

$$\alpha = \alpha_{CO_2} + \alpha_{H_2O} - \Delta\alpha \tag{2.62}$$

$\Delta\alpha$ 是修正系数，可按图 2.15 选取。由于 $\Delta\alpha$ 一般不大，也可不予修正。

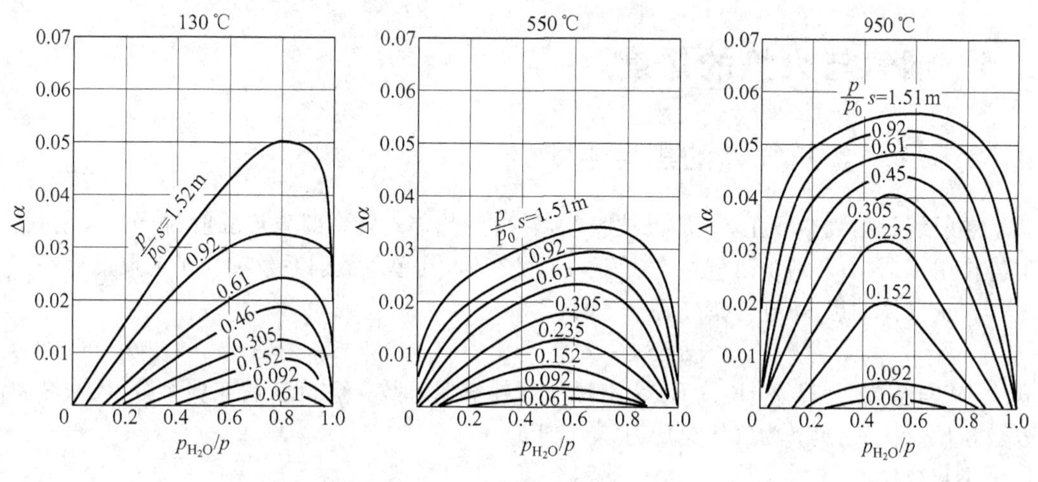

图 2.15　CO_2、H_2O 混合气体的吸收率修正系数

4. 气体黑度的计算公式

由于计算工具的现代化，过去把计算结果制成图表供查用的方法逐渐用得少了，用得越来越多的是公式，便于计算机重复运算。这里介绍计算三原子气体黑度的计算公式。

根据 1973 年版前苏联锅炉机组热力计算标准，三原子气体的黑度用 Bouguer 定律计算。通过大量的工业数据和理论分析，得到气体黑度计算公式：

$$\varepsilon = 1 - e^{-K_g} = 1 - e^{-k_g r_n p s} \tag{2.63}$$

式中，气体减弱系数 $K_g = k_g r_n p s$；$r_n = \frac{p_n}{p}$，p_n 为三原子气体的分压力，单位 Pa，r_n 为三原子气体的容积份额，p 为气体总压力，单位 Pa；s 为有效辐射层厚度；系数 k_g 由下式计算：

$$k_g = \left[\frac{0.78 + 1.6 r_{H_2O}}{\sqrt{\frac{p_n}{p_0} s}} - 0.1\right]\left(1 - 0.37\frac{T}{1000}\right) \times 10^{-5} \tag{2.64}$$

式中，$r_{H_2O} = \frac{p_{H_2O}}{p}$ 为水蒸气份额，p_{H_2O} 为水蒸气分压，单位 Pa；p_0 为参考大气压 9.81×10^4 Pa；T 为气体温度，单位 K。

式(2.64)的适用范围：① $p_{CO_2}/p_{H_2O} = 0.2 \sim 2$；② $p_n s = (1.2 \sim 200) \times 10^3$ m · Pa；③ $T = 700 \sim 1800$K。

需要注意的是，上面两式用于含有 CO_2、H_2O 的气体，计算的是黑度，不是吸收率，如果要求吸收率，还要用线算图。

此外，Hottel 提出另一种计算方法，即设想气体黑度是由几种减弱系数不同的部分所组成，这个方法在数值计算中有用。

2.5 烟气与火焰的黑度

2.5.1 含灰气体的黑度

热射线投射到粒子上，一部分被吸收，转变为热能；另一部分被散射(折射、反射、衍射等作用)。含有灰粒的烟气(含灰气体)不是灰体，其单色减弱系数和粒子的尺度有关。

含灰气体的黑度(还考虑三原子气体)

$$\varepsilon = 1 - e^{-Ks} = 1 - e^{-(K_g + K_{fa})s} \tag{2.65}$$

式中，减弱系数 $K = K_g + K_{fa}$；K_g 为三原子气体减弱系数；K_{fa} 为灰粒减弱系数(飞灰减弱系数)，$K_{fa} = k_{fa}\mu_{fa} p$，$p$ 为气体总压力，单位 Pa。

飞灰浓度

$$\mu_{fa} = \frac{a_{fa}[A]_{ar}}{100 G_g}$$

烟气重度

$$G_g = 1 - \frac{[A]_{ar}}{100} + 1.306\alpha V_a^0$$ （G_g 为不包括灰分在内的烟气质量）

式中，$[A]_{ar}$为燃料收到基灰分；α_{fa}为飞灰份额(可查表确定)；α 为过量空气系数；V_a^0 为理论空气量。

$$k_{fa}=\frac{4300\rho_g}{\sqrt[3]{T^2 d_m^2}}\times 10^{-5} \tag{2.66}$$

式中，$\rho_g=G_g/V_g$(通常 ρ_g(标准状态)[①]可取 1.3kg/m³)；d_m 为灰粒平均直径，单位 μm，具体数值可查表 2.3；T 为烟气温度。有关计算及说明可参考文献[17]。

表 2.3　灰粒平均直径 d_m

序号	燃烧设备	燃　料	平均灰粒粒径 d_m/μm
1	室燃炉(球磨机)	各种燃料	13
2	室燃炉(中速磨、捶击磨)	泥煤以外燃料	16
3	室燃炉	泥煤	24
4	旋风炉	煤粉	10
5	旋风炉	碎煤粒	20
6	层燃炉	各种燃料	20

2.5.2　发光火焰的黑度

在燃烧液体、气体燃料的时候，火焰中发光部分主要起辐射作用的是炭黑，它可以在可见光谱和红外光谱范围内连续发射辐射能。在燃烧固体燃料时，火焰是全部发光的。

根据 1973 年版前苏联锅炉机组热力计算标准，计算炭黑减弱系数 K_c 的公式为

$$K_c=k_c p \tag{2.67}$$

式中，

$$k_c=0.03(2-\alpha_F)(1.6\times 10^{-3}T''_F-0.5)\frac{[C]_{ar}}{[H]_{ar}}\frac{1}{p_0} \tag{2.68}$$

式中，$\frac{[C]_{ar}}{[H]_{ar}}$为燃料收到基的碳氢比；$\alpha_F$ 为炉膛过量空气系数，$\alpha_F>2$ 时，$K_c=0$；T''_F为炉膛出口烟温，单位 K；p 为炉膛烟气压力，单位 Pa；p_0 为参考大气压，$p_0=9.81\times 10^4$ Pa。

发光火焰的减弱系数 K_{lf}是三原子气体减弱系数和炭黑减弱系数之和：

$$K_{lf}=K_g+K_c=(k_g r_n+k_c)p \tag{2.69}$$

1973 前苏联锅炉热力计算标准规定，燃用液体、气体燃料的炉膛的火焰黑度按下式

---

① 本书中的标准状态指 0℃，1.013×10^5 Pa。

计算(考虑到发光火焰一般并不充满整个炉膛,其余部分为不发光的三原子气体所充满):

$$\varepsilon = m\varepsilon_{lf} + (1-m)\varepsilon_g \tag{2.70}$$

式中,发光火焰黑度 $\varepsilon_{lf}=1-e^{-K_{lf}s}=1-e^{-(k_g r_n+k_c)ps}$;不发光火焰黑度 $\varepsilon_g=1-e^{-K_g s}=1-e^{-(k_g r_n p)s}$;参数 m 是与炉膛容积热负荷 q_v 有关的参数,按下面方法取:

① $q_v \leqslant 400\times10^3\,W/m^3$ 时,m 与负荷无关,气炉 $m=0.1$,油炉 $m=0.55$;

② $q_v \geqslant 1.16\times10^6\,W/m^3$ 时,气炉 $m=0.6$,油炉 $m=1.0$;

③ $400\times10^3 < q_v < 1.16\times10^6\,W/m^3$ 时,根据负荷值内插求出 m。

2.5.3 煤粉火焰的黑度

煤粉火焰中有辐射能力的物质有三原子气体、灰粒、焦炭粒子和炭黑粒子。研究表明,在火焰辐射中起主要作用的是三原子气体、灰粒和焦炭粒子。

根据 1973 年版前苏联锅炉热力计算标准规定,焦炭的减弱系数 K_{co} 按下式确定

$$K_{co} = k_{co}x_1x_2p \tag{2.71}$$

式中,k_{co} 一般取 10^{-5};$x_1=1$ 为无烟煤、贫煤,$x_1=0.5$ 为烟煤、褐煤,考虑燃料种类的影响;$x_2=0.1$ 为煤粉炉,$x_2=0.03$ 为层燃炉,考虑燃烧方式的影响。

因此,煤粉火焰的减弱系数

$$K = K_g + K_{fa} + K_{co} = (k_g r_n + k_{fa}\mu_{fa} + x_1x_2\times10^{-5})p \tag{2.72}$$

煤粉火焰的黑度

$$\varepsilon = 1 - e^{-Ks} \tag{2.73}$$

例 2.3 计算某一已知煤种(烟煤)的煤粉火焰黑度,已知条件:

理论空气量 V^0(标准状态)$=4.81m^3/kg$,过量空气系数 $\alpha=1.25$;

理论($\alpha=1$ 时)烟气容积 V_g^0(标准状态)$=V_{RO_2}+V_{N_2}^0+V_{H_2O}^0=5.218m^3/kg$;

三原子气体容积 V_{RO_2}(标准状态)$=0.882m^3/kg$;

理论水蒸气容积 $V_{H_2O}^0$(标准状态)$=0.529m^3/kg$;

理论氮气容积 $V_{N_2}^0$(标准状态)$=3.807m^3/kg$;

煤的收到基灰分$[A]_{ar}=32.48[\%]$;飞灰份额 $a_{fa}=0.9$;火焰温度 $T_{fl}=1473K$;

有效辐射层厚度 $s=5m$;烟气压力 $p=10^5Pa$;

制粉系统采用中速磨。

解:V_{H_2O}(标准状态)$=V_{H_2O}^0+0.0161(\alpha-1)V^0=0.529+0.0161\times0.25\times4.81=0.548(m^3/kg)$;

烟气体积 V_g(标准状态)$=V_g^0+(\alpha-1)V^0+0.0161(\alpha-1)V^0$

$=5.218+0.25\times4.81+0.0161\times0.25\times4.81$

$=6.44(m^3/kg)$

$$\left.\begin{aligned} r_{RO_2} &= \frac{V_{RO_2}}{V_g} = \frac{0.882}{6.44} = 0.137 \\ r_{H_2O} &= \frac{V_{H_2O}}{V_g} = \frac{0.548}{6.44} = 0.085 \end{aligned}\right\} r_n = 0.222$$

$$G_g = 1 - \frac{A_{ar}}{100} + 1.306\alpha V^0$$

$$= 1 - \frac{32.48}{100} + 1.306 \times 1.25 \times 4.81 = 8.53(\text{kg/kg(燃料)})$$

$$\mu_{fa} = \frac{[A]_{ar}\alpha_{fh}}{100G_g} = \frac{32.48 \times 0.9}{100 \times 8.53} = 0.0343(\text{kg/kg(烟气)})$$

$$k_g = \left[\frac{0.78 + 1.6r_{H_2O}}{\sqrt{\frac{p_n}{p_0}s}} - 0.1\right]\left(1 - 0.37\frac{T_{fl}}{1000}\right) \times 10^{-5}$$

式中，$\frac{p_n}{p_0} \approx \frac{p_n}{p} = r_n = 0.222$，所以

$$k_g = \left(\frac{0.78 + 1.6 \times 0.085}{\sqrt{0.222 \times 5}} - 0.1\right)\left(1 - 0.37\frac{1473}{1000}\right) \times 10^{-5}$$

$$= 0.357 \times 10^{-5}((\text{m} \cdot \text{Pa})^{-1})$$

$$K_g = k_g r_n p = 0.357 \times 10^{-5} \times 0.222 \times 10^5 = 0.079(\text{m}^{-1})$$

$$K_{fa} = k_{fa}\mu p = \frac{4300 \times \rho_g}{\sqrt[3]{T^2 d_m^2}} \times 10^{-5}\mu_{fa}$$

查表 2.3，$d_m = 16(\mu\text{m})$，所以

$$K_{fa} = \frac{4300 \times 1.3}{(1473 \times 16)^{2/3}} \times 10^{-5} \times 0.0343 \times 10^5 = 0.233(\text{m}^{-1})$$

对烟煤 $x_1 = 0.5$，对煤粉炉 $x_2 = 0.1$，因此煤粉火焰的减弱系数

$$K = K_g + K_{fa} + x_1 x_2 p \times 10^{-5}$$

$$= 0.079 + 0.233 + 0.5 \times 0.1 \times 10^5 \times 10^{-5} = 0.362(\text{m}^{-1})$$

煤粉火焰黑度

$$\varepsilon_g = 1 - e^{-Ks} = 1 - e^{-0.362 \times 5} = 0.836$$

等温介质与壁面的换热

第3章

CHAPTER 3

本章首先介绍固体表面间的辐射换热，不考虑表面间的介质影响，即认为介质透明。穿透率 $\tau=1$ 的物体(介质)为透明体。然后讨论介质与壁面之间的辐射换热。

在介质透明的情况下，固体表面间的辐射换热与三个因素有关：①各个表面的温度；②各个表面的黑度、吸收率；③各个表面的面积大小、相互位置及形状，在工程计算简化条件下就是角系数。一般地，这三方面因素互相关联，互相影响，使得工程计算较为复杂，需适当作一些简化。第1章已经介绍了工程计算的简化条件，并假定本书的所有讨论，除非特殊说明，都是满足这些工程简化计算条件的。

3.1 隔有透明介质的壁面间的辐射换热

根据传热学的一般原理，一切能量交换与传递计算的基础是能量守恒原理，在单一的热能形式下，依据的是热平衡原理。可以用不同的方法建立辐射换热热平衡方程，其计算方法也就有所不同，如网络法、净热量法、概率模拟方法等。

3.1.1 两个面组成的封闭系统的辐射换热

由两个表面组成的封闭系统，表面符合工程计算的简化条件，即等温、漫灰，表面的辐射物性和有效辐射均匀，求两表面间辐射换热量，见图3.1。

下面分别用网络法和净热量法分别求解这个问题。

1. 网络法

从基础传热学中知道，对于灰体表面，存在两种辐射换热热阻：表面热阻和空间热阻，见图3.2。

(1) 灰体表面辐射热阻$\dfrac{1-\varepsilon}{\varepsilon A}$，如表面1的表面热阻为$\dfrac{1-\varepsilon_1}{\varepsilon_1 A_1}$，表面2的表面热阻为$\dfrac{1-\varepsilon_2}{\varepsilon_2 A_2}$；

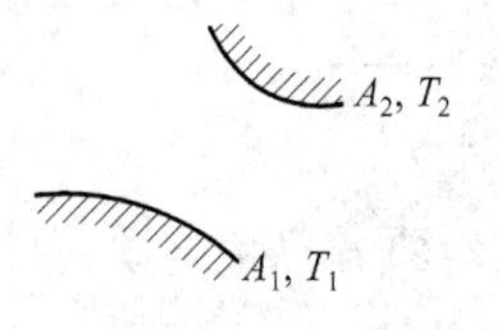

图 3.1　两个表面组成的封闭系统

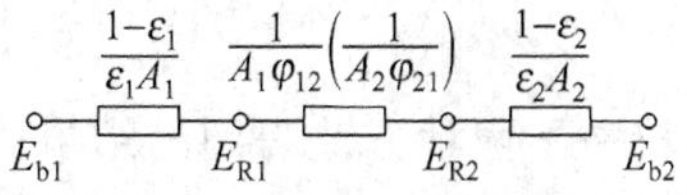

$$E_{b1} \quad \frac{1-\varepsilon_1}{\varepsilon_1 A_1} \quad E_{R1} \quad \frac{1}{A_1\varphi_{12}}\left(\frac{1}{A_2\varphi_{21}}\right) \quad E_{R2} \quad \frac{1-\varepsilon_2}{\varepsilon_2 A_2} \quad E_{b2}$$

图 3.2　辐射热阻示意图

(2) 空间辐射热阻$\dfrac{1}{A_1\varphi_{12}}$或$\dfrac{1}{A_2\varphi_{21}}$。

类似电路串联原理,可以直接写出1、2表面之间的辐射换热量为

$$Q_{12} = \frac{E_{b1} - E_{b2}}{\dfrac{1-\varepsilon_1}{\varepsilon_1 A_1} + \dfrac{1}{A_1\varphi_{12}} + \dfrac{1-\varepsilon_2}{\varepsilon_2 A_2}} \tag{3.1}$$

式中,$E_{b1}=\sigma T_1^4$,$E_{b2}=\sigma T_2^4$。

2. 净热量法

用有效辐射的概念来建立两个面的换热关系：

$$Q_{12} = Q_{R1,2} - Q_{R2,1} \tag{3.2}$$

式中,$Q_{R1,2}$为面1对面2的有效辐射热量；$Q_{R2,1}$为面2对面1的有效辐射热量。

由有效辐射热量Q_R与有效辐射力E_R的关系,得

$$Q_{R1,2} = \int_{A_1} E_{R1}\varphi_{d_1,2}\,\mathrm{d}A_1 \tag{3.3}$$

$$Q_{R2,1} = \int_{A_2} E_{R2}\varphi_{d_2,1}\,\mathrm{d}A_2 \tag{3.4}$$

根据有效辐射的表示$E_R=E_b+\left(\dfrac{1}{\varepsilon}-1\right)q$(灰体),有

$$E_{R1} = E_{b1} + \left(\frac{1}{\varepsilon_1}-1\right)q_1 \tag{3.5}$$

$$E_{R2} = E_{b2} + \left(\frac{1}{\varepsilon_2}-1\right)q_2 \tag{3.6}$$

把式(3.3)～式(3.6)代入式(3.2),注意到第四个简化条件,即有

$$\varphi_{d_1,2} = \varphi_{12}$$

$$\varphi_{d_2,1} = \varphi_{21}$$

那么

$$Q_{12} = \left[E_{b1} + \left(\frac{1}{\varepsilon_1}-1\right)q_1\right]\varphi_{12}A_1 - \left[E_{b2} + \left(\frac{1}{\varepsilon_2}-1\right)q_2\right]\varphi_{21}A_2 \tag{3.7}$$

由于是两个面组成的封闭系统,有$-Q_{12}=Q_{21}$,即$-q_1A_1=q_2A_2$,则可整理得到

$$Q_{12}=\frac{E_{b1}\varphi_{12}A_1-E_{b2}\varphi_{21}A_2}{\left(\frac{1}{\varepsilon_1}-1\right)\varphi_{12}+1+\left(\frac{1}{\varepsilon_2}-1\right)\varphi_{21}} \tag{3.8}$$

可以比较一下两种方法得到的结果式(3.1)和式(3.8)，两者完全一致。已知换热量 $Q_{12}(Q_{21})$ 和表面 1 的温度 T_1 时可求表面 2 的温度 T_2。

3. 对工程计算简化条件（4）的讨论

在第 1 章讨论工程计算时我们讨论了第四个简化条件：表面有效辐射(投射辐射)均匀，即 $\varphi_{d_1,2}=\varphi_{12},\varphi_{d_2,1}=\varphi_{21}$。事实上，只有为数不多的情况才满足这个条件，如图 3.3 所示。而更多的是不满足这个条件，如图 3.4 所示。

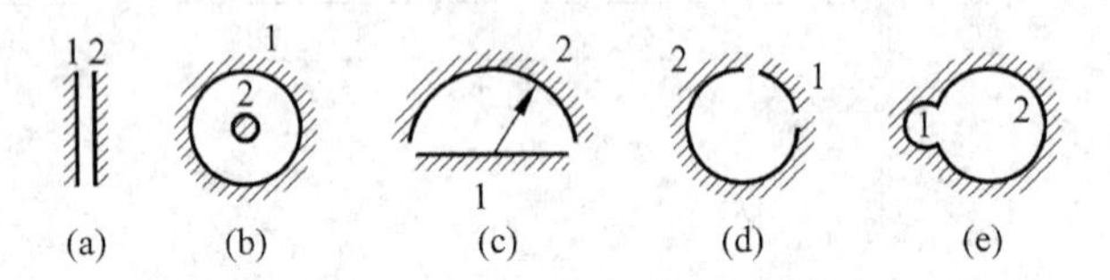

图 3.3　符合有效辐射均匀的表面

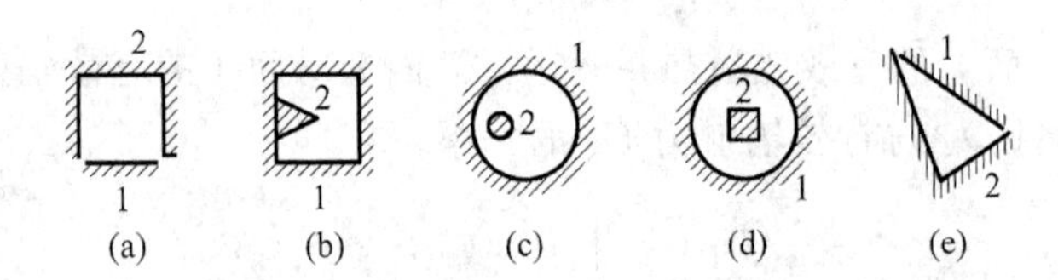

图 3.4　不符合有效辐射均匀的表面

那么，对于不满足简化条件(4)的情况，能否再用上述公式计算辐射换热呢？

例 3.1　求一个圆球内表面对半个球表面(含圆平面)的辐射换热(见图 3.5)，试按严格满足简化条件(4)(即分两部分考虑)和近似当一个整体(即不满足简化条件(4))分别考虑，并比较计算误差。假设 $\varepsilon_1=\varepsilon_2=\varepsilon$。

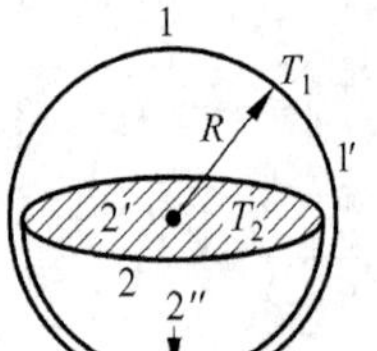

图 3.5　圆球内表面对半个球表面的辐射换热

解：(1) $\varphi_{d_1,2}\neq\varphi_{12}$，用 $1'$-$2'$，$1''$-$2''$ 两个部分来代替原 1-2 系统。由能量守恒，有

$$Q_{12}=Q'_{12}+Q''_{12}$$

而

$$Q'_{12}=\frac{\sigma(T_1^4-T_2^4)}{\frac{1-\varepsilon_1}{\varepsilon_1}\frac{1}{A'_1}+\frac{1}{\varphi'_{12}A'_1}+\frac{1-\varepsilon_2}{\varepsilon_2}\frac{1}{A'_2}}$$

$$Q''_{12}=\frac{\sigma(T_1^4-T_2^4)}{\frac{1-\varepsilon_1}{\varepsilon_1}\frac{1}{A''_1}+\frac{1}{\varphi''_{12}A_1}+\frac{1-\varepsilon_2}{\varepsilon_2}\frac{1}{A''_2}}$$

式中，$A_1'=A_1''=A_2''=\frac{1}{2}(4\pi R^2)$（忽略 d$R$ 的各项），$A_2'=\pi R^2$。又由 $\varphi_{12}'A_1'=\varphi_{21}'A_2'$，$\varphi_{21}'=1$，得 $\varphi_{12}'A_1'=A_2'$；由 $\varphi_{12}''=\varphi_{21}''=1$，得 $\varphi_{12}''A_1''=A_1''$。代入前式，有

$$Q_{12}'=\frac{2}{\frac{3}{\varepsilon}-1}\sigma\pi R^2(T_1^4-T_2^4)$$

$$Q_{12}''=\frac{2}{\frac{2}{\varepsilon}-1}\sigma\pi R^2(T_1^4-T_2^4)$$

令 $F=\sigma\pi R^2(T_1^4-T_2^4)$，则

$$Q_{12}=\left(\frac{2\varepsilon}{3-\varepsilon}+\frac{2\varepsilon}{2-\varepsilon}\right)F=\frac{2\varepsilon(5-2\varepsilon)}{\varepsilon^2-5\varepsilon+6}F$$

(2) 用1-2系统整体求解。

$$Q_{12}''=\frac{\sigma(T_1^4-T_2^4)}{\frac{1-\varepsilon_1}{\varepsilon_1A_1}+\frac{1}{\varphi_{12}A_1}+\frac{1-\varepsilon_2}{\varepsilon_2A_2}}$$

式中 $A_1=A_1'+A_1''=4\pi R^2$，$A_2=A_2'+A_2''=3\pi R^2$，$\varphi_{12}A_1=A_2$。可求出

$$Q_{12}^0=\frac{12\varepsilon}{7-3\varepsilon}F$$

(3) 考察误差。

$$\delta=\frac{Q_{12}-Q_{12}^0}{Q_{12}}=1-\frac{Q_{12}^0}{Q_{12}}$$

$$=\frac{2\varepsilon(\varepsilon-1)}{2\varepsilon(6\varepsilon^2-29\varepsilon+35)}$$

$$=\frac{\varepsilon-1}{6\varepsilon^2-29\varepsilon+35}$$

考虑 $\varepsilon\in(0,1]$ 的 δ 的最大值，求出驻点：

$$\frac{d\delta}{d\varepsilon}=\frac{-6(\varepsilon^2-2\varepsilon-1)}{(6\varepsilon^2-29\varepsilon+35)^2}$$

即令 $\frac{d\delta}{d\varepsilon}=0$，则 $\varepsilon=1\pm\sqrt{2}$，可见在 $(0,1)$ 上没有驻点，显然，$\varepsilon=1$ 时，$\delta=0$，$\lim\limits_{\varepsilon\to0}\delta=\frac{1}{35}=2.857\%$。

可以列出不同 ε 条件下的偏差 δ：

$$\varepsilon=0.01,\quad \delta=-2.852\%$$

$$\varepsilon=0.1,\quad \delta=-2.80\%$$

$$\varepsilon=0.5,\quad \delta=-2.27\%$$

$$\varepsilon=0.9,\quad \delta=-0.73\%$$

$$\varepsilon = 0.99,\quad \delta = -0.08\%$$

可见 $\delta_{\max} < 3\%$。

可见，不符合条件(4)的情况用上述简化算法，误差不太大(常小于3%)，因此，工程计算经常忽略条件(4)。

3.1.2 多个面组成的封闭系统的辐射换热

设有 $1, 2, \cdots, i, \cdots, n$ 个表面，用网络法求解各面间辐射换热(见图3.6)。

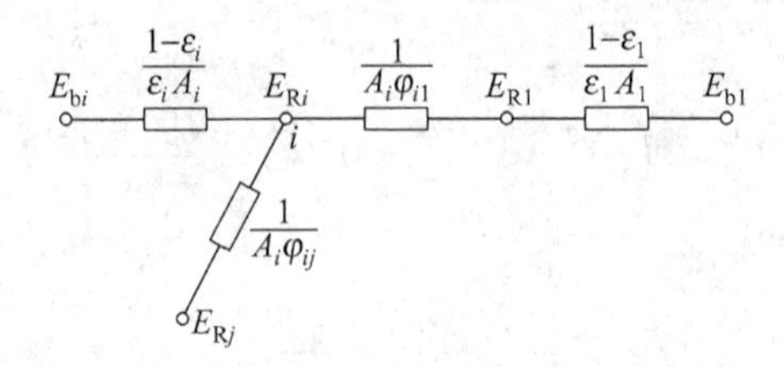

图 3.6 多个表面辐射换热的网络法

(1) 对于任一中间节点 i，

$$\frac{\varepsilon_i A_i}{1-\varepsilon_i}(E_{bi} - E_{Ri}) + \sum_{j\neq i} A_i \varphi_{ij}(E_{Rj} - E_{Ri}) = 0 \tag{3.9}$$

由于 $\sum\limits_{j\neq i}\varphi_{ij} + \varphi_{ii} = 1$，则 $\sum\limits_{j\neq i}\varphi_{ij} = 1 - \varphi_{ii}$，代入式(3.9)，有

$$E_{Ri} = \frac{1}{1-\varphi_{ii}(1-\varepsilon_i)}\left[(1-\varepsilon_i)\sum_{j\neq i}\varphi_{ij}E_{Rj} + \varepsilon_i E_{bi}\right] \tag{3.10}$$

(2) i 表面绝热，即 $q_i = 0$，假定热量给出时 q_i 为正，则有

$$\begin{aligned} q_i = E_{Ri} - E_{Ii} &= E_{Ri} - \sum_j \frac{1}{A_i} E_{Rj} A_j \varphi_{ji} \\ &= E_{Ri} - \sum_j \frac{1}{A_i} E_{Rj} A_i \varphi_{ij} \\ &= E_{Ri} - \sum_j E_{Rj}\varphi_{ij} \\ &= 0 \end{aligned}$$

所以

$$E_{Ri} - \left(\sum_{j\neq i} E_{Rj}\varphi_{ij} + \varphi_{ii}E_{Ri}\right) = 0$$

即

$$E_{Ri} = \frac{1}{1-\varphi_{ii}}\sum_{j\neq i} E_{Rj}\varphi_{ij} \tag{3.11}$$

其实，由 $\rho_i=1,\alpha_i=0,\varepsilon_i=0$，即可由式(3.10)推出式(3.11)。

(3) 当 q_i 已知，E_{bi}未知时，仍设热量给出时 q_i 为正，由于

$$E_{Ri}=E_{bi}-\frac{1-\varepsilon_i}{\varepsilon_i}q_i$$

则

$$E_{bi}=E_{Ri}+\frac{1-\varepsilon_i}{\varepsilon_i}q_i$$

把上式代入式(3.10)，可得

$$E_{Ri}=\frac{1}{1-\varphi_{ii}}\left(\sum_{j\neq i}\varphi_{ij}E_{Rj}+q_i\right) \tag{3.12}$$

3.1.3　孔隙的辐射换热

下面应用前面介绍的原理，来分析一个实例：门、孔、缝隙向外界的散热。这在生产实际中是有意义的。

实际使用的孔壁常有图 3.7 所示的三种形式。

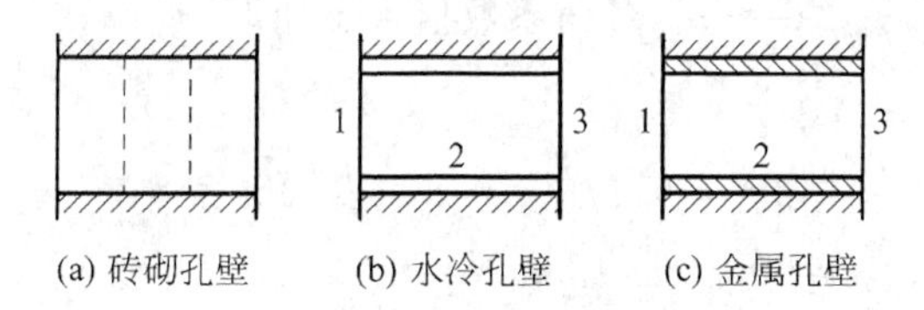

(a) 砖砌孔壁　(b) 水冷孔壁　(c) 金属孔壁

图 3.7　常见的孔壁

可以把孔隙条件归纳为两大类：导热系数 $\lambda_w=0$，$\lambda_w=\infty$。

1. 假定绝热面 $\lambda_w=0$

这里以一个实际例子来说明。

例 3.2　如图 3.8 所示，圆孔温度为 1000℃，黑度为 0.6，环境是 20℃的大房间，求圆孔向外的辐射换热量。大房间可以认为是 20℃的黑体。

解：求解这个问题时，可以把整个圆孔内表面上的有效辐射看作均匀的，进行整体求解，这是比较简单的解法，但有误差。实际上有效辐射在表面上是变化的，可把内表面分成四部分(孔底 1 及侧面 2,3,4)来分析，并假定用一个假想的 20℃的黑表面 5 将孔盖上，先解出各部分的有效辐射，再计算换热量。这是比较精确的分步解法。

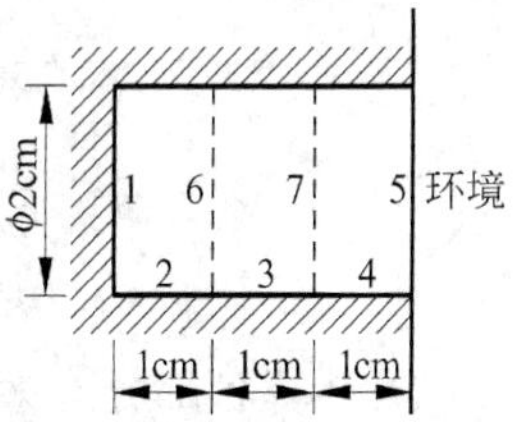

图 3.8　圆孔对外换热

(1) 计算前的准备

① 各部分表面的辐射力

$$E_{b1}=E_{b2}=E_{b3}=E_{b4}=\sigma T_1^4$$
$$=(5.67\times10^{-8})\times1273^4=1.4887\times10^5(\mathrm{W/m^2})$$
$$E_{b5}=\sigma T_5^4=(5.67\times10^{-8})\times293^4=417.8(\mathrm{W/m^2})$$

② 黑度

$$\varepsilon_1=\varepsilon_2=\varepsilon_3=\varepsilon_4=0.6$$
$$\varepsilon_5=1.0$$

③ 面积

$$A_1=A_5=A_6=A_7=\pi(\mathrm{cm^2})$$
$$A_2=A_3=A_4=2\pi(\mathrm{cm^2})$$

④ 角系数

由图 3.8 及假想的圆盘表面可得出全部角系数。对于两平行圆平面之间的角系数，可利用式(1.93)，令 $R_1=R_2=R$，即 $R=r/a$，r 为圆平面半径，a 为两圆平面之间距离，即有 $\varphi=\dfrac{1+2R^2-\sqrt{1+4R^2}}{2R^2}$，$X=\dfrac{r}{a}$。各角系数值求出如下：

$$\varphi_{11}=\varphi_{55}=0;$$
$$\varphi_{16}=0.37;\quad \varphi_{17}=0.175;\quad \varphi_{15}=0.1;$$
$$\varphi_{12}=1-\varphi_{16}=0.63=\varphi_{54};$$
$$\varphi_{13}=\varphi_{16}-\varphi_{17}=0.195=\varphi_{53};$$
$$\varphi_{14}=\varphi_{17}-\varphi_{15}=0.075=\varphi_{52};$$
$$\varphi_{21}=\varphi_{26}=\varphi_{12}\frac{A_1}{A_2}=\frac{\varphi_{12}}{2}=0.315=\varphi_{45}=\varphi_{36}=\varphi_{37};$$
$$\varphi_{22}=1-\varphi_{21}-\varphi_{26}=1-0.315-0.315=0.37=\varphi_{33}=\varphi_{44};$$
$$\varphi_{31}=\varphi_{13}\frac{A_1}{A_3}=\frac{\varphi_{13}}{2}=0.0975=\varphi_{27}=\varphi_{46};$$
$$\varphi_{32}=\varphi_{36}-\varphi_{31}=0.2175=\varphi_{34}=\varphi_{43}=\varphi_{23};$$
$$\varphi_{41}=\varphi_{14}\frac{A_1}{A_4}=\frac{\varphi_{14}}{2}=0.0375=\varphi_{25};$$
$$\varphi_{42}=\varphi_{46}-\varphi_{41}=0.06=\varphi_{24}。$$

(2) 计算各部分有效辐射

利用式(3.12)可列出有效辐射方程式：

$$\begin{cases}E_{R1}=(1-\varepsilon_1)(\varphi_{12}E_{R2}+\varphi_{13}E_{R3}+\varphi_{14}E_{R4}+\varphi_{15}E_{05})+\varepsilon_1E_{b1}\\E_{R2}=\dfrac{1}{1-\varphi_{22}(1-\varepsilon_2)}[(1-\varepsilon_2)(\varphi_{21}E_{R1}+\varphi_{23}E_{R3}+\varphi_{24}E_{R4}+\varphi_{25}E_{05})+\varepsilon_2E_{b2}]\\E_{R3}=\dfrac{1}{1-\varphi_{33}(1-\varepsilon_3)}[(1-\varepsilon_3)(\varphi_{31}E_{R1}+\varphi_{32}E_{R2}+\varphi_{34}E_{R4}+\varphi_{35}E_{05})+\varepsilon_3E_{b3}]\\E_{R4}=\dfrac{1}{1-\varphi_{44}(1-\varepsilon_4)}[(1-\varepsilon_4)(\varphi_{41}E_{R1}+\varphi_{42}E_{R2}+\varphi_{43}E_{R3}+\varphi_{45}E_{05})+\varepsilon_4E_{b4}]\end{cases}$$

上式可整理为

$$\begin{cases}E_{R1}=0.25E_{R2}+0.078E_{R3}+0.03E_{R4}+89341\\E_{R2}=0.5E_{R1}+0.3452E_{R3}+0.09542E_{R4}+24.869\\E_{R3}=0.1548E_{R1}+0.3452E_{R2}+0.3452E_{R4}+64.66\\E_{R4}=0.05952E_{R1}+0.0952E_{R2}+0.3452E_{R3}+208.9\end{cases}$$

从上式可以解出

$$\begin{cases}E_{R1}=1.1532\times10^5(\text{W/m}^2)\\E_{R2}=0.81019\times10^5(\text{W/m}^2)\\E_{R3}=0.57885\times10^5(\text{W/m}^2)\\E_{R4}=0.34767\times10^5(\text{W/m}^2)\end{cases}$$

则火焰“1”向外的散热

$$Q_1=\frac{\varepsilon_1A_1}{1-\varepsilon_1}(E_{b1}-E_{R1})=15.81(\text{W})$$

此外，还可以求出 2、3、4 面的温度：

$$E_{Ri}=E_{bi}=\varepsilon T_i^4\quad(i=2,3,4)\tag{3.13}$$

说明：

(1) 上面假设中，认为 2、3、4 各面内温度均匀，有效辐射均匀。实际情况是不均匀的，是一个渐变的过程。如果把 2、3、4 当作一个整体，可以简便地求出 Q_{15}。

(2) 孔外加挡板遮盖，通过重新计算发现，可以显著减少散热。

2. 假定壁面 $\lambda_w=\infty$

水冷孔壁，$T_1>T_2\approx T_3$。由于孔壁近似为黑体(如积灰等作用)，而火焰面 A_1 和外表面 A_3 均可作为黑体，那么

$$\begin{cases}Q_{13}=E_{b1}\varphi_{13}A_1\\Q_{12}=E_{b1}(1-\varphi_{13})A_1\end{cases}\tag{3.14}$$

式中，$E_{b1}=\varepsilon T_1^4$。圆孔的角系数

$$\varphi_{13}=\frac{2\left(1+\frac{d^2}{2h^2}-\sqrt{1+\frac{d^2}{h^2}}\right)}{\frac{d^2}{h^2}}$$

式中，d 为圆孔的直径；h 为圆孔的长度。

3. 孔壁为厚金属壁

孔壁表面 2 为温度均匀的绝热面，可用网络法求解。

$$Q=\frac{E_{b1}-E_{b3}}{\frac{1-\varepsilon_1}{\varepsilon_1}+R\frac{1-\varepsilon_3}{\varepsilon_1 A_3}} \tag{3.15}$$

式中，$R=\left[A_1\varphi_{12}+\frac{1}{\frac{1}{A_1\varphi_{13}}+\frac{1}{\frac{1}{A_3\varphi_{32}}}}\right]^{-1}$是节点 1、3 间的热阻。

详细计算不再罗列。如果当成三个黑体组成的系统，则计算更简单。

3.1.4 热面、水冷壁、炉墙之间的辐射换热

作为本节的最后一段，这里简要考察一下有实际工程意义的火焰、水冷壁与炉墙之间的辐射换热问题。这里假定水冷壁是光管水冷壁，由一系列分立的管子构成。

1. 水冷壁的角系数

如图 3.9 所示，求火焰对水冷壁的角系数。

(1) 火焰对水冷壁的角系数 φ_{gt}

$$\varphi_{gt}=1+\frac{d}{s}\arctan\sqrt{\left(\frac{s}{d}\right)^2-1}-\sqrt{1-\left(\frac{d}{s}\right)^2} \tag{3.16}$$

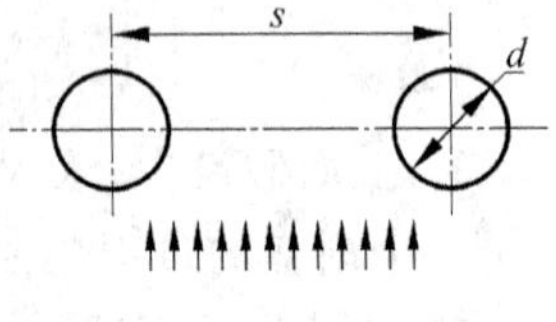

图 3.9 火焰对水冷壁的角系数

(2) 水冷壁对火焰的角系数 φ_{tg}

$$\varphi_{tg}=\frac{s}{\pi d}\varphi_{gt}$$
$$=\frac{1}{\pi}\left(\frac{s}{d}+\arctan\sqrt{\left(\frac{s}{d}\right)^2-1}-\sqrt{\left(\frac{s}{d}\right)^2-1}\right) \tag{3.17}$$

(3) 水冷壁管对水冷壁管的角系数 φ_{tt}

由于 $\varphi_{tg}=\varphi_{tw}$，那么由

$$\varphi_{tt}+2\varphi_{tg}=1$$

得

$$\varphi_{tt} = 1 - 2\varphi_{tg} = \frac{2}{\pi}\left(\sqrt{\left(\frac{s}{d}\right)^2 - 1} - \frac{s}{d} + \arcsin\frac{d}{s}\right) \tag{3.18}$$

(4) 火焰对炉墙的角系数 φ_{gw}

$$\varphi_{gw} = 1 - \varphi_{tg} = \sqrt{1 - \left(\frac{d}{s}\right)^2} - \frac{d}{s}\arctan\sqrt{\left(\frac{s}{d}\right)^2 - 1}$$

$$\varphi_{wg} = \varphi_{gw} \tag{3.19}$$

需要说明的是，以上讨论是在火焰、水冷壁管、炉墙的温度均匀分布的前提下进行的。实际情况并非如此，具体处理方法视问题的具体情况而定。对于大中型锅炉的膜式水冷壁而言，以上关系就简单多了，火焰与炉墙没有直接的辐射换热，但在小型工业锅炉中，光管水冷壁普遍存在。

2. 有效角系数 x

在炉膛中一般认为火焰为热面，水冷壁为受热面，炉墙为绝热面。假定火焰黑度 ε_g 及水冷壁黑度 ε_t 都为1，各面温度均匀。依据角系数性质、热平衡关系和四次方定律，可以推出水冷壁吸收的热量为

$$Q_t = \sigma(T_g^4 - T_t^4)A\varphi_{gt}(1 + \varphi_{gw}) \tag{3.20}$$

在工程计算中，常把上式写为

$$Q = \sigma(T_g^4 - T_t^4)H \tag{3.21}$$

其中，

$$H = Ax$$

$$x = \varphi_{gt}(1 + \varphi_{gw}) = \varphi_{gt} + \varphi_{gt}\varphi_{gw}$$

$$= \varphi_{gt} + \varphi_{wt}\varphi_{gw} \tag{3.21a}$$

$$= \varphi_{gt} + \varphi_{wt}(1 - \varphi_{gt}) \tag{3.21b}$$

式中，H 称为有效辐射受热面积；A 为布置水冷壁的炉墙面积；x 称为水冷壁的有效角系数。

需要说明的是：①x 与传热学定义的角系数不一样，这里 x 是个复合量；②x 可分为两部分，一是火焰直接对管子的角系数，二是火焰经炉墙反射对管子的角系数；③x 仅考虑了炉墙反射的影响，但没有考虑管子黑度的影响。

3. 炉壁的有效黑度

进行炉内传热计算时，有时把水冷壁和炉墙当作一个整体——炉壁，见图3.10。

一般认为炉壁是灰体，定义炉壁的吸收辐射 q_α，与投射辐射 q_I 之比为炉壁的有效吸收率 α_{fw}，也就是有效黑度 ε_{fw}。

$$\varepsilon_{fw} = \frac{q_\alpha}{q_I} \tag{3.22}$$

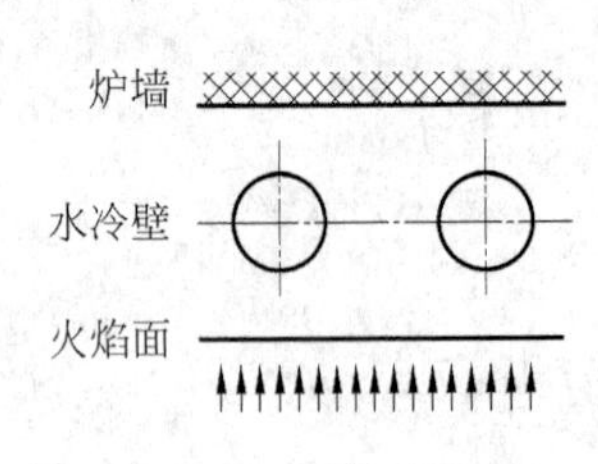

图 3.10 炉壁的辐射

其中，吸收辐射热流 q_α 由五部分组成：

(1) 水冷壁吸收的热流

$$q_1 = q_1\varphi_{gt}\varepsilon_t \tag{3.23}$$

(2) 炉墙吸收的热流

$$q_2 = q_1(1-\varphi_{gt})\varepsilon_w \tag{3.24}$$

(3) 炉墙反射给水冷壁并被吸收的热流

$$q_3 = q_1(1-\varphi_{gt})(1-\varepsilon_w)\varphi_{wt}\varepsilon_t \tag{3.25}$$

(4) 水冷壁管反射给相邻水冷壁并被吸收的热流

$$q_4 = q_1\varphi_{gt}(1-\varepsilon_t)\varphi_{tt}\varepsilon_t \tag{3.26}$$

(5) 水冷壁反射给炉墙并被吸收的热流

$$q_5 = q_1\varphi_{gt}(1-\varepsilon_t)\varphi_{tw}\varepsilon_w \tag{3.27}$$

那么

$$q_\alpha = q_1 + q_2 + q_3 + q_4 + q_5 = \sum_{i=1}^{5} q_i$$

这样由式(3.22)就可以得到 ε_{fw}。在此，可以看到采用合适的工程处理方法，进行必要的简化分析，就可以得到工程上可使用的简便的算法。

3.2 等温介质与壁面间的辐射换热

第 2 章介绍了吸收、散射性介质的辐射，下面进一步介绍介质与壁面之间的辐射换热。

3.2.1 介质与受热面之间的换热

炉内传热的主要研究目的，就是确定由燃烧产生的高温介质(烟气)与壁面(受热面、炉墙)之间的辐射换热。一般地，假定介质及壁面的温度、黑度和吸收率均匀，对于实际上不均匀的情况，可通过分区细化至可当作均匀参数处理的范围。本章遵从这些假定。

下面讨论介质与受热面之间的换热。受热面本身的辐射是 $\varepsilon_t\sigma T_t^4A_r$，介质本身的辐射是 $\varepsilon_g\sigma T_g^4A_r$，介质的有效辐射(即对受热面的投射辐射)是介质的本身辐射与受热面有效辐射的穿透辐射之和 $\varepsilon_g\sigma T_g^4A_r+Q_{Rt}(1-\alpha_g)$，受热面的反射辐射是 $(1-\alpha_t)[\varepsilon_g\sigma T_g^4A_r+Q_{Rt}(1-\alpha_g)]$，则受热面的有效辐射方程为

$$Q_{Rt} = \varepsilon_t\sigma T_t^4A_r + (1-\alpha_t)[\varepsilon_g\sigma T_g^4A_r + Q_{Rt}(1-\alpha_g)] \tag{3.28}$$

从上式可解出

$$Q_{Rt} = \frac{\varepsilon_t T_t^4 + \varepsilon_g(1-\alpha_t)T_g^4}{1-(1-\alpha_t)(1-\alpha_g)}\sigma A_r \tag{3.29}$$

以介质失去的热量为辐射换热量，则

$$
\begin{aligned}
Q &= Q_g - \alpha_g Q_{Rt} = \varepsilon_g \sigma T_g^4 A_r - \alpha_g Q_{Rt} \\
&= \frac{\dfrac{\varepsilon_g}{\alpha_g} T_g^4 - \dfrac{\varepsilon_t}{\alpha_t} T_t^4}{\dfrac{1}{\alpha_t} + \dfrac{1}{\alpha_g} - 1} \sigma A_r
\end{aligned}
\tag{3.30}
$$

对上式进行简单的讨论：

(1) 若受热面表面为灰体，则 $\varepsilon_t = \alpha_t$，那么，式(3.30)简化为

$$
Q = \frac{\alpha_t}{\alpha_g + \alpha_t - \alpha_g \alpha_t} (\varepsilon_g T_g^4 - \alpha_t T_t^4) \sigma A_r \tag{3.31}
$$

由于 $\alpha_g + \alpha_t(1-\alpha_g) < 1$，$\alpha_t + \alpha_g(1-\alpha_t) > \alpha_t$，那么

$$
1 > \frac{\alpha_t}{\alpha_g + \alpha_t - \alpha_g \alpha_t} > \alpha_t
$$

一般水冷壁管吸收率 $\alpha_t \approx 0.8$，故可令 $\dfrac{\alpha_t}{\alpha_g + \alpha_t - \alpha_g \alpha_t} \approx \dfrac{1+\alpha_t}{2} = \dfrac{1+\varepsilon_t}{2}$，那么式(3.31)变为

$$
Q = \frac{1+\varepsilon_t}{2} \varepsilon_g T_g^4 \left[1 - \frac{\alpha_g}{\varepsilon_g} \left(\frac{T_t}{T_g} \right)^4 \right] \sigma A_r \tag{3.32}
$$

这个公式常用于计算尾部烟道的辐射换热量。

(2) 若受热面、介质均作为灰体，$\varepsilon_t = \alpha_t$，$\varepsilon_g = \alpha_g$，则式(3.30)可化为

$$
Q = a_F \sigma (T_g^4 - T_t^4) A_r \tag{3.33}
$$

式中，$a_F = \dfrac{1}{\dfrac{1}{\alpha_g} + \dfrac{1}{\alpha_t} - 1}$ 为炉膛黑度(即系统黑度)。

3.2.2　介质与炉膛之间的换热

炉膛由受热面和炉墙两部分组成，这里分别考察两种情形：一是受热面、炉墙是分开的；二是受热面、炉墙合成一体，如光管水冷壁和炉墙构成的炉壁。

1. 介质、炉墙与受热面之间的换热

定义水冷系数 $X = \dfrac{A_r}{A_r + A_w}$，并令 $\omega = \dfrac{A_r}{A_w}$，则 $\omega = \dfrac{X}{1-X}$。

水冷系数 X 与有效角系数 $x = \varphi_{gt} + (1-\varphi_{gt})\varphi_{wt}$ 是相同的，两者表述的角度、形式不同，实质是一样的。使用时，$A_r = XA$。

(1) 角系数。

受热面对受热面的角系数 $\varphi_{tt} = 1 - \varphi_{tw}$

受热面对炉墙的角系数 $\varphi_{tw}=1-\varphi_{tt}$

炉墙对受热面的角系数 $\varphi_{wt}=(1-\varphi_{tt})\omega$

炉墙对炉墙的角系数 $\varphi_{ww}=1-\varphi_{wt}$

(2) 介质的辐射 Q_g。

介质温度 T_g,面积 $A=A_r+A_w$,则 $Q_g=\varepsilon_g\sigma T_g^4 A$。

(3) 受热面的有效辐射 Q_{Rt} 由以下各项组成:

受热面本身辐射 $\varepsilon_t\sigma A_r T_t^4$

火焰辐射的反射辐射 $Q_g X(1-\alpha_t)$

炉墙有效辐射的反射辐射 $Q_{Rw}[(1-\varphi_{tt})\omega](1-\alpha_g)(1-\alpha_t)$

受热面有效辐射的反射辐射 $Q_{Rw}\varphi_{tt}(1-\alpha_g)(1-\alpha_t)$。

(4) 炉墙的有效辐射等于投射给它的能量(因为炉墙绝热),由以下各项组成:

由火焰辐射引起的投射辐射 $Q_g(1-x)$

由受热面辐射引起的投射辐射 $Q_{Rt}(1-\varphi_{tt})(1-\alpha_g)$

由炉墙辐射引起的投射辐射 $Q_{Rw}[1-(1-\varphi_{tt})\omega](1-\alpha_g)$

(5) 从热平衡的关系可得到,受热面获得的热流量 Q 等于火焰失去的热流量,即

$$Q=Q_g-Q_{Rt}\alpha_g-Q_{Rw}\alpha_g \tag{3.34}$$

把上述关系代入上式即可得到具体表达式。

2. 介质与壁之间的换热

下面讨论受热面与炉墙共成一体的情况下的换热,分为室燃炉(见图 3.11)和层燃炉(见图 3.12)两种情况讨论。

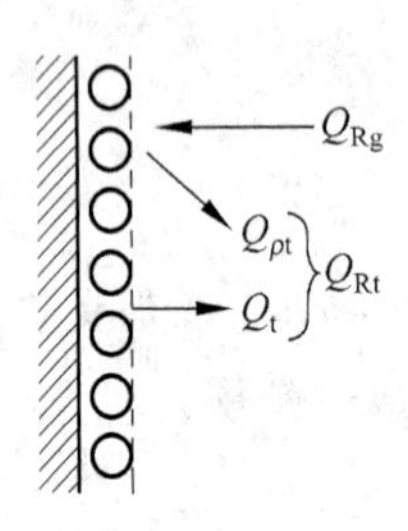

图 3.11　室燃炉

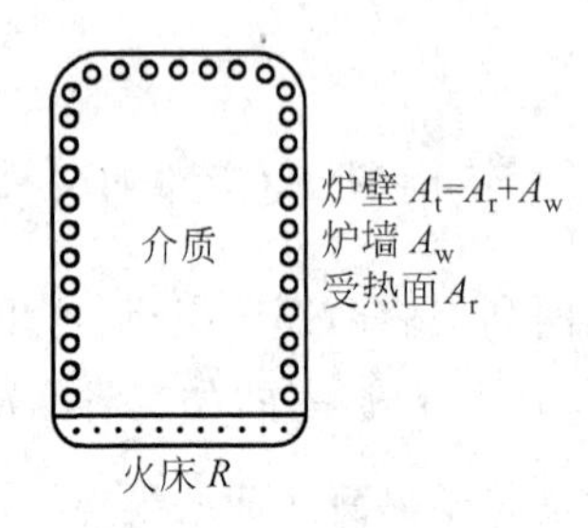

图 3.12　层燃炉

1) 室燃炉

总周界面积 $A_{fw}=A_r+A_w$,$x=\dfrac{A_r}{A_{fw}}$,A_r 为受热面面积,A_w 为炉墙面积。需要说明的是,炉壁下标应为 fw,本节下面的推导中,为简化起见,用 t 代表炉壁(室燃炉大多数炉壁是膜式水冷壁)。

火焰的有效辐射 $Q_{Rg}=Q_g+(1-\alpha_g)Q_{Rt}$，$Q_g$ 为火焰本身辐射。炉壁的有效辐射 $Q_{Rt}=Q_t+(1-x\alpha_t)Q_{Rg}$，$Q_t$ 为水冷壁本身辐射。由此得到

$$Q_{Rg}=\frac{Q_g+(1-\alpha_g)Q_t}{1-(1-\alpha_g)(1-x\alpha_t)} \tag{3.35}$$

$$Q_{Rt}=\frac{Q_t+(1-x\alpha_t)Q_g}{1-(1-\alpha_g)(1-x\alpha_t)} \tag{3.36}$$

以火焰失去的热量为辐射换热量，

$$Q=Q_{Rg}-Q_{Rt}=\frac{\dfrac{Q_g}{\alpha_g}-\dfrac{Q_t}{x\alpha_t}}{\dfrac{1}{x\alpha_t}+\dfrac{1}{\alpha_g}-1} \tag{3.37}$$

式中，火焰本身辐射 $Q_g=\alpha_g A_t\sigma T_g^4$，水冷壁本身辐射 $Q_t=\alpha_t A_r\sigma T_t^4=\alpha_t xA_t\sigma T_t^4$，代入上式，有

$$Q=a_F A_r^{\sigma}(T_g^4-T_t^4) \tag{3.38}$$

式中，a_F 为炉膛黑度(系统黑度)，

$$a_F=\frac{1}{\dfrac{1}{\alpha_t}+x\left(\dfrac{1}{\alpha_g}-1\right)}=\frac{1}{\dfrac{1}{\varepsilon_t}+x\left(\dfrac{1}{\varepsilon_g}-1\right)} \tag{3.39}$$

2) 层燃炉

令 $r=\dfrac{R}{A_t}$，R 为火床面积，A_t 为炉壁面积，且 $x=\dfrac{A_r}{A_t}=\dfrac{A_r}{A_w+A_r}$。类似室燃炉，作如下推导：

$$Q_{Rg}=Q_g+Q_{Rt}\varphi_{tt}(1-\alpha_g)+Q_R=Q_g+Q_{Rt}(1-r)(1-\alpha_g)+Q_R \tag{3.40}$$

$$Q_{Rt}=Q_t+(1-x\alpha_t)Q_{Rg} \tag{3.41}$$

式中，Q_R 为火床有效辐射。

上两式中，$Q_g=\alpha_g A_t\sigma T_g^4$，为火焰的本身辐射；$Q_t=\alpha_t xA_t\sigma T_t^4$，为水冷壁的本身辐射，火床 R 的有效辐射为

$$Q_R=(1-\alpha_g)R\sigma T_g^4=(1-\alpha_g)xA_t\sigma T_g^4 \tag{3.42}$$

把式(3.42)代入式(3.40)、式(3.41)，可求出

$$Q_{Rt}=\frac{x\alpha_t A_t\sigma T_t^4+(1-x\alpha_t)MA_t\sigma T_g^4}{x\alpha_t+(1-x\alpha_t)M} \tag{3.43}$$

$$Q_{Rg}=\frac{MA_t\sigma T_g^4+(1-M)x\alpha_t A_t\sigma T_t^4}{x\alpha_t+(1-x\alpha_t)M} \tag{3.44}$$

式中，$M=\alpha_g+r(1-\alpha_g)$ 为中间变量。

则换热量

$$Q=Q_{Rg}-Q_{Rt}=\frac{M\alpha_t xA_t\sigma(T_g^4-T_t^4)}{x\alpha_t+(1-x\alpha_t)M}=a_F A_r\sigma(T_g^4-T_t^4) \tag{3.45}$$

式中，系统黑度

$$a_F = \frac{M\alpha_t}{x\alpha_t + (1 - x\alpha_t)M} = \frac{1}{\frac{1}{\alpha_t} + x\left(\frac{1}{M} - 1\right)} \tag{3.46}$$

以上公式都是基于四次方程温差公式的表述，把介质特性、几何特性都归结为系统黑度 a_F。

3.2.3 根据投射热计算辐射换热量

古尔维奇方法是前苏联锅炉机组热力计算标准所采用的方法，这个方法在 1957 年版、1973 年版的前苏联锅炉机组热力计算标准中有所不同。古尔维奇方法是根据投射热来计算辐射换热量的。

1. 1957 年标准中的方法

1957 年的标准作了基本假定：①受热面水冷壁是 0K 的黑体（$\alpha_t=1, T=0\text{K}$）；②水冷壁均匀布置；③火焰为灰体。

在这些假定基础上，根据式(3.38)、式(3.39)，有

$$Q = a_F \sigma A_r T_g^4 \tag{3.47}$$

$$a_F = \frac{1}{1 + x\left(\frac{1}{\alpha_g} - 1\right)} \tag{3.48}$$

实际上水冷壁不是黑体，在炉膛黑度 a_F 中引入经验系数 0.82 进行修正。此外，由于水冷壁表面有积灰，其壁面温度也较高，引入灰污系数 ζ 进行修正，因此有

$$a_F = \frac{0.82}{1 + \left(\frac{1}{\alpha_g} - 1\right)\zeta x} \tag{3.49}$$

灰污系数的含义稍后再讨论。上述公式现已不再使用，现在使用的是 1973 年标准中的公式。

2. 1973 年标准中的方法

1957 年标准的假设显然不大合理，通过系数的修正可以有所改进，但仍不理想。1973 年的标准通过实验，以热有效性系数来修正换热量。

热有效性系数是水冷壁的辐射换热量 Q 和水冷壁的投射辐射热量 Q_I 之比，即

$$\psi = \frac{Q}{Q_I} = \frac{Q_I - Q_{Rt}}{Q_I} \tag{3.50}$$

式中，Q_{Rt} 是水冷壁的有效辐射。Q_I、Q_{Rt} 用辐射热流计测量，因此 ψ 是个经验系数。1973 年标准取消了 1957 年标准中水冷壁温度 $T_t=0\text{K}$ 的假定，代之以 $\psi=$常数，这样换热量为

$$Q = \psi Q_I \tag{3.51}$$

把 x 换成 ψ,沿用1957年标准的形式,有

$$Q = \tilde{a}_F \psi A_t \sigma T_g^4 \tag{3.52}$$

这里 $\tilde{a}_F$ 为计算投射热 Q_I 的系统黑度,不同于传热学中计算换热量的系统黑度(式(3.46)属于此类)。

对于室燃炉,

$$\tilde{a}_F = \frac{1}{1+\psi\left(\frac{1}{\alpha_g}-1\right)} \tag{3.53}$$

对于层燃炉,

$$\tilde{a}_F = \frac{1}{1+\psi\left(\frac{1}{M}-1\right)}, \quad M = \alpha_g + (1-\alpha_g)r \tag{3.54}$$

3. ψ、x、ζ 的关系

根据定义,热有效系数 ψ 是受热面吸收的热流量与投射到壁面的热流量之比,有效角系数 x 是投射到受热面的热流量与投射到壁面的热流量之比,而灰污系数 ζ 则是受热面吸收的热流量与投射到受热面的热流量之比,即

$$\begin{cases} \psi = \dfrac{Q}{Q_I} \\ x = \dfrac{Q_{Ir}}{Q_I} \\ \zeta = \dfrac{Q}{Q_{Ir}} \end{cases}$$

式中,Q 是受热面吸收的热流量;Q_{Ir} 是投射到受热面的热流量;Q_I 则是投射到壁面的热流量。则

$$\psi = x\zeta \tag{3.55}$$

ζ 考虑了积灰对表面黑度、壁温的影响,见表3.1。

表3.1　灰污系数 ζ 的取值

序号	水冷壁形式	燃料或燃烧方式	灰污系数
1	光管水冷壁	气体燃料	0.65
2	光管水冷壁	液体燃料	0.55
3	光管水冷壁	煤粉	0.45
4	光管水冷壁	油页岩	0.25
5	光管水冷壁	层燃炉	0.60
6	固态排渣炉中敷设耐火涂料的水冷壁	所有燃料	0.20
7	覆盖耐火砖的水冷壁	所有燃料	0.10

3.3 有对流的烟气与受热面的辐射换热

尾部烟道中的受热面、过热器、省煤器和空气预热器都是对流受热面，烟气与受热面的换热不仅有辐射换热，而且有对流换热，在低温区（如空预器区）中甚至以对流换热为主。这里简单介绍一下两种换热方式同时存在时的辐射换热计算。

式(3.32)给出了介质被受热面包围时的辐射换热公式，改写为热流量的形式

$$q_r = \frac{Q_r}{A_r} = \sigma \frac{1+\varepsilon_t}{2} \varepsilon_g T_g^4 \left[1 - \frac{\alpha_g}{\varepsilon_g}\left(\frac{T_t}{T_g}\right)^4\right] \tag{3.56}$$

假定介质为灰体（$\alpha_g = \varepsilon_g$），同时考虑对流换热热流 q_c 与辐射换热热流 q_r 的总热流 q，则

$$\begin{aligned} q &= q_c + q_r \\ &= h_c(T_g - T_t) + \sigma \frac{1+\varepsilon_t}{2}\varepsilon_g T_g^4\left[1 - \left(\frac{T_t}{T_g}\right)^4\right] \\ &= h_c(T_g - T_t) + \sigma \frac{1+\varepsilon_t}{2}\varepsilon_g T_g^3 \frac{1 - \left(\frac{T_t}{T_g}\right)^4}{1 - \frac{T_t}{T_g}}(T_g - T_t) \\ &= h_c(T_g - T_t) + h_r(T_g - T_t) \\ &= h_1(T_g - T_t) \end{aligned} \tag{3.57}$$

式中，$h_1 = h_c + h_r$ 为烟侧总放热系数，其中的辐射换热系数为

$$h_r = \sigma \frac{1+\varepsilon_t}{2}\varepsilon_g T_g^3 \frac{1 - \left(\frac{T_t}{T_g}\right)^4}{1 - \frac{T_t}{T_g}} \tag{3.58}$$

考虑到烟气对受热面冲刷的不均匀性，引入利用系数 ξ 进行修正：

$$h_1' = \xi h_1 \tag{3.59}$$

实际计算时 ξ 可查有关手册的图表。

总传热量

$$Q = K \Delta t A_r \tag{3.60}$$

式中，传热系数

$$K = \frac{1}{\frac{1}{h_1} + \rho + \frac{1}{h_2}} \tag{3.61}$$

式中，$\rho = \frac{\delta_a}{\lambda_a}$ 为积灰系数，即灰污层热阻，δ_a 为灰污层厚度，λ_a 为灰污层导热系数；h_2 为工

质(汽、水)侧放热系数；Δt 为烟气与工质的温差；A_r 为传热面积。

① 当一侧为汽(水)，另一侧为烟气时，A_r 为烟侧面积；

② 当两侧均为气体(如烟气、空气)时，A_r 为两侧面积的平均。

关于 h_r，下面作一些补充说明。

(1) h_r 式中各项含义

ε_t 是受热面表面黑度，对凝渣管取 0.68，其他一般取 0.8；

ε_g 是烟气黑度，按第 2 章介绍的方法求值；

T_g 为烟气温度，取为受热面进出的平均值(进出口温差大于 300℃，用对数平均，小于 300℃用算术平均)；

T_t 是壁面温度，单位为 K。

(2) T_t 的计算

$$T_t = t_t + 273$$

$$t_t = t + \left(\rho + \frac{1}{h_2}\right)\frac{B_{cal}}{A_r}(Q + Q_r) \tag{3.62}$$

式中，t 为工质平均温度；ρ 是积灰系数。

上式可适用于屏式过热器、对流过热器，对于省煤器、空预器，可以简化为

$$t_t = t + \Delta t$$

其中，高温段 $\Delta t=80$℃；中温段 $\Delta t=60$℃；低温度 $\Delta t=25$℃。

(3) 对管簇前空间的修正

$$h'_r = h_r\left[1 + A\left(\frac{T_g^0}{1000}\right)^{0.25}\left(\frac{l_t^0}{l_t}\right)^{0.07}\right] \tag{3.63}$$

式中，l_t^0 为辐射空间(管簇前)深度；l_t 为管簇本身的深度；T_g^0 为管簇前空间烟气温度；A 是系数，烧重油、煤气时取 0.3，烧无烟煤、贫煤、烟煤时取 0.4，烧褐煤、页岩时取 0.5。

例 3.3　已知某锅炉的最后一级过热器有关数据如下：

受热面积	$H=122.5\text{m}^2$
烟气辐射层厚度	$s=0.252\text{m}$
烟气平均温度	$\theta_g=706.8$℃
	$T_g=980\text{K}$
工质平均温度	$t=361.8$℃
平均温差	$\Delta t=344.6$℃
烟气对流放热系数	$h_c=72.8\text{W}/(\text{m}^2\cdot$℃$)$
工质对流放热系数	$h_2=1357\text{W}/(\text{m}^2\cdot$℃$)$
烟气成分(体积分数)	$r_{H_2O}=0.058$，$r_n=0.1983$
飞灰浓度(质量分数)	$\mu_{fa}=0.0109\text{kg/kg}$
飞灰颗粒直径	$d_{fa}=13\mu\text{m}$

受热面积灰系数 $\rho=0.00537\text{m}^2\cdot℃/\text{W}$

烟气密度 $\rho_g=1.33\text{kg/m}^3$

管壁灰污黑度 $\varepsilon_w=0.82$

试求辐射放热系数 h_r，传热系数 K 以及传过热量 Q。

解：从已知条件分析，此题主要是求 h_r，只要求出 h_r，由于 h_c,ρ,h_2 均已知，即可得传热系数，由传热系数即可求出 Q。为求 h_r，有两个未知量：ε_g 和 T_w。欲求 ε_g，条件已具备，可按含灰气体的公式计算。

烟气的总减弱系数 $K=K_g+K_{fa}$

$$K_g=k_g r_n p=\left[\frac{0.78+1.6r_{H_2O}}{\sqrt{\frac{p_n}{p_0}s}}-0.1\right]\left(1-0.37\frac{T_g}{1000}\right)r_n p$$

$$=\left(\frac{0.78+1.6\times0.058}{\sqrt{0.1983\times0.252}}-0.1\right)\left(1-0.37\frac{980}{1000}\right)\times0.1983\times1$$

$$=0.481(\text{m}^{-1})$$

$$K_{fa}=k_{fa}\mu_{fa}p=\frac{4300\rho_g\mu_{fa}p}{(T_g^2d_{fa}^2)^{1/3}}=\frac{4300\times1.33\times0.0109\times1}{(980^2\times13^2)^{1/3}}=0.114(\text{m}^{-1})$$

那么减弱系数

$$K=K_g+K_{fa}=0.481+0.114=0.595(\text{m}^{-1})$$

$$\varepsilon_g=1-e^{-Ks}=1-e^{-0.595\times0.252}=1-e^{-0.150}=0.139$$

求 T_w。由于 $\frac{Q}{H}=\frac{t_w-t}{\varepsilon+1/h_2}$，故得，$t_w=t+\frac{Q}{H}\left(\rho+\frac{1}{h_2}\right)$ $\left(与式\ t_w=t+\left(\rho+\frac{1}{h_2}\right)\frac{B_{cal}}{H}(Q+Q_r)\right.$相比较，此时 Q 不必加 Q_r（因为是末级过热器），又由于 Q 的单位用 kW，而不用 kJ/kg，故不必再乘以 $\left.B_{cal}\right)$。

由上式可见 t_w 与热传量 Q 有关，二者都是未知量，只能先假设一个值进行试算，然后与计算结果进行校对。

(1) 假设 $Q=2.46\times10^6\text{W}$，

$$t_w=t+Q/H(\rho+1/h_2)=361.8+2.46\times10^6/122.5(0.00537+1/1357)$$

$$=484.4(℃)$$

$$T_w=t_w+273=757.4(\text{K})$$

则

$$h_r=\sigma(1+\varepsilon_w)/2\varepsilon_g T_g^3\frac{1-(T_w/T_g)^4}{1-(T_w/T_g)}$$

$$=5.67\times10^{-8}\times(1+0.82)/2\times0.139\times980^3\times\frac{1-(757.4/980)^4}{1-(757.4/980)}$$

$$= 19.12(\mathrm{W}/(\mathrm{m}^2 \cdot ℃))$$

则传热系数

$$K = \frac{1}{1/(h_c + h_r) + \rho + 1/h_2} = \frac{1}{1/(72.8 + 19.12) + 0.00537 + 1/1357}$$

$$= 58.872(\mathrm{W}/(\mathrm{m}^2 \cdot ℃))$$

$$Q = H\Delta tK = 122.5 \times 344.6 \times 58.872 = 2.49 \times 10^6(\mathrm{W})$$

与假设值的相对误差仅1.2%。如果此误差不大于±15%，可不必重算。

(2) 也可以假设 t_w 值进行试算

例如，假设 $t_w = 500℃$，$T_w = 773\mathrm{K}$

则

$$h_r = \sigma[(1+\varepsilon_w)/2]\varepsilon_g T_g^3 \frac{1-(T_w/T_g)^4}{1-(T_w/T_g)}$$

$$= 5.67 \times 10^{-8}(1+0.82)/2 \times 0.139 \times 980^3 \times \frac{1-(773/980)^4}{1-(773/980)}$$

$$= 19.59(\mathrm{W}/(\mathrm{m}^2 \cdot ℃))$$

$$K = \frac{1}{1/(h_c + h_r) + \rho + 1/h_2} = \frac{1}{1/(72.8 + 19.59) + 0.00537 + 1/1357}$$

$$= 59.06(\mathrm{W}/(\mathrm{m}^2 \cdot ℃))$$

$$Q = H\Delta tK = 122.5 \times 344.6 \times 59.06 = 2.493 \times 10^6(\mathrm{W})$$

校核

$$t_w = t + (\rho + 1/a_2)Q/H = 361.8 + (0.00537 + 1/1357)2.493 \times 10^6/122.5$$

$$= 486.1(℃)$$

与原假设值的相对误差为2.8%，小于15%，故不必重算。

第4章 流化床传热

CHAPTER 4

4.1 流化床的基本概念

4.1.1 流化床的定义与特点

第一代流化床锅炉即鼓泡床锅炉，又称沸腾床锅炉。循环流化床锅炉(circulating fluidized bed boiler，CFBB)是鼓泡床锅炉的升级产品，属于第二代流化床锅炉。CFBB是一种燃用固态燃料来生产蒸汽或热水的装置，锅炉的炉膛运行在一种特殊的流体动力特性下：细颗粒(Geldart分类中的A类颗粒或B类颗粒，即30～500μm的颗粒)被以超过平均粒径颗粒终端速度的气速输送通过整个炉膛，同时又有足够的颗粒返混以保证炉膛内的温度分布均匀。简而言之，CFBB炉膛下部物料是流态化的，上部是物料输运，并形成物料的循环。所谓固体燃料，通常是煤等化石燃料，有时也可以是生物质或废弃物等燃料。

离开循环流化床炉膛的大部分颗粒，被气固分离装置(即分离器)分离并以足够高的流率从靠近炉膛底部的回送口再送入炉膛，使炉膛内的颗粒返混合循环维持在必要的水平。图4.1为循环流化床锅炉的结构示意图。燃烧所需空气的一部分通过炉膛底部的布风装置送入炉膛，此为一次风，这部分风量通常小于理论空气量，一般是总风量的40%～60%；二次风则在布风装置以上的一定高度从四周或某个方向送入炉膛。燃料在炉膛中燃烧产生热量，这些热量的一部分由布置在炉膛内的水冷或蒸汽冷却受热面(包括过热器或再热器)所吸收，余下部分则由锅炉尾部的对流受热面所吸收和被排烟带走。

在循环流化床中，通过快速流态化或稀相返混的特殊流体动力特性来形成必要和足够的物料循环，是非常关键的，也是循环床得名的原因。床截面气速、物料循环流率、颗粒特性、物料筛分和系统几何形状的特殊组合，就可以产生特殊的流体动力特性。在这种流体动力特性下，固体物料被速度大于单颗粒物料的终端速度的气流所流化，同时在这种流体动力特性下，固体物料并不像在垂直气力输送系统中立即被气流所夹带；相反地，物料以大小不均的颗粒团的形式上下运动，产生高度的内部返混。这种细长的颗粒团既向上运动，也向下运动，还向周围运动。颗

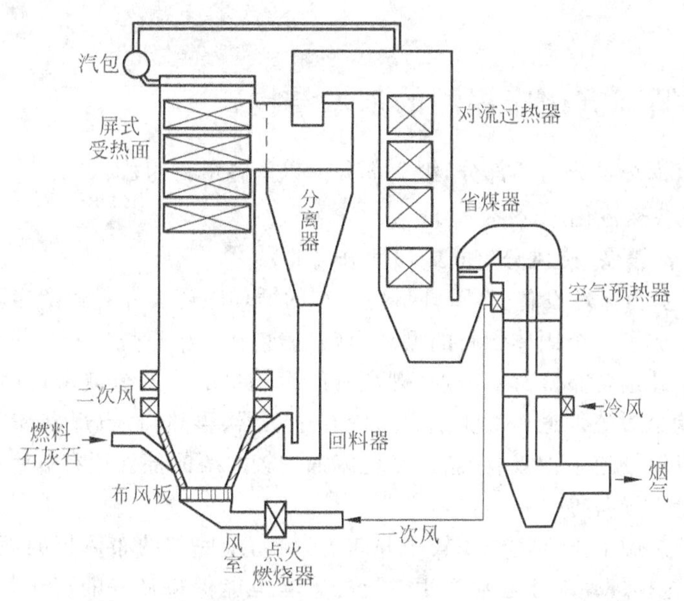

图 4.1　循环床锅炉结构示意图

粒团不断地生成、解体，又重新生成，这种特殊的流体动力特性也可携带一定数量的、其终端速度远大于截面平均气速的大颗粒物料，这种气固运动方式产生了比较大的气固滑移速度。从流体动力学的角度看，大部分循环床在密相区以外的区域工作在快速床的流体状态下。上述特性使循环流化床锅炉区别于其他形式的锅炉(如层燃炉的链条锅炉和室燃炉的煤粉锅炉)，图 4.2 和表 4.1 给出了各种形式锅炉的比较。

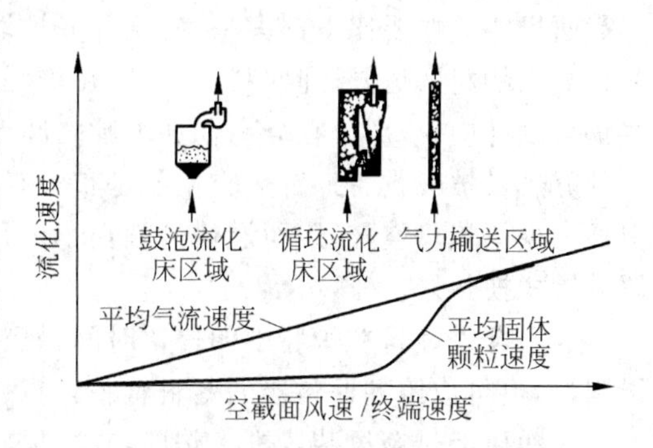

图 4.2　不同燃烧方式锅炉的气动特性

表 4.1　循环流化床与其他形式锅炉的比较

特　　性	炉排燃烧	鼓泡流化床	循环流化床	煤粉炉
床高或燃料燃烧区高度/m	0.2	1.2	15～40	27～45
截面风速/(m/s)	1.2	1.5～2.5	4～8	4～6
炉膛过量空气系数	1.2～1.3	1.2～1.25	1.15～1.3	1.15～1.3
截面热负荷/(MW/m²)	0.5～1.5	0.5～1.5	3～5	4～6
煤的粒度/mm	6～32	6 以下	6 以下	0.1 以下
负荷调节比例	4∶1	3∶1	(3～4)∶1	2∶1
燃烧效率/%	85～90	90～96	95～99	99
NO_x 排放体积分数/10^{-6}	400～600	300～400	50～150	400～700
炉内脱硫效率/%	低	80～90	80～95	低

4.1.2 循环流化床锅炉的基本结构

循环流化床锅炉可分为两部分，第一部分由以下各部件组成：

(1) 炉膛或快速流化床(燃烧室)；

(2) 气固分离设备(旋风分离器或惯性分离器)；

(3) 固体物料再循环设备(料腿、回料器，有的循环床还有外置式换热器)。

上述部件形成了一个固体物料的循环回路，燃料在其中燃烧。与煤粉锅炉一样，循环流化床锅炉的炉膛通常布置有水冷壁，燃烧所产生热量的一部分就由这些水冷壁管所吸收。第二部分就是对流烟道。对流烟道布置有过热器、再热器、省煤器和空气预热器，烟气的余热就在对流烟道中被吸收，循环流化床锅炉较次要的部件还有排渣设备、燃料给入设备和脱硫剂给入设备等。

循环床锅炉炉膛的下部截面积较小并向上渐扩，最底部的布风板的面积通常是炉膛内面积最小的，这样即使对于容易产生偏析的颗粒也能保持良好的流化状态。二次风口以下(甚至以上)的炉墙用耐火层覆盖，覆盖面积的大小根据燃料特性来决定。炉膛的上部截面积相同并要比下部大一些，这部分炉墙通常布置有蒸发受热面。气固分离装置和非机械式物料回送阀(即回料器)布置在炉膛之外，这些部件也覆盖有防磨耐火层。在有些锅炉设计中，一部分在分离器和炉膛之间循环的热物料被旁路到外置式换热器，在其中一部分热量被吸收。外置热交换器是布置有埋管受热面的鼓泡流化床，外置式换热器中只通入少量流化空气，因而燃烧份额很小。目前除了 Lurgi 式循环床，大多数循环床不设置外置式换热器。

为了延长燃料在炉膛中的停留时间，燃料通常在炉膛的下部给入。可采用独立的给燃料口，也可以给到回料器的落料管中，与热物料一起进入炉膛。

一次风经过布风装置进入炉膛，二次风则在炉膛内离布风板一定高度的地方喷入使燃料完全燃烧。虽然热量沿炉膛高度被不断吸收，但由于沿炉膛高度床料混合良好，因此炉膛温度上下基本均匀。

4.1.3 几种典型的 CFBB

目前国际上 CFBB 的最大容量已超过 1000t/h，并向更大的容量和超临界的方向发展。世界上主要的循环床炉型有德国 Lurgi 公司的 Lurgi 型、芬兰 Ahlstrom 公司的 Pyroflow 型、美国 Foster Wheeler 公司的 FW 型、德国 Babcock 公司的 Circofluid 型和美国 B&W 公司的内循环 IR 型，示意图见图 4.3。

Lurgi 式 CFBB 入炉燃料粒径为 50～500μm，流化速度 3～10m/s，一次风率 40%，布风板上的床料密度(标准状态)为 300kg/m^3。二次风口以上床料密度(标准状态)约为

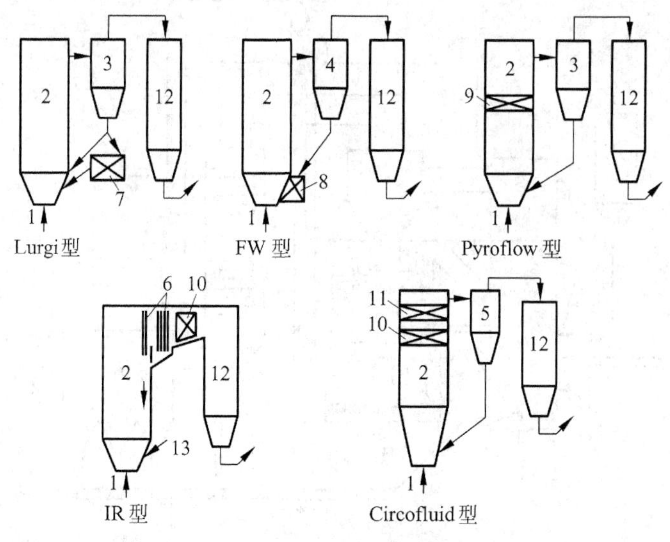

图 4.3　循环流化床锅炉主要炉型

1. 布风装置　2. 炉膛　3. 绝热式高温旋风分离器　4. 高温汽冷式旋风分离器
5. 中温旋风分离器　6. 内分离元件(U型或百叶窗)　7. 外置床换热器　8. INTREX换热器
9. Ω管屏过热器　10. 过热器　11. 高温省煤器　12. 尾部烟道　13.飞灰回送口

30～50kg/m³。采用高温绝热旋风分离。Lurgi式CFBB最显著的特点是带有外置式鼓泡床换热器(EHE),对于CFBB的大型化、负荷与燃烧温度的控制、炉内脱硫以及燃料适应性有其独特的作用。EHE的缺点是结构复杂,负荷调节惯性大。典型的Lurgi式CFBB见图4.4。

芬兰Ahlstrom公司的Pyroflow型CFBB(见图4.3)除没有EHE外,与Lurgi式CFBB差别不大,均采用高温绝热旋风分离,属高倍率循环床(循环倍率大约70～80)。床速5～5.5m/s,一次风率40%～70%。布风板上的床料密度(标准状态)大于100kg/m³。二次风口以上床密度(标准状态)约为30～50kg/m³。

美国Foster Wheeler公司FW型CFBB(见图4.3)与芬兰Ahlstrom公司的Pyroflow型CFBB没有本质的区别,其主要特点是采用高温汽冷旋风分离器。

美国B&W公司生产的IR(内循环)型循环流化床锅炉,在炉膛出口处布置一个U型分离器,分离下来的细灰沿炉膛后墙向下流动,形成内循环。IR型循环系的分离效率较低,一般需将尾部二次分离的飞灰回送炉膛再燃。

德国Babcock公司的Circofluid型循环流化床锅炉(见图4.5(a))则采用了低倍率(10～20)、中温(400～500℃)分离的技术路线。流化速度为3.5～5m/s,悬浮段以上烟气中灰浓度(标准状态)约1.5～2kg/m³。一次风率约60%。图4.5(b)是一台北京锅炉厂采用引进技术生产的130t/h Circofluid型循环流化床锅炉总图。

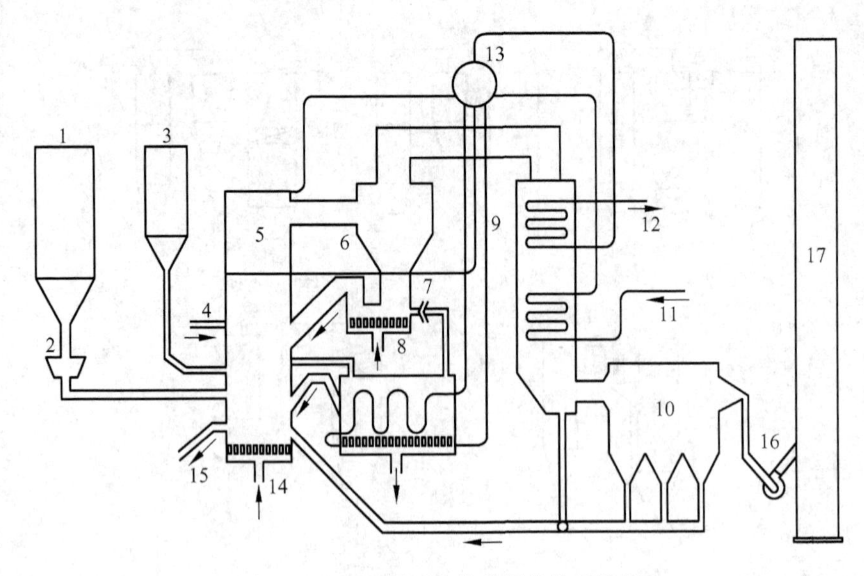

图 4.4 Lurgi 循环流化床锅炉的系统图

1. 煤仓 2. 碎煤机 3. 石灰石仓 4. 二次风 5. 炉膛 6. 旋风分离器
7. 热灰控制阀 8. 外置鼓泡床换热器 9. 尾部烟道 10. 袋式除尘器
11. 给水入口 12. 蒸汽出口 13. 汽包 14. 一次风 15. 排渣 16. 引风机 17. 烟囱

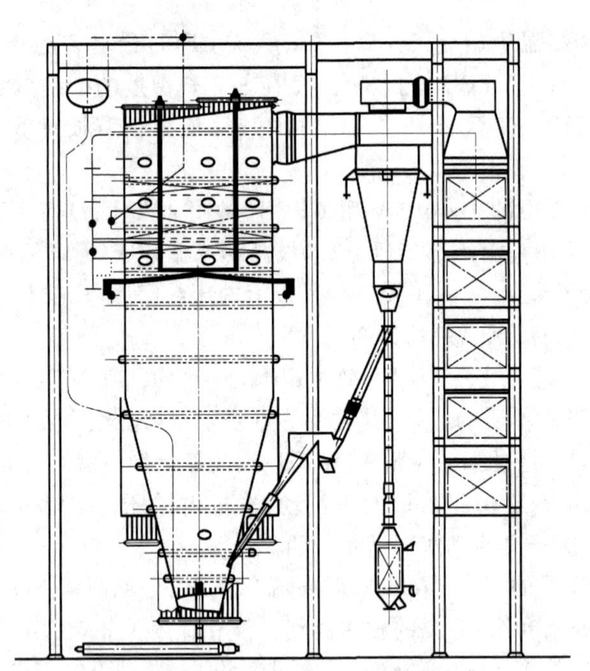

(a) 德国 Babcock 公司的 Circofluid 型循环流化床锅炉

图 4.5 Circofluid 型循环流化床锅炉

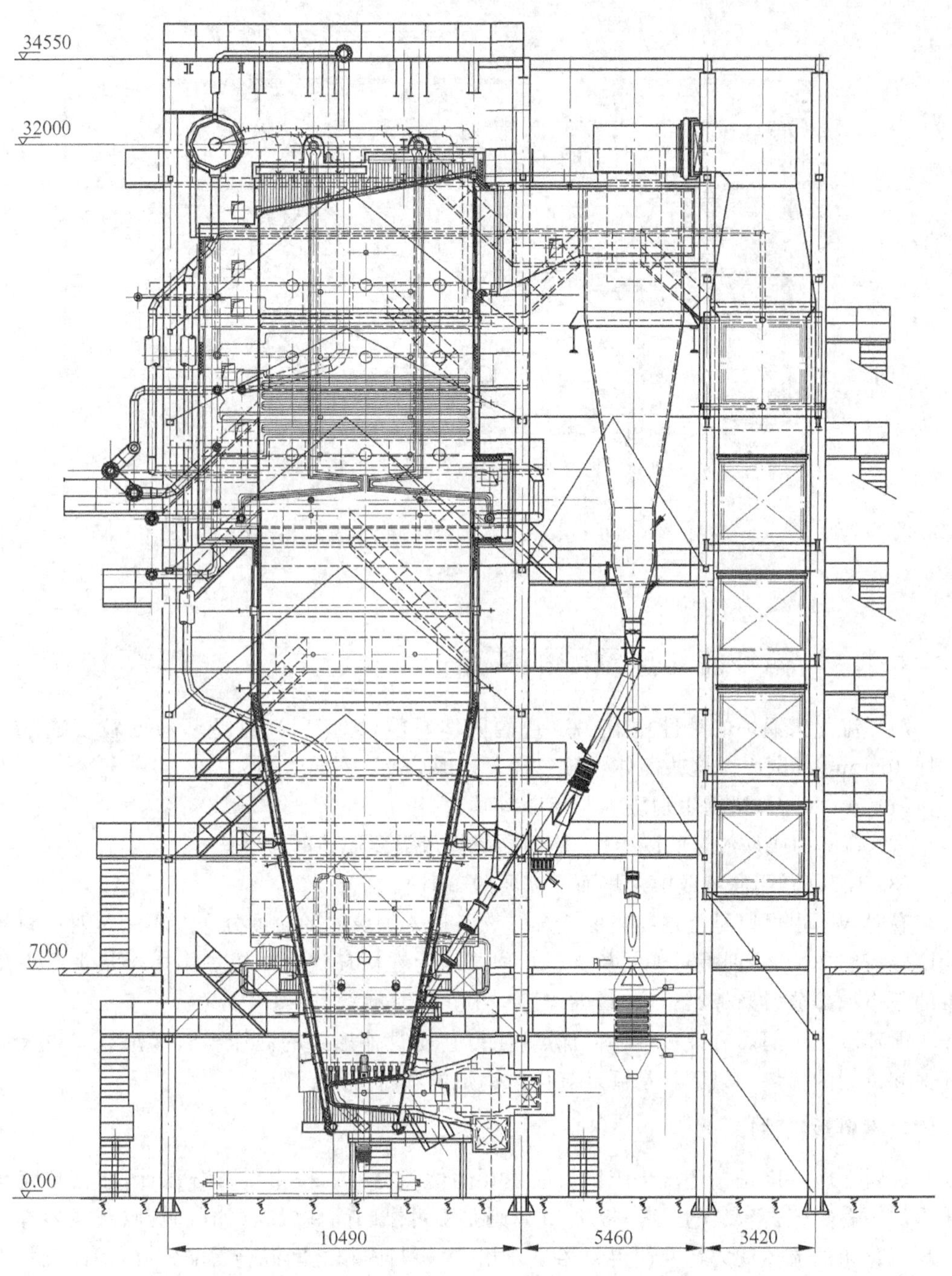

（b）国产 130t/h Circofluid 型循环流化床锅炉总图

图 4.5(续)

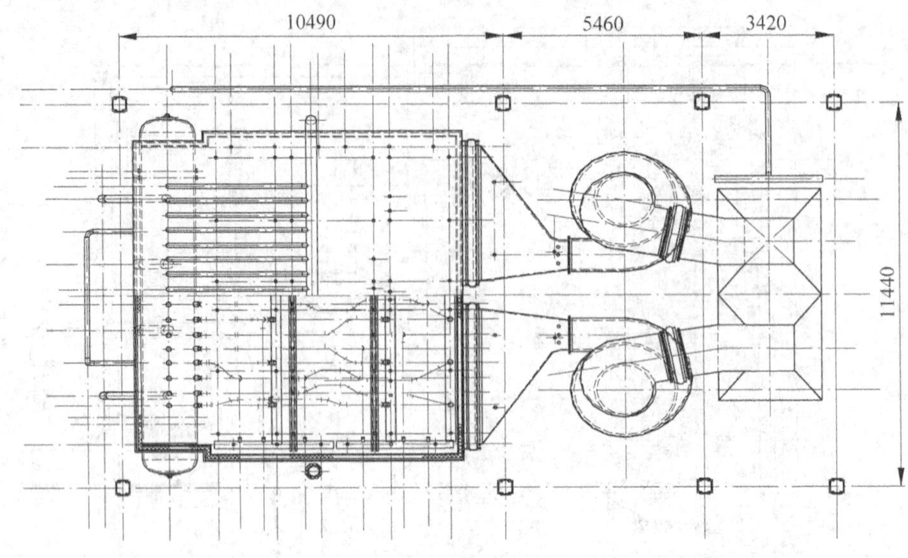

(c) 国产 130t/h Circofluid 型循环流化床锅炉总图(俯视图)

图 4.5(续)

4.1.4 循环流化床锅炉的特点

循环流化床锅炉的炉膛中有一定量的固体颗粒(即床料),这些颗粒的粒度通常在0.1～0.5mm范围内。这些固体颗粒包括下列成分的一种或几种:

(1) 砂或砾石(燃用生物质等低灰燃料时);

(2) 新鲜的或反应过的脱硫剂(燃用高硫煤或需要脱硫时);

(3) 煤灰(燃用高灰或中灰煤而不需要脱硫时)。

有时床料也可以是上述物料的组合。燃料进入炉膛时的粒度分布并不一定对床料的粒度起控制作用(特别是对于低灰燃料),这是因为在循环流化床锅炉中燃料只占床料总量的很小一部分(1%～3%),燃料燃烧过程中并伴有磨耗、爆裂等现象。

循环流化床锅炉有许多独特的优点,使得它比其他形式的固体燃料锅炉具有更大的环保和节能的优势。以下就是循环流化床锅炉的独特优点。

1. 燃料适应性广

燃料适应性广是循环流化床锅炉最主要的优点之一。按重量百分比计,在循环流化床锅炉中燃料仅占床料的1%～3%,其余则是不可燃的固体颗粒(如脱硫剂、灰或砂等)。循环流化床的流体动力特性使得气相与固相、固相与固相之间混合得非常好,因此燃料进入炉膛后很快与大量高温床料混合,燃料被迅速加热至高于着火温度,而同时床层温度又没有明显降低。只要燃料的热值大于加热燃料本身和燃烧所需的空气至着火温度所需的热量，就可以使得循环流化床锅炉不需辅助燃料而燃用任何燃料。因此，CFBB 具有广泛的燃料适应性，能够燃烧从无烟煤到褐煤，从生物质到垃圾的各种可燃的固体或准固体燃料。当然，这并不意味着一台锅炉在不需要作改动的前提下就可燃用范围很广的燃料。许多商用循环床锅炉燃用灰分为 40%～60%的高灰煤(如煤矸石等)等劣质燃料。

2. 燃烧效率高

循环流化床锅炉的燃烧效率要比鼓泡流化床锅炉高，燃烧效率通常在 95%～99%范围内，有时甚至可达 99.5%。循环床锅炉燃烧效率高的主要原因是它有更好的气固混合和更长的停留时间。这样的燃烧效率与煤粉锅炉相当，但明显高于层燃炉。

3. 高效脱硫

循环床锅炉可以炉内脱硫，这是它比其他炉型(如煤粉炉、层燃炉)优越的一个重要特征。炉内脱硫效率高，初投资小，运行简便，与烟气脱硫相比有非常高的性能价格比。

循环流化床锅炉的炉内脱硫比鼓泡流化床锅炉有效，典型的循环流化床锅炉在炉内达到 90%脱硫效率时所需的脱硫剂化学当量比为 1.5～2.5，鼓泡床锅炉达到相同脱硫效率则需 2.5～3，甚至更高。

4. NO_x 排放低

氧化氮排放低是循环床锅炉另一个突出的特点。工业运行的数据表明，循环床锅炉的 NO_x 排放体积分数的范围为 $150\times10^{-6}\sim50\times10^{-6}$，这是循环流化床密相区特殊的燃烧气氛以及低温燃烧和分级送风造成的，对高挥发份燃料尤其如此。低于燃烧化学当量的一次风从炉膛底部给入，这样析出的燃料氮不能充分与氧反应生成氧化氮，少量被还原为 N_2。二次风在炉膛底部一定高度加入，使过量空气达到 20%左右。因燃料氮已经转化为分子氮，故在还原区以上形成 NO_2 的机会也比较少。在循环床锅炉的低温燃烧范围内(800～950℃)，空气中的氮一般不会产生热反应型 NO_x。

5. 炉膛截面积小

图 4.6 对几种燃烧方式的截面热负荷进行了比较，常压循环流化床锅炉的截面热负荷约为 3～5MW/m²，接近或高于煤粉炉。图中给出的数据也表明对于同样的热负荷，鼓泡床锅炉需要的炉膛截面积要比循环床锅炉大 2～3 倍。增压循环床由于工艺尚未成熟，目前还没有进入广泛应用阶段。

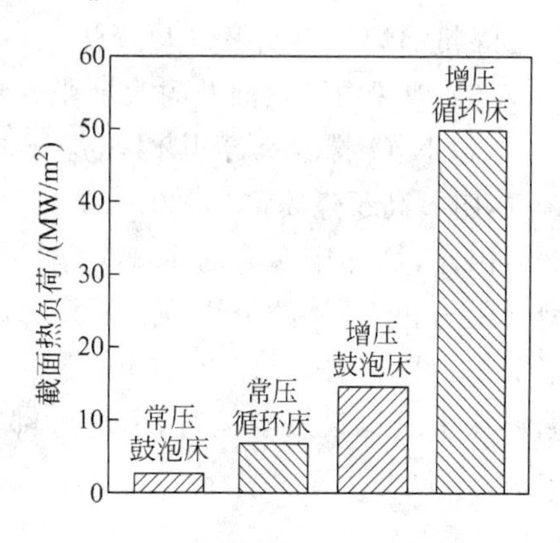

图 4.6　不同燃烧方式的截面热负荷

循环床锅炉的截面热负荷高，主要是因为炉膛内的截面气速高(4～8m/s)。强烈的气固混合促进了热量的快速释放和传递，从而提高截面热负荷。炉膛截面积小使得循环床锅炉适合于现有燃煤或燃油锅炉改造。

6. 燃料系统简单

与煤粉炉相比，由于不需磨制煤粉，只需对燃料进行非常简单的粗破碎（这个工作经常可以由燃料供应商解决），省去了一整套庞大的制粉系统。由于给料点相对较少，循环床锅炉的燃料供给系统就比较简单，这是因为在给定的出力下，循环床锅炉的炉膛截面积较小，同时由于良好的混合和燃烧区域的扩展，使得一个给料点就可供给比鼓泡床锅炉大得多的区域。循环流化床锅炉每个给料点可供应的床面积以及热负荷要比鼓泡流化床锅炉大得多。

7. 负荷调节比例大及负荷调节快

循环流化床锅炉中由于截面气速高和吸热控制容易，使得其负荷调节很快，一般地，循环床锅炉的负荷调节速率每分钟可达2%～4%，有的甚至可以到10%。循环流化床锅炉的负荷调节范围比煤粉炉宽得多，比例可达(3～4)∶1，通常可在设计出力的20%～30%下稳定燃烧。

8. 锅炉尾部受热面腐蚀较小

由于炉内脱硫，同时燃烧较为充分，循环床锅炉的尾部受热面（尤其是低温级空气预热器）与煤粉炉和层燃炉相比在燃烧同一煤种、排烟温度相同的情况下，腐蚀程度最轻；换而言之，可以在保证运行可靠的情况下，适当降低排烟温度，提高锅炉效率。

CFBB也有不足之处，主要的缺点有：

(1) 结构比较复杂，如采用热旋风分离器时，其尺寸庞大，造价较高，使整个循环床锅炉的钢材消耗量增加约20%。

(2) 整个炉内物料循环系统的流动阻力大，使锅炉机组运行的自身消耗增加，其能耗约为机组自身发电量的7%，当然，由于省掉了制粉系统，总体上循环床锅炉机组的耗电量与煤粉锅炉相当或稍微大一点。

(3) 炉膛内受热面及耐火层受到物料冲刷，设计不当可能产生不同程度的磨损。

(4) N_2O排放高于其他燃烧方式。CFBB的N_2O排放范围为$50\times10^{-6}\sim200\times10^{-6}$，明显高于煤粉炉($<20\times10^{-6}$)。

因此，循环床锅炉的主要发展方向，一是简化锅炉结构，降低成本，改进或采用新型低阻力、小尺寸的分离器；二是大型化，利用其高效、节能的特性，发展大型循环床发电锅炉，目前国际上已有1500t/h的大型循环床锅炉进入了工业应用，国内1000t/h的循环床机组也投入了运行，国内外都在开发容量更大、参数更高（如超临界）的循环床锅炉。

4.2　两相流对流传热

在层燃炉和室燃炉的设计和运行中，受热面的传热状况主要取决于燃烧工况，通常是自动适应的。对CFBB而言，情形有所不同，一方面气固两相流的传热行为比单纯的烟气要复杂得多，另一方面传热与燃烧密切相关，甚至可认为在一定条件下传热决定了燃烧状况和锅炉负荷，因此有必要对CFBB中的气固两相流传热进行研究和分析，以便有效地设计和运行CFBB。图4.7示出了循环流化床锅炉中传热面的分布与布置情况。

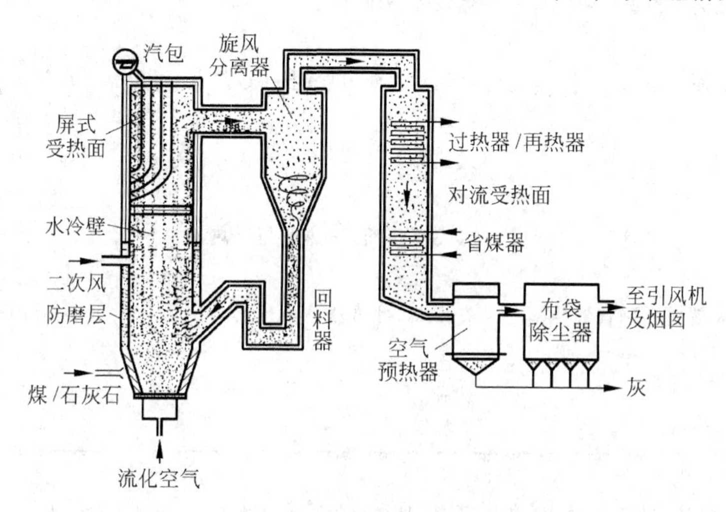

图4.7　循环流化床锅炉中的受热面

在循环流化床锅炉中，气固两相流的传热可分如下五种情况：

(1) 气体与固体颗粒间的传热，存在于炉膛的两相流动过程中；

(2) 床层与水冷壁间的传热，存在于炉膛的受热面与两相流之间；

(3) 床层与炉内埋管间的传热，存在于鼓泡床的密相区中；

(4) 外置式换热器中鼓泡床层与埋管间的传热；

(5) 旋风分离器或其他一次分离器内的传热。

上述五种情形可归纳为两类，一是气体与颗粒间的传热，二是气固两相流与壁面或管子的传热。表4.2中给出了上述各种传热情况下传热系数的数量级。

同床层与受热面间的传热系数相比，用于气体与固体颗粒间传热系数的计算相对要少一些，不过在某些特定的情况下这种计算还是必须的。当气固处于布风板附近的区域、固体进料口及二次风进口等处时，气固的温度与床层平均温度不同，这时热惯性是十分重要的。对于燃煤的情况，煤颗粒的加热速率对挥发份的析出有相当大的影响，燃烧速率、磨耗率和多次爆裂也均受煤粒传热情况的影响。此外,气体与固体颗粒间的传热还控制着循环流化床锅炉内过渡过程的响应特性,从而影响自控系统的特性。有关气相和固相之间的传热问题,如布风板附近的密相区、悬浮段的稀相区的气固两相之间的传热问题,限于篇幅,本书不予介绍,读者可以参考有关专著。

表 4.2 循环流化床锅炉中的传热系数

分　　布	形　　式	典型传热系数数值 /(W/(m²·K))
炉内耐火层以上的水冷壁管 (890～950℃)	蒸发受热面	110～200
炉膛内屏式受热面 (890～950℃)	蒸发受热面,再热器与过热器	50～150
旋风分离器内部 (890～900℃)	过热器	20～50
外置式换热器中的水平管 (600～850℃)	蒸发受热面,再热器与过热器	280～450
尾部受热面中的横向冲刷管换热器 (200～800℃)	省煤器,过热器与再热器	40～85
烟气与床料间 (177～420μm,50℃)	炉膛	30～200

目前对循环流化床内的传热过程有基本全面的了解,但还不够深入,尤其是缺乏完整、充分的工业化 CFBB 的有效数据。在本节中,为了了解有关参数对传热的影响,可以根据实验观察到的情况来讨论与设计和运行变量有关的传热机理。

4.2.1 两相流传热的机理

在细颗粒的循环流化床中,固体颗粒在通常的分散相连续上升气流中聚集形成颗粒团。含分散固体颗粒的气流部分称为分散相,另一部分称为颗粒团相。大部分床料颗粒沿床中间区域上升,而在靠近壁面的区域形成颗粒团流贴壁下滑。由固体颗粒聚集而成的颗粒团形成,消失,又形成,周而复始。因此,向壁面的传热为径向固体颗粒团的导热、分散相的对流传热和包括两相的辐射传热(见图 4.8)。

沿壁面下滑的固体颗粒团,经历了一个向壁面不稳态导热的过程。通过导热和辐射,颗粒将热量传给壁面被冷却下来。在工业锅炉中,吸热表面很高,因此在相当长的时间内向颗粒团的导热形成了一个热力边界层。

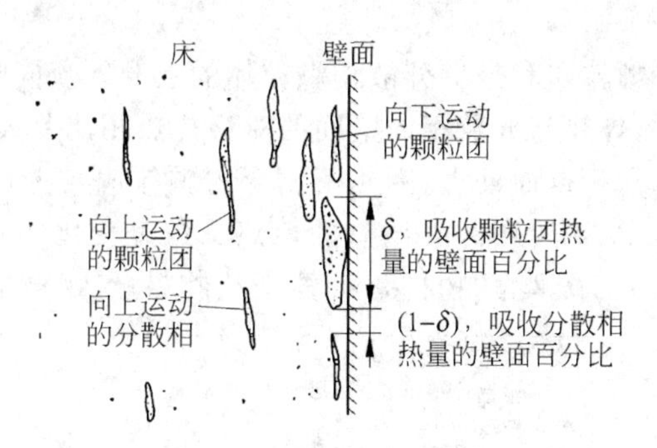

图 4.8　循环流化床中壁面传热机理的示意图

4.2.2　影响两相流传热的因素

循环流化床炉膛中床层向壁面的传热受一些设计和运行参数的影响，如物料质量浓度、床速（即床截面气速）、床温和几何结构等。

1. 物料质量浓度和粒径的影响

在快速床中，壁面上的平均物料质量浓度对于床层与壁面间的传热系数的影响是最重要的。壁面上的物料质量浓度与床截面平均物料质量浓度成正比。图 4.9 给出了室温下床截面平均物料质量浓度对传热系数的影响结果曲线。在高温情况下由四次方定律可知辐射因素是十分重要的，图 4.10 给出了与图 4.9 不太一样的结果，其差异主要是辐射造成的。图 4.9 和图 4.10 表明，传热系数均随物料质量浓度的增加而增加。粗略地看，两图中曲线的斜率表明，传热系数与物料质量浓度的平方根近似成正比。由床传向壁面

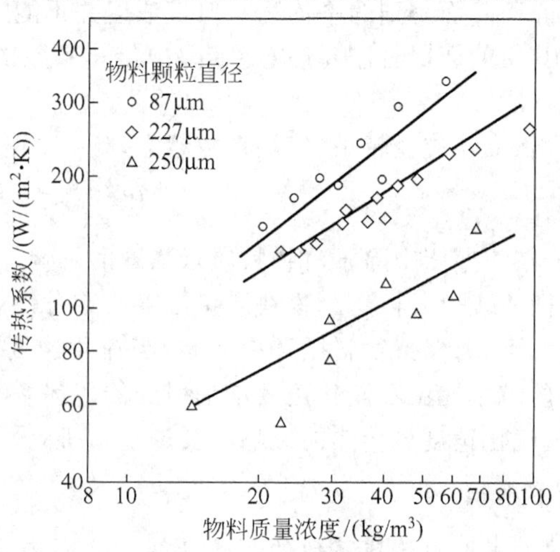

图 4.9　室温下床截面平均物料质量浓度对传热系数的影响

的热量是由下滑的固体颗粒团和带有分散相颗粒体的上升气流同时进行传输的。实验表明，固体颗粒团向壁面的导热与分散相向壁面的对流传热相比要大得多，在密相床壁面处固体颗粒团的覆盖率比稀相壁面处大，因此密相床内颗粒团与壁面间的传热系数比分散相部分大。在CFBB中，从炉膛底部到出口的传热系数是变化的，它受很多因素的影响，包括燃料性质、总风量、一二次风率、物料循环率、炉内物料量、物料粒径分布和温度分布等。

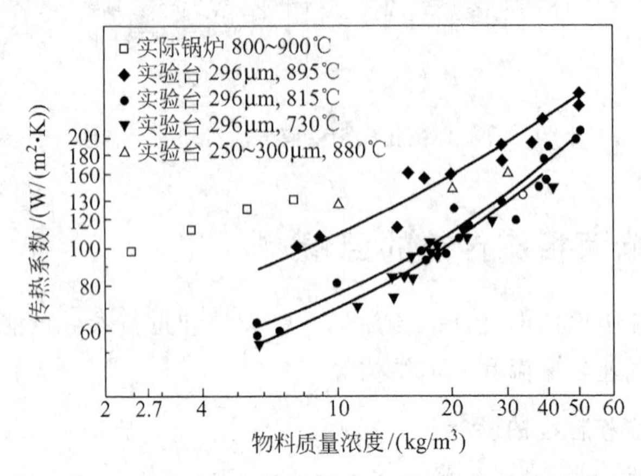

图 4.10　高温情况下物料质量浓度对传热系数的影响

图4.10显示出了在实际的循环流化床锅炉和实验室试验台上测得的传热系数，其中锅炉的传热系数是基于发电功率110MW(蒸发量420t/h)循环流化床锅炉的实际传热面测得的。虽然在实际锅炉的工业测试中误差较大，不过仍可以很清楚地看出，锅炉的实测传热系数要比实验室试验台所测到的大一些。这是因为锅炉贴壁下落的固体颗粒质量流率要大得多。由于根据静压降而得到的平均物料质量浓度并不能完全反映固体颗粒质量流率，因此在利用图4.10中的数据时需要注意到，图中传热系数的比较是在两个大小尺寸相差很大的装置上进行的。

从图4.9还可以看出，颗粒粒径越小，传热系数越大。

2. 流化速度的影响

与鼓泡流化床不同，在快速床中除了对物料质量浓度的影响外，流化速度对传热没有较大的影响。这一点从图4.11可看出，当物料质量浓度一定时传热系数在不同流化速度下变化很小。在许多情况下，若保持物料循环率一定，当流化速度增大时，由物料质量浓度减小引起的传热系数的减小比由于流化速度增加引起的传热系数的增加要大。在粒径较大或密度较小的床中，流化速度对传热的影响需要进一步研究。

3. 受热面垂直长度的影响

图4.12给出了受热面长度对传热系数的影响曲线。从图中可看出沿受热面测得的传热系数随其垂直长度的增加而减小。图中虽然传热系数随长度不断减小，但下降速度

也越来越小。随着颗粒团沿传热壁面的下落，温度逐渐接近壁面温度，从而使壁面与颗粒团贴壁层之间的温差逐渐减小，导致计算出的传热系数随着受热面的长度而减小。在实际的锅炉中，对于一个特定的颗粒团来说，它不可能沿着壁面无限地下滑，颗粒团下落到某一高度后，要么返回到床中心，要么破散并被新的颗粒团代替，因此，在经过一定的纵向长度受热面之后，传热系数就逐渐趋向一个稳定值。

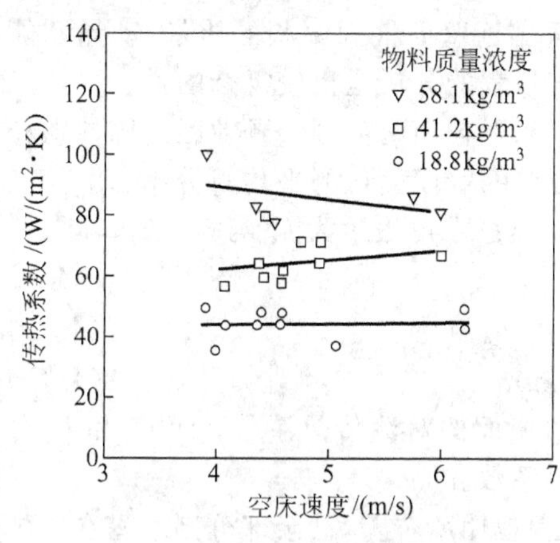

图 4.11　物料质量浓度不变时流化速度对传热的影响

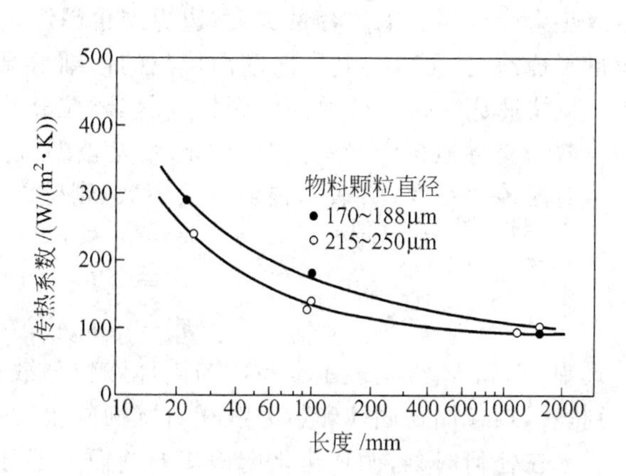

图 4.12　受热面长度对传热系数的影响

4. 床温的影响

研究表明，在一定物料质量浓度下，总传热系数随床温的增加而增加，如图 4.13 所示。由于温度升高，使得颗粒团贴壁层与壁面之间的热阻减小，导致传热系数的增大，此外床中颗粒和气体辐射的增强也导致传热系统的增大。在实际的 CFBB 中，床温对传热

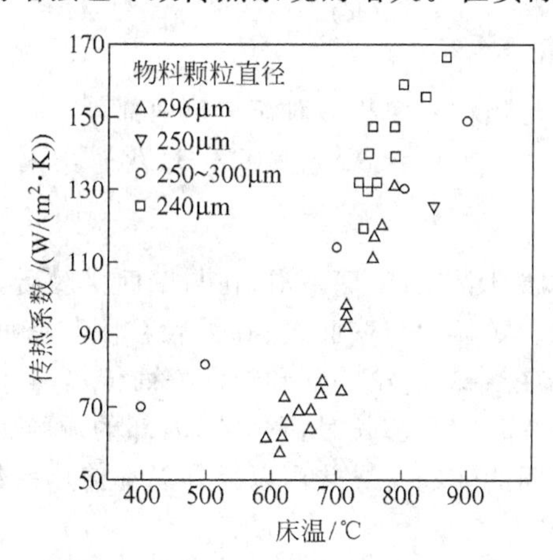

图 4.13　一定物料质量浓度($20kg/m^3$)下总传热系数随床温的变化

系数的影响比较复杂，需要讨论整个传热过程的热阻，限于篇幅，在此不深入分析。

4.2.3 两相流对流传热

建立和完善快速床中床对壁面的传热模型的主要困难是对快速床的气固两相流流动特性掌握不够。一般而言，认为热量传导给由沿壁面下滑的固体颗粒不稳定薄层，从而形成热力边界层。锅炉容量越大，边界层也越厚，分析靠近壁面气固两相的质量、动量和能量平衡情况，可以得到床向壁面传热的详细情况，该过程的分析是比较复杂的。

快速床中包含分散固体颗粒（固体颗粒分散相）和颗粒团两部分。颗粒团与固体颗粒分散相交替地与床壁面接触，假定 δ_c 是被颗粒团覆盖的壁面面积的平均百分率，用 h_c 表示对流传热系数，h_r 表示辐射传热系数，则壁面的传热系数可表示为 h_c 与 h_r 之和，即

$$h = h_c + h_r \tag{4.1}$$

$$h_c = \delta_c h_{cc} + (1 - \delta_c) h_{dc} \tag{4.1a}$$

$$h_r = \delta_c h_{cr} + (1 - \delta_c) d_{dr} \tag{4.1b}$$

式中，h_{cc}和 h_{dc}分别表示颗粒团与固体颗粒分散相对壁面的对流传热系数；而 h_{cr}和 h_{dr}分别表示颗粒团与固体颗粒分散相对壁面的辐射传热系数。

在任何时刻，循环流化床锅炉的壁面一部分被颗粒团所覆盖，其余部分则暴露在固体颗粒分散相中，如图 4.8 所示，颗粒团覆盖壁面，其时间平均覆盖率

$$\delta_c = \frac{1}{2}\left(\frac{1 - v_w - Y}{1 - v_c}\right)^K \tag{4.2}$$

式中，系数 $K=0.5$；v_w 为壁面的空隙率；v_c 为颗粒团中的空隙率；Y 为固体颗粒分散相中固体颗粒的百分比，从床中心向壁面不断增加，在壁面处其值最大。研究发现，径向空隙率的分布仅与径向无量纲距离(r/R)和截面空隙率的平均值有关，由此可得壁面空隙率的经验公式为

$$v(R) = v_w = v^n \tag{4.3}$$

式中，n 为实验确定的值，可取 3.811。

对流传热包括颗粒团与颗粒分散相的对流传热两部分，即

$$h_c = \delta_c h_{cc} + (1 - \delta_c) h_{dc} \tag{4.4}$$

1. 颗粒团对流传热

在 CFBB 的炉膛中，颗粒团沿着壁面下滑，在与壁面接触后，颗粒团要么破裂消失，要么运动到炉膛内的某一处。颗粒团与壁面接触时，颗粒团与壁面间发生非稳态传热。在传热过程的初始阶段，颗粒团中只有第一层颗粒向壁面传热，其温度水平降至与壁面温度接近的水平。当颗粒团贴壁时间足够长时，颗粒团内部的颗粒也参与向壁面的非稳态放热。分析壁面与颗粒团之间的非稳态导热可以得到局部传热系数的瞬时值 h_t。

$$h_t = \sqrt{\frac{\lambda_c c_c \rho_c}{\tau \pi}} \tag{4.5}$$

式中，λ_c、c_c 和 ρ_c 分别表示颗粒团的导热系数、比热容和密度；τ 是时间。

由于颗粒团的导热是基于鼓泡床颗粒小团的导热类推的，因此可以近似认为颗粒团的性质与鼓泡床中的乳化相性质相同，那么可得颗粒团比热容 $c_c=[(1-v_c)c_p+v_c c_g]$，密度 $\rho_c=[(1-v_c)\rho_p+v_c\rho_g]$，这里 v_c 是颗粒团的空隙率。颗粒团的导热系数 λ_c 可从专业文献[16]查出。

假定颗粒团与壁面的接触时间为 τ_c，则其平均传热系数为

$$h_{cc}=\frac{1}{\tau_c}\int_0^{\tau_c}h_t d\tau=\sqrt{\frac{4\lambda_c c_c\rho_c}{\pi\tau_c}} \tag{4.6}$$

在快速床中，颗粒团与壁面间的传热热阻主要有两部分：一是颗粒团与壁面的接触热阻；二是颗粒团本身的平均热阻。接触热阻可根据相应的气体薄层厚度($d_p/10$)的热阻来计算，分析颗粒团与壁面的非稳态导热过程，传热分量 h_{cc} 可由下式计算，

$$h_{cc}=\frac{1}{\dfrac{d_p}{10\lambda_g}+\left[\dfrac{\tau_c\pi}{4\lambda_c c_c\rho_c}\right]^{0.5}} \tag{4.7}$$

式中，τ_c 为颗粒团贴壁的平均停留时间；λ_g 为气体导热系数，可根据气体薄层的平均温度来确定。

若热力时间常数 J 小于颗粒团贴壁时间，则需考虑除颗粒贴壁层传热以外的情况，即热力时间常数 J 为

$$J=\frac{c_p d_p^2\rho_p}{36\lambda_g}<\tau_c \tag{4.8}$$

对于较长的连续传热面，如实际循环床锅炉内的情况，颗粒团的贴壁时间会比较长。这时与接触热阻相比，颗粒团中的非稳态导热热阻就变得更为重要。从而减弱了固体颗粒粒径对传热系数的影响。

对于颗粒团贴壁时间较短的情况，式(4.7)分母中的第一项就显得比较重要，在这种情况下，传热限于颗粒群的贴壁层。由此，对于粗大颗粒群及贴壁停留时间短的情况，颗粒团对流传热分量 h_{cc} 可按下式计算，

$$h_{cc}=\frac{10\lambda_g}{d_p} \tag{4.9}$$

不过，对于贴壁停留时间较长的情况，通过颗粒团的导热也将影响对流传热分量，这时就要使用式(4.7)来计算对流传热分量。

颗粒团与壁面的导热情况取决于颗粒团在壁面的停留时间，即颗粒团在破裂之前在传热表面长度上移动所需的时间。贴壁的颗粒团在重力作用下加速下滑，受到壁面的阻力与向上气流的曳力作用，这些力作用的最后结果使颗粒团达到最大速度 U_m。当颗粒团通过整个传热表面长度尚未破裂更新时，停留时间均可由下述运动方程求得：

$$L = \frac{U_m^2}{g}[\exp(-g\tau_c/U_m) - 1] + U_m\tau_c \tag{4.10}$$

式中,L 表示传热表面的竖直长度;τ_c 为颗粒团与壁面的接触时间。最大速度 U_m 可由实验测得,或根据壁面切应力与颗粒团厚度的经验关系进行计算。作为近似情况,可以选取 U_m 的值为 1.2～2.0m/s。

如图 4.12 的实验结果所示,颗粒团贴壁时间(或竖直传热长度)对传热系数的影响是逐渐减小的。因此,对于大型锅炉来说,传热系数对贴壁时间的敏感度较小,由于估算颗粒团贴壁时间或颗粒团贴壁存在时间所引起的误差,在实际的循环床锅炉设计中对计算总的传热系数影响不大。

2. 固体颗粒分散相的传热

在快速床中,壁面除了与颗粒团接触外,壁面还与床中的上升气流接触,而在上升气流中含有分散的固体颗粒,因此需要研究分散相与壁面的传热。研究发现,可以采用基于稀相气固混合物而导出的传热系数计算公式来近似计算分散相传热系数。

$$h_{dc} = \frac{\lambda_g}{d_p}\frac{c_p}{c_g}\left(\frac{\rho_{dis}}{\rho_p}\right)^{0.3}\left(\frac{U_t^2}{gd_p}\right)^{0.21} Pr \tag{4.11}$$

式中,ρ_{dis} 为固体颗粒分散相的密度,$\rho_{dis} = [\rho_p Y + \rho_g(1-Y)]$;$\lambda_g$ 和 c_g 分别为气体的导热系数与比热容;U_t 是平均颗粒径下的终端速度;Pr 是普朗特数。

室温情况下可以忽略辐射分量,式(4.11)给出了传热系数的低限,而式(4.9)则给出传热系数的高限。这高、低限对于调节控制循环流化床锅炉的负荷具有重要意义,在实际循环床锅炉的设计和运行中有参考价值。

式(4.11)中一个主要的不确定因素是分散相中固体颗粒体积浓度 Y。当 Y 取 0.001%时,计算值与实验数据吻合较好。不过,对于总的传热系数,在很多情况下对 Y 的取值不太敏感。

4.3 两相流辐射传热

在循环床炉膛中,对流和辐射都是不能忽略的传热方式。辐射传热是快速床中传热的一种重要方式,尤其是在高温(>700℃)和低床密度(<30kg/m³)的情况下更为重要。本节仍采用第 1 章的工程计算简化条件,假定两相流、壁面都是等温的灰体。快速床中的辐射传热包括两部分,一部分主要来自与壁面接触的颗粒团的辐射,另一部分是固体颗粒分散相向壁面的辐射。床层向壁面的总辐射传热系数可表示为

$$h_r = \delta_c h_{cr} + (1-\delta_c)h_{dr} \tag{4.12}$$

式中,δ_c 为颗粒团覆盖壁面的时间平均覆盖率;h_{cr} 为颗粒团的辐射分量;h_{dr} 为分散相的辐射分量。

1. 固体颗粒分散相的辐射

对于颗粒浓度不大的介质，可用下式来估算颗粒悬浮相对没有颗粒团覆盖表面的有效黑度，即床内的悬浮颗粒黑度

$$\varepsilon_p = 1 - e^{-1.5\varepsilon_{p,s} Ys/d_p} \tag{4.13}$$

式中，$\varepsilon_{p,s}$为颗粒表面平均黑度；Y为炉膛内的固体颗粒体积百分率。当快速床中有效辐射传热分量的实验和工业数据积累较多时，式(4.13)中的Y值才有可能近似确定。有效辐射层厚度s由下式计算，

$$s = \frac{3.5V}{A} \tag{4.14}$$

式中，V为床的辐射体积；A为床辐射体积V的包壁面积。在颗粒浓度不大的介质中，如在鼓泡床的悬浮段，考虑了气体辐射的悬浮段(稀相床)的黑度(但未考虑漫反射影响)

$$\varepsilon_d = \varepsilon_g + \varepsilon_p - \varepsilon_g \varepsilon_p \tag{4.15}$$

式中，ε_p、ε_g分别为颗粒和气体的黑度。研究表明，若s和Y的取值使ε_p超过0.5～0.8，则必须考虑漫反射的影响。由此，对于大型循环流化床锅炉，稀相床的黑度可以根据Brewster[16]提出的公式进行计算，即

$$\varepsilon_d = \sqrt{\frac{\varepsilon_{p,s}}{(1-\varepsilon_{p,s})B}\left(\frac{\varepsilon_{p,s}}{(1-\varepsilon_{p,s})B} + 2\right)} - \frac{\varepsilon_{p,s}}{(1-\varepsilon_{p,s})B} \tag{4.16}$$

式中，$\varepsilon_{p,s}$为颗粒表面平均黑度，$\varepsilon_{p,s} = 1 - e^{-c_\varepsilon \cdot c_p^n}$，系数$c_\varepsilon$为0.1～0.2，$c_p$为物料空间浓度，指数$n$为0.2～0.4；$B$为系数，对各向同性漫反射$B = \frac{1}{2}$，对漫反射颗粒$B = \frac{2}{3}$。

固体颗粒分散相的黑度ε_d，可以根据式(4.15)计算，或者由Brewster提出的引入漫反射概念的式(4.16)计算，固体颗粒分散相辐射传热系数可按下式计算：

$$h_{dr} = \varepsilon_{d,sys}\sigma \frac{T_b^4 - T_s^4}{T_b - T_s} \tag{4.17}$$

$$\varepsilon_{d,sys} = \frac{1}{\dfrac{1}{\varepsilon_d} + \dfrac{1}{\varepsilon_s} - 1} \tag{4.17a}$$

式中，ε_s为传热表面的黑度；$\varepsilon_{d,sys}$为固体颗粒分散相系统黑度；T_s为传热表面黑度。

2. 颗粒团的辐射

颗粒团的黑度ε_c可在基于颗粒群的多相反射推导得出，由下式计算：

$$\varepsilon_c = \frac{1 + \varepsilon_{p,s}}{2} \tag{4.18}$$

式中，$\varepsilon_{p,s}$为床料的黑度。

颗粒团的辐射传热系数h_{cr}，可以将式(4.17)中的ε_d换成ε_c同样进行计算，

$$h_{cr}=\varepsilon_{c,sys}\sigma\frac{T_b^4-T_s^4}{T_b-T_s} \tag{4.19}$$

$$\varepsilon_{c,sys}=\frac{1}{\frac{1}{\varepsilon_c}+\frac{1}{\varepsilon_s}-1} \tag{4.19a}$$

对于较长的连续表面,可以推测,固体颗粒贴壁面下滑时壁面吸收颗粒的热量从而使颗粒冷却。因此,对于循环流化床锅炉中的膜式水冷壁,与绝热壁面上的较短的传热面相比,辐射传热要小些。

在循环流化床锅炉中,壁面通常是管屏的形式,床中的颗粒密度较小,尤其是在布置受热面的上部区域,其值较小。因此,稀相的辐射传热占有主导地位。由此,用投影的设计表面来估算辐射传热分量,总的表面积来估算对流传热分量较为合适。式(4.17)与式(4.18)对于大型循环流化床锅炉较为合适,但不适用于小型循环流化床和实验室耐火层壁面的辐射传热。

4.4 循环流化床传热计算

循环流化床锅炉与煤粉锅炉的显著不同是循环流化床锅炉中的物料(包括煤灰、脱硫添加剂等)浓度大大高于煤粉炉,而且炉内各处的浓度也不一样,它对炉内传热起着重要作用。为此首先需要计算出炉膛出口处的物料质量浓度,此处浓度可由外循环倍率求出。炉膛不同高度的物料质量浓度则由内循环流率决定,它沿炉膛高度是逐渐变化的,底部高、上部低。在大型循环流化床中计算水冷壁、双面水冷壁、屏式过热器和屏式再热器时需采用不同的计算公式。物料质量浓度对辐射传热和对流传热都有显著影响。

炉内受热面的结构尺寸,如鳍片的净宽度、厚度等,对平均换热系数的影响也是非常明显的。鳍片宽度对物料颗粒的团聚产生影响;另一方面,宽度与扩展受热面的利用系数有关。至于炉内的温度水平与煤粉炉一样,对辐射传热有着重要的影响。根据已公开发表的文献报道,考虑工程上的方便和可行,结合清华大学提出的方法,进一步分析整理,得到本节的基本算法,供参考。

循环流化床锅炉炉膛受热面的吸热量按下式计算:

$$Q=KA_g\Delta T \tag{4.20}$$

式中,Q 为传热量;K 为基于烟气侧总面积的传热系数;ΔT 为温差;A_g 为烟气侧总面积。

4.4.1 受热面结构尺寸对传热的影响

炉膛受热面的传热系数 K 按式(4.21)计算,其中热阻包括四部分:烟气侧热阻 $\frac{1}{h_b^0}$;

工质侧热阻$\frac{1}{h_m}\cdot\frac{A_g}{A_m}$；受热面本身热阻$\frac{\delta_1}{\lambda}$；以及附加热阻 ρ_{as}。

$$K=\frac{1}{\frac{1}{h_b^0}+\frac{1}{h_m}\frac{A_g}{A_m}+\rho_{as}+\frac{\delta_1}{\lambda}} \tag{4.21}$$

式中，h_b^0 为烟气侧向壁面总表面的折算换热系数；h_m 为工质侧换热系数，可按前苏联1973年锅炉机组热力计算标准求取；A_g 为烟气侧总面积；A_m 为工质侧总面积；δ_1 为管子厚度；λ 为受热面金属导热系数。

烟气侧向壁面总表面的折算换热系数

$$h_b^0=[P(\eta-1)+1]\frac{h_b}{1+\rho_s h_b} \tag{4.22}$$

式中，P 为鳍片面积系数，$P=\frac{A_{fin}}{A_g}$，A_{fin}为鳍片面积；η 为鳍片利用系数；h_b 为烟气侧换热系数，见式(4.34)；ρ_s 为受热面污染系数，取为 0.0005。

鳍片面积系数

$$P=\frac{A_{fin}}{A_g}=\frac{s-d}{s-\delta+\left(\frac{\pi}{2}-1\right)d} \tag{4.23}$$

式中，s、δ、d 为管子节距；鳍片厚度和管径，见图 4.14。

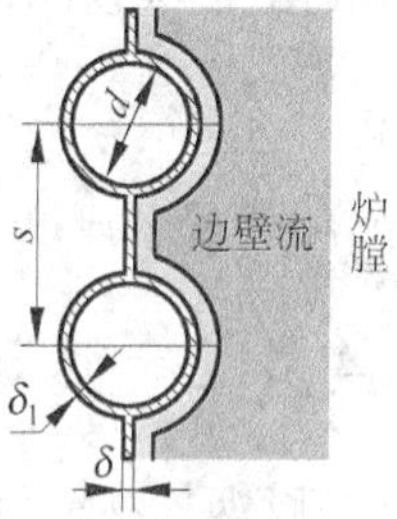

图 4.14　膜式壁示意图

鳍片利用系数

$$\eta=\frac{\tanh(\beta w'')}{\beta w''} \tag{4.24}$$

式中，β 与受热面受热情况、膜式壁鳍片结构尺寸和材料等有关，可表示为

$$\beta=\sqrt{\frac{Nh_b(w+\delta)}{\delta\lambda(1+\rho_s h_b)}} \tag{4.25}$$

式中，λ 为金属导热系数；δ 为鳍片厚度；N 为受热情况，单面受热 $N=1$，双面受热$N=2$。

实际鳍片宽度为

$$w=\frac{s-d}{2} \tag{4.26}$$

式(4.24)中有效宽度

$$w''=\frac{w'}{\sqrt{N}} \tag{4.27}$$

上式中折算宽度

$$w'=\frac{w}{\mu} \tag{4.28}$$

根据实验和运行数据可得到鳍片宽度系数 μ 与结构尺寸的关系

$$\mu = f_{\mu}\left(\frac{s}{d}\right) \tag{4.29}$$

当$\frac{s}{d}=1.3$时,$\mu=0.97$；当$\frac{s}{d}=1.7$时,$\mu=0.9$。

式(4.21)中ρ_{as}为附加热阻，

$$\rho_{as} = \frac{\delta_a}{\lambda_a} \tag{4.30}$$

式中,δ_a为受热面耐火层厚度。λ_a为受热面耐火层导热系数,按下式计算：

$$\lambda_a = a_0 + a_1 \overline{T}_a \tag{4.31}$$

式中,a_0、a_1为系数。$\overline{T}_a$为耐火层平均温度,按下式计算：

$$\overline{T}_a = (T_b + T_w)/2 \tag{4.32}$$

式中,T_b为烟气侧温度；T_w为受热面壁面温度,见式(4.36)。

在图4.14所示的受热面结构中,受热面外表面积与内表面积之比为

$$\frac{A_g}{A_m} = 1 + \frac{2}{\pi}\left(\frac{s-\delta-(2-\pi)\delta_1}{d-2\delta_1} - 1\right) \tag{4.33}$$

式中,δ_1为管壁厚度；s为管节距；δ为鳍片厚度。

4.4.2 循环床锅炉烟气侧换热系数

炉膛烟气物料两相混合物向壁面的传热包括对流和辐射两部分,按两者的线性叠加,则循环床锅炉烟气侧换热系数

$$h_b = h_r + h_c \tag{4.34}$$

式中,h_r为辐射换热系数；h_c为对流换热系数。

原则上,h_r、h_c按4.2节和4.3节介绍的方法求取。这里介绍工程上的简化计算方法。

1. 辐射换热系数

$$h_r = \varepsilon_{sys}\sigma\frac{T_b^4 - T_w^4}{T_b - T_w} \tag{4.35}$$

式中,σ为Boltzmann常数；T_w为水冷壁管壁温度；ε_{sys}为烟气侧的系统黑度。

$$T_w = T_m + \Delta T_w \tag{4.36}$$

式中,T_m为受热面内工质温度。材质为碳钢的水冷壁管壁内外侧温差

$$\Delta T_w = 0.7(T_b - T_m)N\left(\frac{A_{fin}}{A_g}\right)^{0.4}\frac{1000}{h_m} \tag{4.37}$$

式中,T_b为烟气侧温度；T_m为受热面内工质温度；N为受热情况,取为1或2；$\frac{A_{fin}}{A_g}=P$为鳍片面积比；h_m为工质侧换热系数。

材质为合金钢的过热器、再热器中，

$$\Delta T_{\mathrm{w}} = 0.7(T_{\mathrm{b}} - T_{\mathrm{m}}) N \frac{A_{\mathrm{fin}}}{A_{\mathrm{g}}} \frac{1000}{h_{\mathrm{m}}} \tag{4.38}$$

壁面与烟气侧的系统黑度 $\varepsilon_{\mathrm{sys}}$ 可写作

$$\varepsilon_{\mathrm{sys}} = \frac{1}{\dfrac{1}{\varepsilon_{\mathrm{b}}} + \dfrac{1}{\varepsilon_{\mathrm{w}}} - 1} \tag{4.39}$$

式中，ε_{b} 为烟气侧黑度；ε_{w} 为壁面黑度，一般为 0.5～0.8。注意此式与式(4.17a)、式(4.19a)含义不同。

在气固两相中，烟气侧黑度 ε_{b} 包括颗粒黑度和烟气黑度两部分，计算公式类似式(4.15)，

$$\varepsilon_{\mathrm{b}} = \varepsilon_{\mathrm{p}} + \varepsilon_{\mathrm{g}} - \varepsilon_{\mathrm{p}}\varepsilon_{\mathrm{g}} \tag{4.40}$$

式中，ε_{p} 为固体物料黑度；ε_{g} 为烟气黑度。ε_{p} 可用式(4.16)计算(认为 $\delta_{\mathrm{c}} \approx 0, \varepsilon_{\mathrm{p}} \approx \varepsilon_{\mathrm{d}}$)，$\varepsilon_{\mathrm{g}}$ 则用第 2 章介绍的气体黑度公式(2.63)、式(2.64)计算，工程上也可以采用更简化的方法计算。

2. 对流换热系数

对流换热系数由烟气对流和颗粒对流两部分组成，即

$$h_{\mathrm{c}} = h_{\mathrm{gc}} + h_{\mathrm{pc}} \tag{4.41}$$

式中，h_{gc} 为烟气对流换热系数；h_{pc} 为颗粒对流换热系数。烟气对流换热系数

$$h_{\mathrm{gc}} = C_{\mathrm{gc}} w_{\mathrm{g}} \tag{4.42}$$

式中，C_{gc} 为烟气对流系数，取值范围为 4～5；w_{g} 为烟气速度。

颗粒对流换热系数

$$h_{\mathrm{pc}} = C_{\mathrm{pc}} w_{\mathrm{g}}^{\frac{1}{2}} h_{\mathrm{pc}}^{0} \tag{4.43}$$

式中，w_{g} 为烟气速度；h_{pc}^{0} 为初始流态条件下颗粒对流理论换热系数，其值与颗粒的粒度、温度、受热面布置有关；C_{pc} 为颗粒对流系数，与炉膛水冷壁局部物料质量浓度有关。

炉膛水冷壁物料质量浓度按经验公式计算，也可用燃烧室特征物料质量浓度来计算。

炉内传热计算

第5章

CHAPTER 5

炉内传热计算包括了炉膛传热计算和尾部受热面传热计算两部分，本章先介绍层燃炉、室燃炉和循环床锅炉的炉膛传热计算，然后介绍尾部受热面传热计算，最后综合起来介绍锅炉热力计算。

5.1 炉膛传热过程

5.1.1 炉内过程

对于锅炉炉膛而言，炉内过程是四种过程的综合：流动、燃烧、传热和传质等过程。这四个过程在炉膛中互相作用、互相影响。严格地说，炉内传热过程只是炉内过程的一部分，是与其他三个过程相关联的，要严格求解炉内传热过程，必须同时求解四个过程，解出炉膛内的速度分布、压力分布、温度分布和浓度分布等。这是非常复杂的问题，迄今为止无法进行严格的理论分析。

1. 火焰传热过程基本方程

燃料在炉膛中燃烧，释放能量，形成高温产物即火焰，火焰向炉壁(包括炉墙、水冷壁)传热，其基本方程是稳态能量方程，即

$$\nabla\cdot(\rho \boldsymbol{V} c_p T) = \nabla\cdot(\Gamma_{\mathrm{T}}\nabla T) + S_{\mathrm{Q}} \tag{5.1}$$

式中，左边是焓 c_pT 的流动项，$\boldsymbol{V}$ 为速度；右边第一项是扩散项，Γ_{T} 为扩散系数，S_{Q} 为源项。

$$S_{\mathrm{Q}} = Q_{\mathrm{ch}} + Q_{\mathrm{R}} \tag{5.2}$$

式中，Q_{ch}为化学反应热源，即化学释热率；Q_{R} 为辐射换热率。

这是一个严格的能量方程，其中流动项、扩散项常用差分方法计算，这个方程不同于通常的流动、传质等输运方程，原因在于存在一个含有复杂的空间积分项 Q_{R}，这也是这个方程求解的难点所在。

从前面的学习可以知道，由于辐射换热的非接触性，使得 Q_{R} 与整个空间的几何结构、热力学状态、成分分布均有关系，成为一个复杂的空间积分。Q_{R} 的常用计算方法，主要有三种：热流法(也称热通量法)、区域法和概率模拟法。这些均为数值方法，一般地说 Q_{R} 的数学表达式很难

用解析方法直接求解。

2. 炉内传热的数学模型

热流法、区域法和概率模拟法，都是求解炉内辐射换热的数值方法，在使用这些方法时，往往需要预知流场分布、热源分布、物性参数等，这些方法使用的模型是不完整的，只描述了温度场应遵循的规律。

实际上，炉膛内同时进行着流动、燃烧和传热传质等过程，只有能量方程(5.1)是无法描述这个完整的过程的。这些过程互相关联、互相影响，总括起来称为燃烧过程，其分过程有：湍流流动、湍流燃烧、火焰传热、多相流动与燃烧，这些过程满足物理学、化学的基本规律，即各种守恒方程：

连续方程：物质守恒定律；

动量方程：牛顿第二定律；

能量方程：能量守恒与转换定律；

化学平衡方程：组分守恒与转换定律。

上述方程可以用一个统一的形式表示：

$$\frac{\partial}{\partial \tau}(\rho \Phi)+\nabla\cdot(\rho \boldsymbol{u}\Phi+\boldsymbol{J}_{\Phi})=S_{\Phi} \tag{5.3}$$

式中，Φ 为物理通量，Φ 取常数即为连续方程，Φ 取速度即为动量方程，Φ 取焓即为能量方程，Φ 取浓度即为反应方程；$\boldsymbol{u}$ 为速度；$\boldsymbol{J}_{\Phi}$ 为扩散通量；S_{Φ} 为源项；τ 为时间。

给出了 $\boldsymbol{J}_{\Phi}$ 和 S_{Φ} 的合理表述式，便得到控制燃烧过程的基本方程组：

$$\frac{\partial}{\partial \tau}(\rho \Phi)+\nabla\cdot(\rho \boldsymbol{u}\Phi)=\nabla\cdot(\Gamma_{\Phi}\nabla\Phi)+S_{\Phi} \tag{5.4}$$

式中第一项为瞬变项，第二项为对流项，第三项为扩散项，S_{Φ} 是源项。

式(5.4)在稳态条件下取 Φ 为 c_pT 即为式(5.1)。

由于实际过程是湍流过程，对基本方程进行时间平均处理后，方程组不再封闭，需补充一些方程，构成封闭的模型，不同的补充方程构成不同的模型，如典型的 k-ε 模型。在一定的模型下求解炉内过程，可以得到温度分布、速度分布、压力分布和浓度分布，从而得到所有的传热、传质、化学反应的特征，但是求解过程比较复杂，通常需采用数值方法。

目前工程上实际使用的炉内传热计算，都是基于不同程度的简化和依赖若干经验(实验)系数来进行的。

5.1.2　炉膛传热计算方法的分类

从本质上说，所有传热计算(或说工程热物理的计算)都是基于实验和经验的半理论方法，如导热系数、导温系数、扩散系数、黏性系数乃至黑度等物性系数均是实验测定的，而且往往缺乏这些系数对于温度、压力等可直接测量的准确关系。此外，把许多不确定因素归结为某一(或若干)系数的方法，本身就是经验方法，如换热系数、热有效性系数等。当然，计算总是依据一定基本理论(如公设、假定、定律、定理等)进行的，因此说是半经验半理论的方法。在炉内传热计算中，经验的成分还比较多。下面介绍一下基于计算中空间的维数进行的分类。

炉膛传热计算按所使用的模型的空间维数分，有零维、一维、二维和三维模型。

零维：炉膛内所有物理量是均匀一致的，计算结果均为平均值。到目前为止，这个方法是工程设计的主要方法，也是我国锅炉机组热力计算方法中采用的方法。

一维：沿炉膛的轴线方向(高度)，考察物理量的变化，与该方向垂直的平面内物理量均匀一致。这个模型在工程上(如大型电站锅炉)有使用的价值和可行性。

二维：主要用于轴对称的圆柱形炉膛，如立式旋风炉。

三维：按三维空间(x,y,z)坐标来描述炉内过程，如流场、温度场和浓度场等。原则上说，只有三维模型才可以正确描述炉内过程。但是，迄今为止，所有描述炉内过程的方程组都无法得到解析解，只能用数值方法得到近似解，而且即便是近似解，其计算量也非常大，没有速度、容量较大的计算机是难以胜任的。

对于零维模型，早期对炉内过程及机理缺乏深刻的认识，大多数使用经验法；现在逐渐趋于使用半经验法，即依据基本方程(如热平衡方程、辐射换热方程等)，再辅之以实验方法取得某些系数、参数等。

5.1.3 炉膛传热计算基本方程

这里介绍零维模型半径经验方法的炉膛传热计算方法。这个方法的基本依据是能量守恒方程和辐射换热方程。

1. 热平衡方程

炉膛内的辐射传热量

$$Q = \varphi B_{\text{cal}}(I_{\text{a}} - I''_{\text{F}}) = \varphi B_{\text{cal}} V\bar{C}(T_{\text{a}} - T''_{\text{F}}) \tag{5.5}$$

式中，φ 是保热系数，是对炉墙散热等的修正；B_{cal} 为计算燃料消耗量，$B_{\text{cal}} = \frac{100-q_{\text{uc}}}{100}B$，$B$ 为燃料消耗量，由锅炉热平衡关系求得；$I_{\text{a}}(T_{\text{a}})$为理论燃烧温度 T_{a} 下的烟气焓；$I''_{\text{F}}(T''_{\text{F}})$是炉膛出口温度 T''_{F}下的烟气焓；$V\bar{C}$ 为烟气在 T_{a} 至 T''_{F}之间的平均热容，

$$V\bar{C} = \frac{I_{\text{a}} - I''_{\text{F}}}{T_{\text{a}} - T''_{\text{F}}} \tag{5.6}$$

2. 辐射换热方程

从第 1 章的介绍知道，Planck 定律及其推论(如四次方定律)是计算辐射换热的基础。计算辐射换热的基本公式是四次方定律，具体方法有两类：

① 直接计算辐射换热量(四次方温差公式,即 Hottel 方法)

$$Q=\sigma a_{\mathrm{F}}A_{\mathrm{r}}(T_{\mathrm{g}}^{4}-T_{\mathrm{w}}^{4}) \tag{5.7}$$

$$a_{\mathrm{F}}=\frac{1}{\dfrac{1}{\varepsilon_{\mathrm{w}}}+x\left(\dfrac{1}{\varepsilon_{\mathrm{g}}}-1\right)} \tag{5.8}$$

② 根据投射计算辐射换热(古尔维奇方法)

$$Q=\sigma\tilde{a}_{\mathrm{F}}\psi AT_{\mathrm{g}}^{4} \tag{5.9}$$

$$\tilde{a}_{\mathrm{F}}=\frac{1}{1+\psi\left(\dfrac{1}{\varepsilon_{\mathrm{g}}}-1\right)} \tag{5.10}$$

以上均为用于室燃炉的公式,第 4 章已介绍过。可以看到只要求出了 a_{F}(或$\tilde{a}_{\mathrm{F}}$)、T_{g} 和 T_{w}(或 ψ),就可以求出 Q 了。在实际计算中,通常由式(5.5)来求 Q,而通过与式(5.7)～式(5.10)联立求 T_{g}。

5.1.4　火焰温度

1. 炉内温度分布

严格地说,炉膛内温度分布是时间与空间的函数 $T=(x,y,z,\tau)$,这里 τ 为时间,当然这是唯象的描述方式。从机理上说,炉内温度分布与炉膛几何结构、燃料特性、燃烧器结构、燃烧组织及负荷等有关。

图 5.1 中,T_{a} 为绝热燃烧温度,即假定燃烧在极短的时间内完成,传热过程尚未开始,燃烧产物所能达到的最高温度。曲线 T(沿炉高 X 方向)是实际温度,T 的最大值为 T_{m},炉膛出口($X=1$)处 T 为 T_{F}'',T 在 $X\in[0,1]$的平均值为 T_{g},显然 $T_{\mathrm{a}}>T_{\mathrm{m}}>T_{\mathrm{g}}>T_{\mathrm{F}}''$,绝热燃烧温度 T_{a}、火焰平均温度 T_{g} 和炉膛出口温度 T_{F}''都是炉内传热分析、计算所关心的量。

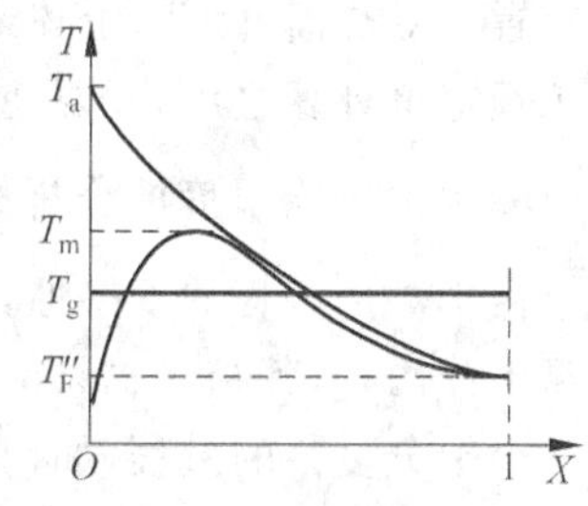

图 5.1　炉膛温度分布曲线

2. 描述炉内温度分布的经验公式

炉内温度分布是时空坐标的函数,但也不意味着除了三维的描述外就不能有近似的描述了。一般地,可以认为在稳定工况下炉内温度是稳态分布的,即 $T=T(x,y,z)$。这里简单介绍一种经验公式(卜略克-肖林公式):

$$\theta^{4}=\mathrm{e}^{-\alpha X}-\mathrm{e}^{-\beta X} \tag{5.11}$$

式中,$\theta=\dfrac{T}{T_{\mathrm{a}}}$,即无量纲温度;$\alpha$、$\beta$ 为经验系数;$X=\dfrac{x}{L}$为无量纲的火焰位置,L 为火焰总长度(即炉膛高度),x 为离开燃烧器出口的距离。

讨论：① 令式(5.11)中 $X=1$，可得炉膛出口温度

$$\theta''_{F}=(e^{-\alpha}-e^{-\beta})^{\frac{1}{4}} \tag{5.12}$$

式中，$\theta''_{F}=\dfrac{T''_{F}}{T_{a}}$。

② 计算火焰温度最高点位置 X_m，由 $\left.\dfrac{d\theta}{dX}\right|_{X=X_m}=0$ 得

$$X_m=\frac{\ln\alpha-\ln\beta}{\alpha-\beta}\quad(\alpha>0,\beta>0,\alpha\neq\beta) \tag{5.13}$$

③ 计算火焰平均温度 $\left(\theta_g=\dfrac{T_g}{T_a}\right)$

$$\theta_g=\int_0^1\theta dX \tag{5.14}$$

这个式子不便于直接计算。从上面的分析知道，θ''_{F}、θ_g 和 X_m 都是 α、β 的函数，从式(5.12)～式(5.14)可以找到 θ''_{F} 与 θ_g 的关系，可以简化计算。经验公式(5.11)的常用形式是

$$T_g^4=mT_a^{4(1-n)}T''^{4n}_{F} \tag{5.11a}$$

式中，m、n 是经验系数。

需要说明的是，这个经验公式选用 X 作为坐标变量，本身就意味着假定：只在火焰四周布置受热面，炉膛截面上温度场均匀，且只考虑径向辐射换热。实际上这些假定是近似的，炉膛横截面内温度场存在着不同程度的不均匀性，而且在火焰两端(如炉底、炉顶)也布置有受热面，因此，上述经验公式及其推论只能作为定性分析的一个参考，不足以作为工程定量计算之用，如要使用，还需经过工业试验验证。

3. 火焰平均温度的分析解

由于炉内过程的复杂性，这里介绍一下火焰平均温度的简化模型的分析解法，所用的模型十分简单，其结果也只能用于近似的定性分析，但这种方法本身有其实际意义，即对于一个十分复杂的过程，如何用简化的办法得到一个哪怕是十分粗糙的模型，从而得到一些有用的信息，这个方法在工程上有其参考价值。

假定①入炉燃料在燃烧器出口处瞬时完全燃烧，达到绝热燃烧温度 T_a；②传热只在炉膛轴线的径向进行，忽略轴向传热(即作一维模型)，那么从热平衡关系有

$$-B_{cal}V\overline{C}dT=\sigma\tilde{a}_F\psi T^4dA \tag{5.15}$$

式中，A 为炉膛面积；$V\overline{C}$ 为平均热容。积分上式，

$$-\int_{T_a}^{T''_F}\frac{dT}{T^4}=\frac{\sigma\tilde{a}_F\psi}{B_{cal}V\overline{C}}\int_0^A dA$$

得

$$\frac{1}{3}\left(\frac{1}{T''^3_F}-\frac{1}{T_a^3}\right)=\frac{\sigma\tilde{a}_F\psi}{B_{cal}V\overline{C}}A \tag{5.16}$$

根据炉膛传热计算的基本公式(5.5)、式(5.9)，有

$$B_{cal}V\overline{C}(T_a - T''_F) = \sigma \tilde{a}_F \psi T_g^4 A \tag{5.17}$$

即

$$\frac{T_a - T''_F}{T_g^4} = \frac{\sigma \tilde{a}_F \psi A}{B_{cal}V\overline{C}} \tag{5.18}$$

把上式代入式(5.16)，可整理得

$$T_g^4 = rT''^4_F \tag{5.19}$$

式中，

$$r = \frac{3}{\left(\frac{T''_F}{T_a}\right)^3 + \left(\frac{T''_F}{T_a}\right)^2 + \left(\frac{T''_F}{T_a}\right)} \tag{5.20}$$

如用另一种处理方法，认为火焰最高温度为 T_m，该点位于燃烧器标高附近，令 $A_m/A=X_m$，其中 A_m 为最高温度点以下炉壁面积，则有

$$r = \frac{3(1 - X_m)}{\left(\frac{T''_F}{T_a}\right)^3 + \left(\frac{T''_F}{T_a}\right)^2 + \left(\frac{T''_F}{T_a}\right)} \tag{5.21}$$

推导上式时认为 $T_m = T_a$，且符合式(5.19)。

4. 火焰平均温度的计算方法

火焰平均温度 T_g 的计算是炉内传热的一个重要问题。不同的炉内传热计算方法，采用不同的 T_g 计算公式。所有 T_g 的计算公式都是经验公式，其中还包含一些修正系数。这里以两个公式为例：

(1) 假定炉膛内烟气温度均匀，即 $T_g = T''_F$，但实际使用中加以修正：

$$T_g = T''_F\left(1 + \sum \Delta i\right) \tag{5.22}$$

式中，Δi 是考虑从燃料种类、燃烧方式、燃烧器倾角、水冷度等因素提出的修正系数。

(2) 认为 T_g 是 T''_F、T_a 的函数，$T_g = f(T''_F, T_a)$，再加上考虑燃烧工况的修正系数，如古尔维奇方法中采用：

$$T_g^4 = M^{\frac{5}{3}} \frac{\left(\frac{T_a}{T''_F}\right)^3}{\sqrt[3]{\left(\frac{T_a}{T''_F} - 1\right)^2}} T''^4_F \tag{5.23}$$

式中，$M = A - BX_B$ 表示对燃烧工况的修正，其中 X_B 为燃烧器相对高度$\left(X_B = \frac{H_B}{H_F}，H_B\text{ 为燃烧器高度，}H_F\text{ 为炉膛高度}\right)$，$A$、$B$ 是决定于燃料种类、燃烧方式的经验系数。

5.2 室燃炉炉膛传热计算

前面系统介绍了炉内传热的工程算法，包括辐射换热的理论基础、吸收散射性介质热辐射、透明介质下壁面间辐射换热、等温介质对壁面的辐射换热等。在这些内容中，壁面是温度均匀的，介质是等温的，这是基本假定。在工程实际中，这是不成立的，严格地说，壁面(包括水冷壁)温度是不一致的，炉内介质温度更不是均匀的，本章考虑介质温度不均匀时的炉内过程，重点考察辐射换热。

实际上第4章已经介绍了传热计算公式本身及炉膛黑度，本章也介绍了火焰平均温度 T_g，那么传热量就可以求出了。这里综合这些内容，并给出一些经验系数的取法和使用中应注意的问题。本节主要讲述古尔维奇方法，这是室燃炉、层燃炉均可使用的方法。

5.2.1 古尔维奇方法

根据5.1节介绍的辐射换热方程

$$Q = \tilde{a}_F \sigma \psi A T_g^4$$

卜略克-肖林公式

$$T_g^4 = m T_a^{4(1-n)} T_F''^{4n} \quad (\text{一般 } m \approx 1)$$

和热平衡公式

$$Q = \varphi B_{cal} V\bar{C}(T_a - T_F'') \quad (\varphi \text{ 为保热系数，考虑炉墙散热})$$

可得到

$$\theta''^{4n}_F - \frac{Bo}{m\,\tilde{a}_F}(1 - \theta''_F) = 0 \tag{5.24}$$

式中，$Bo = \dfrac{\varphi B_{cal} V\bar{C}}{\sigma \psi A T_a^3}$ 为 Boltzmann 准则数。由 $m \approx 1$，而 n 随燃烧工况而变，上式可表示为

$$\theta''_F = f\left(\frac{Bo}{\tilde{a}_F}, n\right) \tag{5.25}$$

这里 $\theta''_F = \dfrac{T''_F}{T_a}$。根据式(5.25)的形式，利用实验数据得到纯粹的经验公式

$$\theta''_F = \frac{\left(\dfrac{Bo}{\tilde{a}_F}\right)^{0.6}}{M + \left(\dfrac{Bo}{\tilde{a}_F}\right)^{0.6}} \tag{5.26}$$

这里 M 为火焰中心高度系数，取决于火焰中心相对位置 X_m。把式(5.26)化为

$$T''_F=\frac{T_a}{M\left(\dfrac{\sigma\psi A\ \tilde{a}_F T_a^3}{\varphi B_{cal} V\overline{C}}\right)^{0.6}+1} \tag{5.27}$$

有了炉膛出口烟温 T''_F，可得到炉膛出口烟气焓 I''_F，那么炉内换热量 $Q=\varphi B_{cal}(Q_a-I''_F)$。式(5.27)是计算炉膛出口烟温的公式。

5.2.2　计算方法的说明

1. 火焰中心高度系数M的计算

火焰中心高度系数 M 可根据燃料、燃烧方式、燃烧器位置或其倾角来确定。

$$\begin{cases} M=0.54-0.2X_m & \text{燃用煤气、重油的锅炉} \\ M=0.59-0.5X_m & \text{燃用烟煤、褐煤的煤粉炉} \\ M=0.56-0.5X_m & \text{燃用无烟煤、贫煤、高灰分烟煤的煤粉炉} \\ M=0.59 & \text{薄煤层层燃炉(风力抛煤机炉)} \\ M=0.52 & \text{厚煤层层燃炉(链条炉、固定炉、排锅炉)} \end{cases} \tag{5.28}$$

其中火焰中心相对位置 X_m 由下式计算：

$$X_m=X_B+\Delta X \tag{5.29}$$

式中，$X_B=H_B/H_F$，H_B 是燃烧器高度，燃烧器中心到灰斗中心或炉底，H_F 是炉膛高度，炉膛出口中心到灰斗中心或炉底。对煤粉炉，修正量 ΔX 取值如下：

$$\begin{cases} \Delta X=0.1 & D\leqslant 420\text{t/h}(116\text{kg/s}) \\ \Delta X=0.05 & D>420\text{t/h}(116\text{kg/s}) \\ \Delta X=0 & \text{四角切圆布置} \end{cases}$$

燃烧器上倾20°时，ΔX 增大0.1；下倾20°时，ΔX 减小0.1；倾角在−20°～20°时插值。油炉、气炉与燃烧器过量空气系数 α_B 有关。

2. 古尔维奇方法的T_g

在古尔维奇公式(5.26)中，并没有明确提到火焰平均温度的概念，但从辐射换热方程、热平衡方程及式(5.26)，可以得到古尔维奇方法的火焰平均温度

$$T_g^4=\frac{MT''_F T_a^3}{\sqrt[3]{\dfrac{1}{M^2}\left(\dfrac{T_a}{T''_F}-1\right)^2}} \tag{5.30}$$

上式也是纯经验公式。

3. 古尔维奇公式的适用范围

前苏联锅炉机组热力计算标准方法(1973版)规定，古尔维奇公式(5.26)适用于 $\theta''_F\leqslant 0.9$ 的情形。那么，这个范围的提出依据何在呢？

由热平衡方程，有

$$q=\frac{\varphi B_{\text{cal}}V\overline{C}}{A}(T_a-T''_F) \tag{5.31}$$

而由辐射换热方程有

$$q=\sigma\tilde{a}_F T_g^4\psi \tag{5.32}$$

由式(5.31)、式(5.32)得到

$$\frac{Bo}{\tilde{a}_F}=\frac{1}{1-\theta''_F}\frac{T_g^4}{T_a^4} \tag{5.33}$$

把上式代入式(5.26)，有

$$M^{\frac{5}{3}}\ \frac{\theta''^{\frac{5}{3}}_F}{(1-\theta''_F)^{\frac{2}{3}}}=\left(\frac{T_g}{T_a}\right)^4 \tag{5.34}$$

根据定义知 $T_g\leqslant T_a$，因此，

$$\frac{\theta''_F}{(1-\theta''_F)^{\frac{2}{5}}}\leqslant\frac{1}{M} \tag{5.35}$$

由上式可得，$M=0.3$ 时，$\theta''_F\leqslant 0.95$；$M=0.44$ 时，$\theta''_F\leqslant 0.9$；$M=0.5$ 时，$\theta''_F\leqslant 0.85$。一般地，M 不小于 0.44，故可取 $\theta''_F\leqslant 0.9$ 为古尔维奇公式的适用范围。

从上面的分析可看到，上述适用范围是根据 $T_g\leqslant T_a$ 来确定的。其实 $T_g<T_m<T_a$，因此上述范围实际上小于公式真正的适用范围，一般以 $\theta''_F<0.7$ 为宜。

4. 大容量锅炉的炉膛传热计算方法

古尔维奇公式(5.26)是根据蒸发量 $D\leqslant 200\sim300\text{t/h}$ 的锅炉的试验数据整理得到的，而且在实验数据整理和模型建立过程中忽略了炉膛截面上温度不均匀性的影响。现代锅炉，尤其是大型电站锅炉，其蒸发量已远远超过这个值(最大的达 3000t/h 以上)。公式(5.26)对大容量锅炉不适用，在锅炉容量较大时，计算不够准确，炉膛出口烟温计算值明显低于实测值(可能低 100～130℃)。新的适用于大型锅炉的炉内传热计算方法需引入对炉内温度场不均匀性的修正，其计算公式为

$$T''_F=T_a\left[1-M\left(\frac{\tilde{a}_F\psi T_a^2}{10800q_H}\right)^{0.6}\right] \tag{5.36}$$

式中，$\tilde{a}_F$、ψ、T_a、M 等值的计算方法同以前介绍，需要注意的是，此处热有效性系数 ψ 是平均值。辐射受热面热负荷 q_H 用下式计算：

$$q_H=\frac{B_{\text{cal}}Q_{\text{fuel}}}{A_F}$$

其中，Q_{fuel} 为每千克入炉燃料带入热量

$$Q_{\text{fuel}}=\frac{Q_{\text{ar,net,p}}(100-q_{\text{uc}}-q_{\text{ug}}-q_{\text{ph}})}{100-q_{\text{uc}}}+Q_{\text{air}}$$

近似地也可认为

$$Q_{\text{fuel}} = Q_{\text{ar,net,p}}$$

这里推荐了大容量锅炉水冷壁的热负荷 q_H 的经验数值。燃用烟煤、贫煤时，取 $q_H=290\sim310\text{kW/m}^2$；燃用低质褐煤，在锅炉容量为 180～275kg/s(660～990t/h)时，取 $q_H=210\sim280\text{kW/m}^2$；燃用重油时，取 $560\sim635\text{kW/m}^2$。设计炉膛时可参考这些数据。

这里附带介绍几个热负荷的概念：

炉膛容积热负荷：$q_V=\dfrac{BQ_{\text{ar,net,p}}}{V_F}$

炉膛截面热负荷：$q_A=\dfrac{BQ_{\text{ar,net,p}}}{A_F}$

炉膛受热面热负荷：$q_H=\dfrac{B_{\text{cal}}Q_r}{H}$

式中，V_F 为炉膛容积；A_F 炉膛截面积；H 为炉膛的传热面积；B 为燃料消耗量；Q_r 为炉膛传热量。

5. 关于炉膛传热计算的补充说明

炉膛传热计算的主要目的有两个：一是求得换热量，了解锅炉各部分的热量分配情况；二是求出炉膛出口烟温(凝渣管前)，防止后面的对流受热面(常常是过热器)出现结渣，以免影响流动、出力，甚至造成爆管。

(1) 设计计算与校核计算

炉膛传热计算是锅炉热力计算的一个部分，锅炉热力计算有设计计算与校核计算的区别：

① 设计计算：给定原始数据，设计一台新锅炉；

② 校核计算：对于一台现有的锅炉或已完成的设计，当燃料或负荷改变时，校核原设计是否符合要求。

无论设计计算还是校核计算，都需进行炉膛传热计算。对于炉膛出口烟温，一般要求 $T''_F<T_{DT}$，T_{DT} 为煤的变形温度；$T''_F\leqslant T_{ST}-100(\text{K})$，$T_{ST}$ 为煤的软化温度。

(2) V_F 和 A_F 的计算

求炉膛有效辐射层厚度 $s=3.6\dfrac{V_F}{A_F}$ 时，V_F 的边界按水冷壁中心线计算，没有水冷壁的地方以炉墙为界，室燃炉以冷灰斗中心为界。A_F 指的是包围 V_F 的面积，层燃炉要加上炉排(火床)面积。

5.2.3 炉内传热计算实例

例 5.1 一台 410t/h 煤粉炉的炉膛传热计算实例见附录 E 中的炉膛传热计算(完整热力计算中的一部分)。

5.3 层燃炉炉膛传热计算

5.3.1 我国层燃炉炉膛传热计算方法

古尔维奇方法是室燃炉和层燃炉都适用的方法，在此基础上，我国专门制定了层燃炉的炉膛传热计算方法。这里介绍的就是我国层燃炉炉膛传热计算方法。

炉膛传热计算主要是计算火焰或高温烟气对四周炉壁之间的辐射换热量。假设炉壁的表面温度为 T_w，黑度为 ε_w，其面积等于同侧炉墙的有效辐射受热面 A_r，而火焰的辐射热量都是通过同水冷壁管相切的平面传到炉壁上去的，可以把这个平面作为火焰的辐射面，其温度等于火焰的平均温度 T_g，黑度等于火焰对炉壁辐射的黑度 a_F，则火焰与炉壁之间的换热就可简化成为两个互相平行的无限大平面间的辐射换热。根据传热学原理，火焰与炉壁间的辐射换热量可用下式表示：

$$Q = a_F \sigma A_r (T_g^4 - T_w^4) \tag{5.37}$$

或

$$q = a_F \sigma (T_g^4 - T_w^4) \tag{5.37a}$$

式中，a_F 为系统黑度，对于平行平壁，其值为

$$a_F = \frac{1}{\dfrac{1}{\varepsilon_g} + \dfrac{1}{\varepsilon_w} - 1} \tag{5.38}$$

另一方面，还可从烟气侧列出热平衡方程

$$Q = \varphi B_{cal} (Q_{fuel} - I''_F) \tag{5.39}$$

式中，φ 是考虑炉墙散热损失的保热系数；B_{cal} 是计算燃料消耗量；I''_F 是炉膛出口烟温的烟气焓；Q_{fuel} 是每千克燃料及所需空气带入炉膛的热量。

$$Q_{fuel} = Q_{ar,net,p} + I_{ph} + Q' \tag{5.40}$$

式中，I_{ph} 为燃料物理热；Q' 为用外热源加热空气代入锅炉的热量。

炉膛总的有效放热量 Q_t 可按下式计算：

$$Q_t = Q_{fuel}\left(1 - \frac{q_{ug} + q_{uc} + q_{ph}}{100 - q_{uc}}\right) + Q_{air} - Q' \tag{5.41}$$

式中，Q' 是用外热源加热空气带入锅炉的热量；Q_{air} 是每千克燃料空气带入炉膛的热量，按下式计算：

$$Q_{air} = (\alpha''_F - \Delta\alpha_F) I_{ha}^0 + \Delta\alpha_F I_{ca}^0 \tag{5.42}$$

当锅炉未装空气预热器时，可得

$$Q_{air} = \alpha''_F I^0_{ca} \quad (5.43)$$

式中，α''_F为炉膛出口处的过量空气系数；$\Delta\alpha_F$ 是炉膛漏风系数；I^0_{ha}是理论空气量在热空气温度时的焓；I^0_{ca}是理论空气量在冷空气温度时的焓。

燃料在绝热条件下的燃烧温度为理论燃烧温度，用 T_a 表示，其值可根据炉膛有效放热量 Q_t 由烟气焓温表查得，则式(5.39)可写成

$$Q = \varphi B_{cal} V\bar{C}(T_a - T''_F) \quad (5.44)$$

式中，$V\bar{C}$ 是每千克燃料烟气的平均热容量，其中 V 为每千克燃料烟气量，$\bar{C}$ 为烟气的平均比定压热容，单位 kJ/(m³·℃)。

由式(5.4)和式(5.8)可得

$$V\bar{C} = \frac{Q_{fuel} - I''_F}{T_a - T''_F} = \frac{Q_{fuel} - I''_F}{\theta_a - \theta''_F} \quad (5.45)$$

式中，T''_F(K)、θ''_F(℃)是炉膛出口烟温。

这样，由式(5.37)和式(5.44)可得炉膛传热基本方程式

$$a_F \sigma A_r (T_g^4 - T_w^4) = \varphi B_{cal} V\bar{C}(T_a - T''_F) \quad (5.46)$$

式中存在 T_g、T_w 和 a_F 三个未知量，需用试验方法确定。

实际上，在锅炉中火焰温度沿炉膛高度有很大变化。在炉膛传热计算中，不同作者提出了许多种火焰平均温度的计算方法。我国工业锅炉热力计算方法推荐采用式(5.47)。

$$T_g = T''^{n}_F T_a^{(1-n)} \quad (5.47)$$

如设火焰温度与理论燃烧温度的比值为无因次温度，用 θ 表示，即

$$\theta_g = \frac{T_g}{T_a}, \quad \theta''_F = \frac{T''_F}{T_a} \quad (5.48)$$

则可得

$$\theta_g = \theta''^{n}_F \quad (5.49)$$

式中，指数 n 反映燃烧工况对炉内温度场的影响，根据试验数据的整理，对于抛煤机炉可取 $n=0.6$；对于其他层燃炉可取 $n=0.7$。式(5.49)也适用于层燃炉的燃尽室和冷却室的计算，但指数 n 取 0.5。

炉壁表面温度 T_w 指水冷壁管外积灰层的表面温度，可用下式表示：

$$T_w = \rho q + T_t \quad (5.50)$$

式中，ρ 是管壁污染系数，即管外积灰层热阻，决定于燃烧性质和炉内燃烧工况，一般可取 $\rho=2.6\text{m}^2\cdot\text{K/kW}$；$T_t$ 是水冷壁管金属壁温，单位 K，取为工作压力下水的饱和温度。

由式(5.37a)，按单位面积的热流量计，有

$$q + a_F \sigma T_w^4 = a_F \sigma T_g^4$$

由上式可得

$$q=\frac{\sigma T_{g}^{4}}{\frac{1}{a_{F}}+\frac{\sigma}{q}T_{w}^{4}} \tag{5.51}$$

令

$$m=\frac{\sigma}{q}T_{w}^{4}=\frac{\sigma}{q}(\rho q+T_{t})^{4} \tag{5.52}$$

则得

$$q=\frac{\sigma T_{g}^{4}}{\frac{1}{a_{F}}+m} \tag{5.53}$$

由热平衡方程式(5.44)

$$q=\frac{\varphi B_{cal}V\bar{C}(T_{a}-T''_{F})}{A_{r}} \tag{5.54}$$

可得炉膛传热基本方程为

$$\frac{\sigma T_{g}^{4}}{\frac{1}{a_{F}}+m}=\frac{\varphi B_{cal}V\bar{C}(T_{a}-T''_{F})}{A_{r}} \tag{5.55}$$

可得

$$Bo\left(\frac{1}{a_{F}}+m\right)=\frac{\theta_{g}^{4}}{1-\theta''_{F}}=\frac{\theta''^{4n}_{F}}{1-\theta''_{F}} \tag{5.56}$$

式中,Bo 为 Boltzmann 准则数,

$$Bo=\frac{\varphi B_{cal}V\bar{C}}{\sigma A_{r}T_{a}^{3}}$$

系数 m 为考虑水冷壁积灰层表面温度 T_{w} 对炉膛传热的影响。对于层燃炉,当壁面热负荷为 50～120kW/m^{2} 时,对应于一定的工作压力可近似取 m 为常数,以使计算简化。m 的数值可按有关图表取用。由式(5.56)可得出 θ''_{F} 与 $Bo\left(\frac{1}{a_{F}}+m\right)$ 的关系,如表 5.1 和图 5.2 所示。

炉膛传热计算是比较繁琐的,我国的层燃炉热力计算标准使用下列公式:

$$\theta''_{F}=k\left[Bo\left(\frac{1}{a_{F}}+m\right)\right]^{p} \tag{5.57}$$

式中,系数 k、p 见表 5.2。

表 5.1 $Bo\left(\frac{1}{a_{F}}+m\right)$ 和 θ''_{F} 的关系

θ''_{F}	0.6	0.62	0.64	0.66	0.68	0.70	0.72	0.74	0.76	0.78	0.80
$n=0.6$ 抛煤机炉	0.734	0.836	0.952	1.085	1.238	1.416	1.623	1.867	2.156	2.504	0.927
$n=0.7$ 其他层燃炉	0.598	0.690	0.796	0.912	1.061	1.228	1.424	1.655	1.932	2.267	2.677

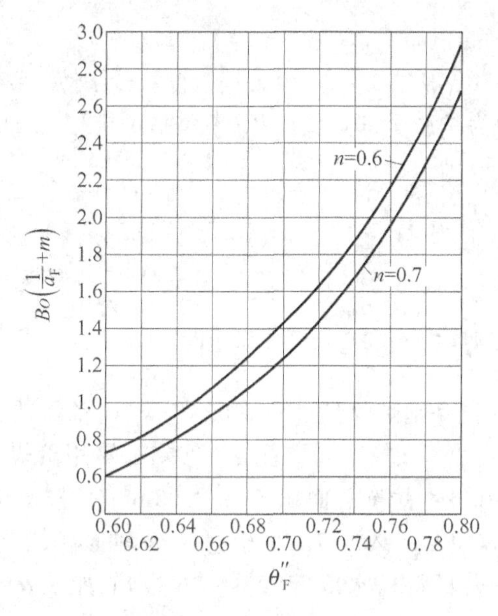

图 5.2　θ''_F的函数

表 5.2　k、p 的数值

n	$Bo\left(\frac{1}{a_F}+m\right)$	k	p
0.6	0.6～1.4	0.6465	0.2345
抛煤机炉	1.4～3.0	0.6383	0.1840
0.7	0.6～1.4	0.6711	0.2144
其他层燃炉	1.4～3.0	0.6755	0.1714

使用上述方法进行计算的基本步骤是：

① 计算理论燃烧温度 T_a；

② 假定炉膛出口烟温 T''_F，求出烟气平均热容 $V\bar{C}$ 和烟气(火焰)黑度 ε_g；

③ 计算炉膛系统黑度 a_F；

④ 计算 Boltzmann 准则数 Bo；

⑤ 选取系数 m，求出炉膛出口烟温 T''_F，如与假设值相差超过 100K，则重新计算(采用计算机计算时，可把误差缩小)；

⑥ 求换热量 $q(Q)$。

这里强调一下 a_F 的计算(式(3.46))：

$$a_F = \frac{1}{\frac{1}{\varepsilon_w} + x\left(\frac{1}{M} - 1\right)}$$

$$M = \varepsilon_g + r(1-\varepsilon_g)$$

式中，ε_w 为水冷壁的黑度，一般取 0.8，ε_g 为火焰黑度；x 为水冷系数，$x=A_f/A$；$r=R/A$，R 为炉排(火床)面积，A 为炉膛全部炉壁面积(不包括炉排)。上式也可把中间变量 M 去掉，变为

$$a_F = \frac{1}{\dfrac{1}{\varepsilon_w} + x\dfrac{(1-\varepsilon_g)(1-r)}{1-(1-\varepsilon_g)(1-r)}} \tag{5.58}$$

5.3.2 层燃炉炉内传热计算实例

已知一台双置横汽包链条锅炉(型号 SHL10—13/350)的参数：蒸发量 10t/h；蒸汽压力 1.3MPa；蒸汽温度 350℃；$t_{ha}=150$℃；$t_{ca}=30$℃。燃用贫煤，$Q_{ar,net,p}=18158$kJ/kg，$[A]_{ar}=33.12[\%]$；$a_{fa}=0.2$。炉壁总面积 $A=80.95\text{m}^2$；炉排面积 $R=11.78\text{m}^2$；包覆面积 $A_F=92.73\text{m}^2$；炉膛容积 $V_F=40.47\text{m}^3$；辐射受热面前墙 $L_1=4.86$m(不覆盖耐火材料)，$L_2=3.54$m(覆盖耐火材料)，水冷壁管 $n=16$ 根，管距 $s/d=170/51=3.33$，$e/d=25.5/51=0.5$。

$$X_1 = 0.59$$
$$H_1 = (16-1)\times 0.17\times 4.86\times 0.59 = 7.31(\text{m}^2)$$
$$A_2 = (16-1)\times 0.17\times 3.54 = 9.03(\text{m}^2)$$
$$H_2 = 0.3\times A_2 = 2.71(\text{m}^2)$$
$$H_{前} = H_1 + H_2 = 10.02(\text{m}^2)$$

除前墙外的有效辐射受热面共 27.95m^2。

$$H_r = 10.02 + 27.95 = 37.97(\text{m}^2)$$
$$x = H_r/(A_F - R) = 37.97/80.85 = 0.469$$
$$s = 3.6V_F/A_F = 3.6\times 40.47/92.73 = 1.57(\text{m})$$
$$r = R/A = 11.78/80.95 = 0.146$$

由辅助计算可得

$$B = 0.633(\text{kg/s})$$

取 $q_{ug}=1\%$，$q_{uc}=15\%$，$q_{rad}=1.58\%$，$q_{ph}=0.82\%$，$\eta=73\%$

$$a''_F = 1.5,\quad \Delta\alpha_l = 0.1$$
$$V^0(\text{标准状态}) = 5.025(\text{m}^3/\text{kg})$$
$$r_{H_2O} = 0.0394,\quad r_{CO_2} = 0.1313$$
$$I^0_{ca} = V^0(C\theta)_{ca} = 5.025\times 39.54 = 198.7(\text{kJ/kg})$$
$$I^0_{ha} = V^0(C\theta)_{ha} = 5.025\times 198.55 = 997.71(\text{kJ/kg})$$

有关焓温表如表 5.3 所示。

表 5.3　有关焓温表($\alpha=1.5$)

θ/℃	900	1000	1500	1600
I_g/(kJ/kg)	10551.5	11848.9	18536.6	19906.7

编焓温表须已知 V_{RO_2}、$V^0_{H_2O}$、$V^0_{N_2}$，由这些已知值及各自的 $C\theta$ 求出 I^0_g，再由 $I^0_a=V^0(C\theta)_a$ 求得 I^0_g，已知$[A]_{ar}$、a_{fa}，由式 $I_{fa}=(C\theta)_{fa}[A]_{ar}/100a_{fa}$，求得 I_{fa} 从而得出在各种 α 及不同温度下烟气的焓 $I_g=I^0_g+(\alpha-1)I^0_a+I_{fa}$。

解：

(1) $B_{cal}=B(1-q_{uc}/100)=0.538(\text{kg/s})$

(2) $\varphi=1-q_{rad}/(\eta+q_{rad})=0.979$

(3) $Q_a=(a''_F-\Delta a_1)I^0_{ha}+\Delta a_1 I^0_{ca}=1416.7(\text{kJ/kg})$

(4) $Q_a=\dfrac{Q_{ar,net,p}(100-q_{ug}-q_{uc}-q_{ph})}{100-q_{uc}}+Q_a=19185.9(\text{kJ/kg})$

(5) $\theta_a=1547.4$℃(由 Q_a 查上述焓温表而得)

$$T_a=1820.4\text{K}$$

(6) 假定 $\theta''_F=960$℃，$T''_F=1233\text{K}$

(7) $I''_F=11329.9(\text{kJ/kg})$(由焓温表得)

(8) $V\overline{C}=\dfrac{Q_a-I''_F}{T_a-T''_F}=\dfrac{19185.9-11329.9}{1820.6-1233}=13.36(\text{kJ/(kg·℃)})$

(9) $r_n=r_{H_2O}+r_{CO_2}=0.1707$

(10) $p_n=r_n p=0.01707\times10^6(\text{Pa})(p=0.1\times10^6\text{Pa})$

(11)
$$k_g=\left[\frac{0.78+1.6r_{H_2O}}{\sqrt{\frac{p_n}{p_0}s}}-0.1\right]\left(1-0.37\frac{T''_F}{1000}\right)\times10^{-5}$$

$$=\left[\frac{0.78+1.6\times0.0394}{\sqrt{\frac{0.01707\times10^6}{9.81\times10^4}\times1.57}}-0.1\right]\left(1-0.37\frac{1233}{1000}\right)\times10^{-5}$$

$$=8.227\times10^{-6}((\text{m·Pa})^{-1})$$

(12) $K_g=k_g p_n=8.227\times10^{-6}\times0.01707\times10^6=0.1404(\text{m}^{-1})$

(13)
$$G_g=1-[A]_{ar}/100+1.306\times\alpha V^0$$
$$=1-33.12/100+1.306\times1.5\times5.025$$
$$=10.51(\text{kg/kg})$$

(14) $\mu_{fa}=\dfrac{[A]_{ar}a_{fa}}{100G_g}=\dfrac{33.12\times0.2}{100\times10.51}=0.0063(\text{kg/kg})$

(15) $k_{fa}=\dfrac{4300\rho_g\times10^{-5}}{(T''^2_F d^2_m)^{1/3}}=\dfrac{4300\times1.30\times10^{-5}}{(1233\times20)^{2/3}}=6.60\times10^{-5}((\text{m·Pa})^{-1})$

(16) $K_{fa}=k_{fa}\mu_{fa}P=6.60\times10^{-5}\times0.0063\times10^{5}=0.0416(m^{-1})$

(17) $K=K_{g}+K_{fa}+x_{1}x_{2}p=0.1404+0.0416+10^{-5}\times0.03\times0.1\times10^{6}=0.212(m^{-1})$(贫煤 $x_1=10^{-5}$,层燃炉 $x_2=0.03$)

(18) $\varepsilon_{g}=1-e^{-Ks}=1-e^{-0.212\times1.57}=0.283$

(19) $\varepsilon_{w}=0.8$(取定)

(20) $a_{s}=\dfrac{1}{\dfrac{1}{\varepsilon_{w}}+x\dfrac{(1-\varepsilon_{g})(1-r)}{1-(1-\varepsilon_{g})(1-r)}}=\dfrac{1}{\dfrac{1}{0.8}+0.469\dfrac{(1-0.283)(1-0.146)}{1-(1-0.283)(1-0.146)}}=0.502$

(21) $Bo=\dfrac{\varphi B_{cal}V\bar{C}}{\sigma H_{r}T_{a}^{3}}=\dfrac{0.979\times0.538\times13.36}{5.67\times10^{-3}\times37.97\times1820.4^{3}}=0.542$

(22) $m=0.15$(已知工作压力$=1.3MPa$)

(23) $n=0.7$

代入下式计算 θ''_{F}

$$\begin{aligned}\theta''_{F}&=k[Bo(1/a_{s}+m)]^{p}\\&=0.6711[0.542(1/0.502+0.150)]^{0.2144}\\&=0.6711\times1.1567^{0.2144}=0.692\end{aligned}$$

(24) $T''_{F}=\theta''_{F}T_{a}=0.692\times1820.4=1260(K)$

$$\theta''_{F}=T''_{F}-273=987(℃)\quad 与原值相差不大$$

(25) $I''_{F}=11680.2(kJ/kg)$(查焓温表得)

(26) $Q_{r}=\varphi(Q_{a}-I''_{F})=0.979(19185.9-11680.2)=7348.1(kJ/kg)$

$Q=B_{cal}Q_{r}=0.538\times7348.1=3953(kW)$

(27) 受热面热负荷

$$q=Q/H_{r}=3953\times10^{3}/37.97=104.1\times10^{3}(W/m^{2})$$

5.4 流化床锅炉炉膛传热计算

5.4.1 鼓泡流化床的炉膛传热计算

鼓泡流化床是第一代流化床,炉膛由密相区(又称沸腾层)和悬浮室构成。鼓泡流化床锅炉主要是容量在 4～35t/h 的工业锅炉,其结构特征是通常在密相区带有埋管受热面(见图 5.3),因此其炉膛传热计算需要进行料层对埋管的传热计算。鼓泡流化床锅炉的炉膛传热计算分为两部分:沸腾层的传热计算和悬浮室的传热计算。

沸腾层的传热计算,主要是流态化的料层对埋管的传热计算,根据其目的不同也分为设计计算和校核计算:①设计计算的目的是根据所燃用的煤质资料和锅炉参数,选择流化速度(也称沸腾速度)和料层高度(即溢流口下沿的高度),确定布风板面积,依据选定的

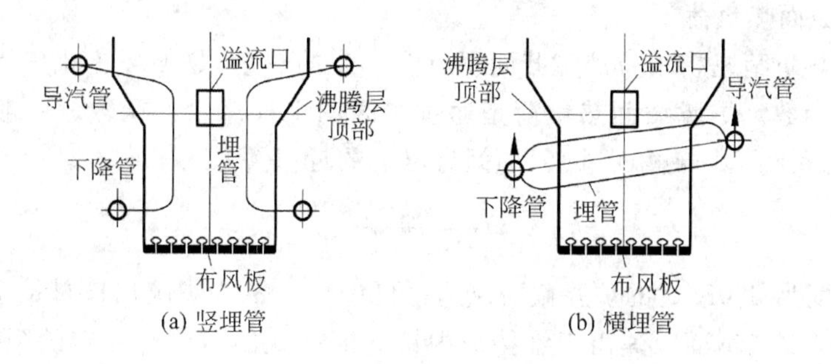

图 5.3　带埋管的鼓泡流化床密相区

料层温度求取埋管的面积,同时进行埋管的布置；②校核计算的目的是按照已有的埋管受热面面积和结构布置方式,根据煤质资料和锅炉参数,计算料层温度。

悬浮室的传热计算的基本方程与层燃炉的燃尽室相同,悬浮室的系统黑度也按照层燃炉系统黑度的方法计算。鼓泡流化床锅炉尾部受热面的传热计算方法也采用层燃炉的计算方法。

鉴于鼓泡流化床锅炉基本上属于淘汰的产品,目前已经很少生产了,现在大部分都采用循环流化床锅炉,所以本书不打算系统介绍鼓泡流化床锅炉的详细传热计算方法,有兴趣的读者可以参考国家原机械工业部的标准《层状燃烧及沸腾燃烧工业锅炉热力计算方法》(JB/DQ 1060—82)。

5.4.2　循环流化床锅炉的炉膛结构与特点

循环流化床锅炉的炉膛传热由于发生了物料的循环,因而存在能量平衡、质量平衡和压力平衡的问题,其复杂程度要显著大于烟气中物料一次性通过炉膛的层燃炉和室燃炉,也大于鼓泡流化床。由于总体技术的成熟度不够,目前还存在多个循环床锅炉的结构形式,尚无统一、公认的成熟的循环床锅炉的炉膛传热计算方法,本书除了第 4 章介绍了两相流传热的基本原理、算法,本节还要介绍循环床炉膛内的基本过程及与传热的关系。原则上,依据本书的内容,结合特定炉型的实验和工业数据,就可以进行循环床的炉内传热计算了。详细的计算方法不做介绍。

在循环床锅炉中,炉膛既是化学反应(燃烧和脱硫)容器,也是气固两相向工质传热的换热器,同时还是气固两相循环输运的回路。这是循环床锅炉炉膛的基本特点。

1. 基本概念

(1) 燃烧温度

典型循环流化床锅炉炉膛的运行温度为 850℃左右,燃烧温度通常维持在 800～900℃范围内。

(2) 炉膛截面热负荷

炉膛截面热负荷是指单位炉膛截面积所能产生的热量,是循环流化床锅炉设计中一个非常重要的参数。炉膛截面热负荷是通过炉膛的空气流量的函数。一般对于化石燃料,炉膛截面热负荷 Q_F 与截面风速 U_0 间有以下的近似关系:

$$Q_F = \frac{3.3U_0}{\alpha''_F} \tag{5.59}$$

式中,U_0 是温度为 300K 时的炉膛截面风速,单位 m/s;α''_F 为炉膛出口过量空气系数;Q_F 的单位是 MW/m^2。截面风速由于维持炉内快速流态化的需要有一定的限制,典型循环床锅炉的炉膛出口过量空气系数为 1.2,850℃时的截面风速为 5～6m/s,这样炉膛截面热负荷就在 3.6～4.4MW/m^2 范围内。

在循环床锅炉设计中炉膛容积热负荷不经常使用,这是因为炉膛高度是由炉膛受热面布置的需要所决定的,在循环床锅炉设计中还必须考虑其他因素。

(3) 燃料的影响

对任何锅炉的设计和运行,燃料的影响都是决定性的,CFBB 也不例外。初步设计时需要知道燃料的热值、工业分析和元素分析数据。燃料的热值和锅炉出力、效率决定了燃料给料量,燃料的工业分析则决定了旋风分离器和尾部烟道等部件的设计,也在一定程度上影响锅炉的配风。燃料的反应特性好会提高燃烧效率,燃料颗粒较粗或不易破碎也会提高燃烧效率。

不加脱硫剂的锅炉中床料平均粒度受燃料成灰特性的影响很大,而床料平均粒度决定了炉内的流体动力特性和传热特性。燃料特性对循环床锅炉设计和运行影响的进一步分析,见表 5.4。

表 5.4　煤种特性对循环流化床锅炉设计和性能的影响

煤种特性	设计参数	性能
易碎性	分离器分级效率	锅炉效率,碳粒的携带
反应活性	气流分布	锅炉效率,碳粒的携带,CO 排放
固有灰与外部灰之比	灰的排放、灰的分配,受热面设计	灰携带、床内排放,飞灰除尘器的负荷
灰化学反应性	灰的排放,尾部烟道流通面积,受热面设计	床内结团,管道结渣
水分	吸热量,分离器和下游设备的容量,尺寸	热效率、过量空气系数
热值、含硫量	尺寸要求,脱硫剂处理设备	容量,热效率,排放,床内排渣要求

2. **热量平衡**

在循环流化床锅炉中,燃料在炉膛内燃烧,燃烧产生的热量一部分由高温烟气带至尾部受热面,但由于高温烟气不可能带走全部燃烧放热,所以必须在固体颗粒循环回路中布置受热面,受热面的不同布置形式就决定了循环流化床的热量分配。

不同形式的循环流化床锅炉有不同的热量分配。文献[33]提供了一个实例,图 5.4 是采用 Lurgi 技术的某一台循环流化床锅炉的热量分配图。从图中可以看出,燃烧室内的蒸发受热面吸热 48MW,流化床换热器吸热为 88MW,尾部受热面吸热 73MW,流化床密相区唯一的冷却介质为冷的回灰,返回流化床燃烧室内的灰温约为 400℃,加热至 850℃几乎需要 90MW 的热量。

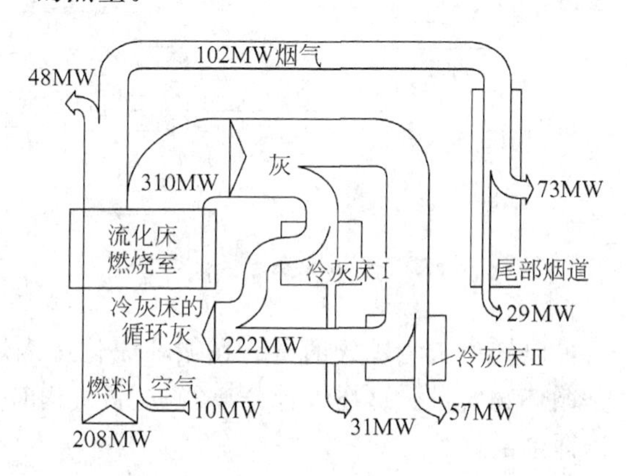

图 5.4　循环床锅炉的负荷分配示例

上面的例子是循环流化床锅炉受热面吸热量的分配。锅炉的热平衡计算可采用锅炉热力计算标准中的方法计算,但在采用炉内脱硫的循环流化床锅炉中,应计入脱硫剂在煅烧及脱硫反应时的热效应。

3. **质量平衡**

在循环流化床运行中必须保持固体物料的平衡。送入循环流化床的固体物料主要是燃料和脱硫剂(有些炉型还有补充床料),燃料中燃尽部分的 C、H、O、N、S 和全部水分会转化成气体,其余的固体物料(主要是灰分,还有部分未燃尽碳)应在不同的部位排放以维持炉内物料的平衡。循环流化床锅炉有两个基本的出灰口:一个是尾部的出灰口,一个是流化床的排渣口,一般情况下返料机构(或外置式流化床换热器)下也应排走一部分灰,另外在对流竖井下的转弯烟道也有可能需排走一部分飞灰。

文献[33]还提供了一个质量平衡的例子,图 5.5 是德国某电厂 95.8MW 循环流化床锅炉的出灰流程图,图中标明了 100%负荷时的灰平衡数据。从图中可以看出,系统中有四个出灰口,即炉膛、外置式流化床换热器、对流竖井和电除尘器。

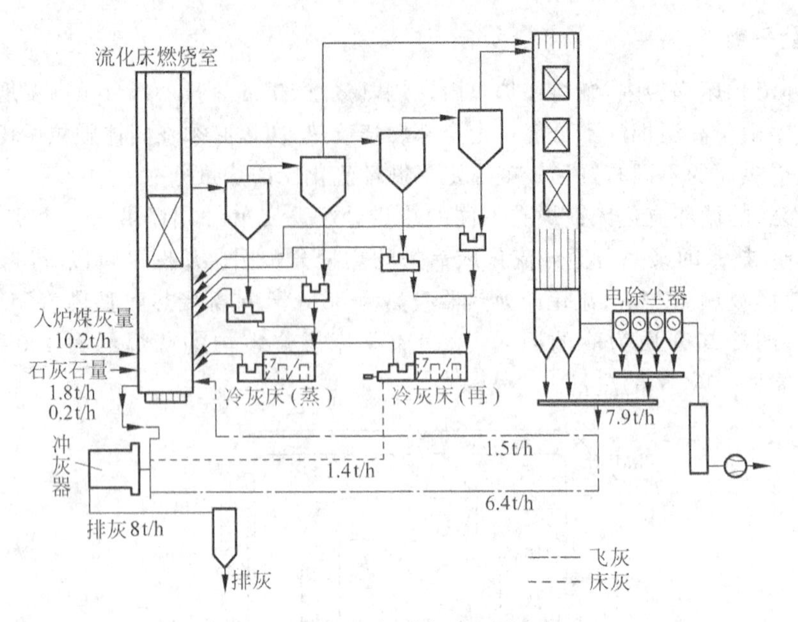

图 5.5　灰平衡示意图

根据上述物料平衡,可以知道灰渣排放的量。在循环流化床锅炉中还有一个非常重要的物料平衡参数,就是循环物料量。这在设计分离器、返料机构时是一个非常重要的参数,在物料平衡时应予以详细的计算。

5.4.3　循环流化床锅炉炉膛传热计算

1) 基本计算方法

通过第 4 章的介绍,了解了循环流化床锅炉的炉膛内的传热计算方法和公式,其基本计算流程如下:

(1) 根据锅炉采用的燃料和锅炉参数,进行空气平衡计算、烟气成分计算、烟气焓温表计算和热平衡计算,得到锅炉热力计算所需的基本数据,这一部分与其他炉型基本上是相同的,不同的是由于物料循环带来的质量平衡和热量平衡的差异。

(2) 对炉膛进行结构计算,获得结构数据,这部分计算要包括炉膛内所有受热面。

(3) 假定炉膛出口烟温进行传热计算,循环流化床锅炉炉膛传热量

$$Q = \varphi B_{\rm cal}\left(Q_{\rm ar,net,p}\frac{100-q_{\rm ug}-q_{\rm uc}-q_{\rm ph}}{100-q_{\rm uc}}+Q_{\rm air}+I_{\rm cc}-I''_{\rm F}\right) \tag{5.60}$$

式中,$Q_{\rm air}$是空气焓值,

$$Q_{\rm air}=(\alpha''_{\rm F}-\Delta\alpha_{\rm F})I^0_{\rm ha}+\Delta\alpha_{\rm F}I^0_{\rm ca} \tag{5.61}$$

$I_{\rm cc}$为回料器及冷渣器返回风带入的热量;$I''_{\rm F}$为炉膛出口烟气焓。

一般情况下，循环床炉膛下部是敷设了耐火材料的密相区，中部是光管水冷壁，上部是悬挂受热面（如屏式过热器、屏式再热器、蒸发屏，甚至还有省煤器等），低负荷时原则上要分成三部分计算，即假定每一段的出口烟温，设定每一段的燃烧份额，并在计算结束时用热平衡方法校核每一段的假定烟温是否正确。

正常100%负荷时由于高的内外物料循环倍率影响，全炉膛温度基本一致。低负荷时炉内物料流率显著降低，趋向于鼓泡床，故床层温度显著高于炉膛出口温度。这时为了求得床层温度，就得进行分段计算，进行密相区传热计算。为了求得炉膛出口温度，仍可以进行全炉膛计算。

(4) 对炉膛内所有受热面的吸热量进行热平衡校核，若计算得出的吸热量与热平衡计算的吸热量偏差较大（如5%以上），需重新进行计算。

2) 循环床炉膛传热计算的说明

循环流化床与鼓泡床不同，密相区与稀相区的界限模糊，故其定义说法不一。一般静止状态下的床层高度在0.5～0.8m范围内，流化状态下的床层高度是静止状态下的2～2.8倍，故流化状态下的床层高度在1.0～2.24m范围内。此数值变化范围较大，而且是流动状态，故建议以下二次风中心截面为界，布风板以上到下二次风中心截面为密相区；下二次风中心到上二次风中心为过渡区；上二次风中心到炉膛出口为稀相区。

对于密相区，由于没有埋管，而且水冷壁均敷有耐火耐磨层，故此区传给水冷壁的热量很小，而由物料带出去的热量却很大。

这个区域的计算比较简单，主要热阻是耐火层产生的。这个区域的物料质量浓度很高，从密相区界面上飞出的浓度和由边壁区下降的浓度都很大。

密相区出口飞灰浓度计算属于校核计算，即已知密相区出口烟温反求传热过程。为此需预先给出密相区的燃烧份额δ、下降物料量与上升物料量之比值m以及上升物料温度与下降物料的温度及温差。

计算方法如下：

输入密相区的热量Q_{db}，则

$$Q_{db}=\varphi B_{cal}\delta\left[Q_{ar,net,p}\frac{100-q_{ug}-q_{uc}-q_{ph}}{100-q_{uc}}+Q_{air}-I_s-I''_{db}-(I''_{ash}-I'_{ash})\right] \tag{5.62}$$

式中，δ是密相区的燃烧率，不超过一次风率，并考虑有部分二次风参与，一般对于烟煤取$\delta=0.5$，对于贫煤取$\delta=0.45\sim0.47$；φ是保热系数，可取0.995；B_{cal}是计算燃料消耗量；一般地，锅炉各项热损失要依据特定煤种、特定炉型的工业数据，在缺乏工业数据时可取$q_{ug}=0.5\%$，$q_{uc}=3\%$，$q_{ph}=0.3\%$；Q_{air}是热空气带入的热量；I_s为热渣带走的热焓；I''_{db}是已知的密相区出口烟气焓；I'_{ash}是进口物料焓；I''_{ash}是出口物料焓。

传给密相区水冷壁受热面的热量Q

$$Q=h_{db}A_{db}\Delta t \tag{5.63}$$

式中，h_{db}是密相区传热系数，在无法精确计算时一般可取 $h_{db}=250\text{W}/(\text{m}\cdot℃)$；$A_{db}$是敷设耐火耐磨材料的密相区受热面积；$\Delta t$ 是密相区烟气与工质的温差，单位℃。

热渣带出的热焓

$$I_s = \alpha_s T_s V_s c_s \tag{5.64}$$

式中，α_s 是排渣份额；T_s 是排渣温度；V_s 是每千克燃料排渣量，单位 kg/kg；c_s 是渣的比热容。

改写式(5.62)如下：

$$I''_{ash}-I'_{ash}=\frac{\varphi B_{cal}\delta\left(Q_{ar,net,p}\dfrac{100-q_{ug}-q_{uc}-q_{ph}}{100-q_{uc}}+Q_{air}-I_s-I''_{db}\right)-Q}{\varphi B_{cal}\delta} \tag{5.65}$$

式(5.65)左边为物料出口焓减去物料进口焓之差，其计算如下：

$$I''_{ash}-I'_{ash}=V_{up}cT_1-V_{down}cT_2 \tag{5.66}$$

式中，V_{up}、V_{down}是上升与下降的物料质量；c 是物料比热容；T_1、T_2 是上升与下降的物料温度。

设 m 为下降的灰量 V_{down}与上升的灰量 V_{up}之比，即 $m=\dfrac{V_{down}}{V_{up}}$，则式(5.66)可改写为

$$I''_{ash}-I'_{ash}=V_{up}cT_1-V_{up}cmT_2=V_{up}c(T_1-mT_2) \tag{5.67}$$

将式(5.67)代入式(5.65)，可得

$$V_{up}=\frac{\varphi B_{cal}\delta\left(Q_{ar,net,p}\dfrac{100-q_{ug}-q_{uc}-q_{ph}}{100-q_{uc}}+Q_{air}-I''_{db}\right)-Q_1}{\varphi B_{cal}\delta c(T_1-mT_2)} \tag{5.68}$$

根据实验研究，下降灰量与上升灰量之比 m 可取为 0.97。

灰携带率

$$a_{ash}=\frac{V_{up}}{G_g} \tag{5.69}$$

由此可求出灰浓度

$$C_{ash}=a_{fa}\rho_{TF} \tag{5.70}$$

式中，ρ_{TF}是炉膛温度状态下的烟气密度。

从以上计算可看出，密相区燃料燃烧放出的热量大部分被物料带入到稀相区。另外可看出，计算得出的灰焓值($I''_{ash}-I'_{ash}$)是较为确切的。影响该焓值的主要参数是上升与下降物料的量差、温差和飞灰量 V_{fa}。如能确切知道上下物料量差及温差，则可确切算出灰浓度 C_{ash}。

以上所做的是校核计算，即假定已知密相区出口烟温 T_1，求出物料质量浓度 C_{ash}。反过来已知物料质量浓度 C_{ash}及其他参数则可求出密相区出口烟温 T_1。

5.5　尾部受热面传热计算

前面系统介绍了锅炉的炉膛传热计算。作为炉内传热的另一部分，我们需要了解尾部受热面(又称对流受热面)的传热计算方法。对流受热面是指布置在锅炉烟道中受热烟气直接冲刷以对流传热方式为主的那一部分受热面，如锅炉管束或烟管、过热器、省煤器、空气预热器等。这些受热面尽管在构造、布置以及工质和烟气的热工参数等方面有很大差别，但其传热过程相似，传热计算可按同样的方式进行。

对流传热计算的任务是在已知要求传递的热量时，确定所需的受热面，或在已知受热面时，确定传递的热量。在实际计算时，通常是先把受热面布置好，再进行传热计算，按传热方程计算的传热量与热平衡方程的传热量比较，两者相差应不大于±2%。

5.5.1　基本传热方程

对流受热面的传热量 Q 与受热面 A 和冷、热流体间的温压 Δt 成正比，其传热方程为

$$Q = K\Delta tA \tag{5.71}$$

比例系数 K 为传热系数，是反映传热过程强弱的指标，表示温压为1℃时，每平方米受热面积传热量的大小。传热系数愈大，传热过程愈强，反之就愈弱。

在计算时，通常以每千克燃料为基础，则传热方程为

$$Q_c = \frac{K\Delta tA}{B_{cal}} \tag{5.71a}$$

式中，Q_c 表示所计算的对流受热面相对于每千克燃料由烟气传递给工质的热量。

单位受热面积的传热量

$$q = \frac{Q}{A} = K\Delta t \tag{5.72}$$

称为受热面热负荷或热流密度。

烟气在管外冲刷受热面时，受热面积均按管子外侧(烟气侧)表面积计算；烟气在管内流通的烟管，受热面按管子内径计算；管式空气预热器的受热面积按烟气侧与空气侧的平均表面积计算。

在热平衡方程式中，烟气放出的热量等于水、蒸汽或空气吸收的热量。

烟气对工质的放热量为

$$Q_c = \varphi(I'_g - I''_g + \Delta\alpha I^0_{air}) \tag{5.73}$$

式中，φ 是保热系数；I'_g、I''_g是受热面入口和出口处的烟气焓；$\Delta\alpha$ 是漏风系数，按经验数据取用；I^0_{air}是空气焓。对空气预热器，按空气平均温度计算；对其他受热面，按冷空气温度计算。

工质吸热量按下式计算

$$Q_c = \frac{D}{B_{cal}}(i'' - i') - Q_{r,F} \tag{5.74}$$

式中，D 是工质流量；i'、i''是工质进口及出口焓；$Q_{r,F}$是受热面接受来自炉膛的辐射热量。

当炉膛出口布置凝渣管束或锅炉管束时，如管子排数等于或多于5排，则炉膛出口烟窗的辐射量可认为全部被管束吸收，当管子排数较少时，则部分热量穿过管束为其后部的受热面所吸收，此时管束吸收的炉膛辐射热量为

$$Q_{r,F} = \frac{\varphi_{ct} y q_r A''_E}{B_{cal}} \tag{5.75}$$

式中，q_r 是炉膛受热面的平均热负荷，由炉膛热力计算中得出；A''_E是炉膛出口烟窗面积；y 是炉膛受热面热负荷分布不均匀系数，当出口窗在炉膛上部时，$y=0.6$，当出口窗在炉墙一侧时，$y=0.8$；φ_{ct}是管束的角系数。

空气预热器中空气的吸热量为

$$Q_{aph} = \left(\beta''_{aph} + \frac{\Delta\alpha_{aph}}{2}\right)(I^{0''}_{aph} - I^{0'}_{aph}) \tag{5.76}$$

式中，β''_{aph}是空气预热器出口过量空气系数，可按下式计算，

$$\beta''_{aph} = \alpha''_F - \Delta\alpha_F \tag{5.77}$$

$\Delta\alpha_{aph}$是空气预热器空气侧漏风系数；$I^{0''}_{aph}$、$I^{0'}_{aph}$是空气预热器出口及进口处的理论空气焓。

5.5.2 传热系数

锅炉对流受热面的传热过程是用热烟气来加热水、蒸汽及空气，而热烟气与被加热的工质分别在受热面的两侧互不相混，热量从热烟气穿过管壁传给被加热的工质。因此，传热过程是由三个串联的换热环节所组成：

(1) 热烟气对外壁面的放热；

(2) 从外壁面穿过管壁到内壁面的导热；

(3) 内壁面对管内流体的放热。

由传热学知，热量的传递有三种基本方式：导热、对流放热和热辐射。实际传热过程常常是三种基本传热方式同时出现，因而是比较复杂的。在锅炉对流受热面中，热烟气对管外壁的放热，一般由对流放热和热辐射组成；管外壁到内壁为导热过程；内壁对工质的放热为对流放热过程。因此，一般的传热过程可表示为

$$\text{热烟气} \xrightarrow{\text{对流+辐射}} \text{外壁} \xrightarrow{\text{导热}} \text{内壁} \xrightarrow{\text{对流放热}} \text{工质}$$

对流放热的传热量可用下式表示

$$Q = h_c A \Delta t \tag{5.78}$$

式中，h_c 为对流放热系数。

辐射放热的传热量可用下式表示

$$Q = h_r A \Delta t \tag{5.79}$$

式中，h_r 是辐射放热系数。

导热过程的传热量用下式表示

$$Q = \frac{\lambda}{\delta} A \Delta t \tag{5.80}$$

式中，λ 是管壁的导热系数；δ 是管壁厚度。

上述传热过程的传热量可用下列各式表示：

(1) 热烟气通过对流和辐射传给管外壁的热量

$$Q_1 = (h_c + h_r) A (t_1 - t_{os}) = h_1 A (t_1 - t_{os}) \tag{5.81}$$

(2) 管外壁通过导热传给内壁的热量

$$Q_w = \frac{\lambda}{\delta} A (t_{os} - t_{is}) \tag{5.82}$$

(3) 管内壁通过对流传给工质的热量

$$Q_2 = h_2 A (t_{is} - t_2) \tag{5.83}$$

上述三个式子中，h_1 是烟气侧对流放热系数；h_2 是工质侧对流放热系数；t_1、t_2 是分别为烟气和工质温度；t_{os}、t_{is}是分别为管子外壁和内壁温度。

根据能量守恒原理，在稳定传热过程中，每个串联环节传递的热量应是相等的，即

$$Q_1 = Q_w = Q_2 = Q \tag{5.84}$$

如果受热圆管简化成平壁，即近似地认为管子内外壁的表面积相等，则三个环节的热负荷相等，即

$$q_1 = q_w = q_2 = q \tag{5.85}$$

将式(5.81)～式(5.83)改写成温差的表达式，得

$$\left.\begin{aligned} t_1 - t_{os} &= q\,\frac{1}{h_1} \\ t_{os} - t_{is} &= q\,\frac{\delta}{\lambda} \\ t_{is} - t_2 &= q\,\frac{1}{h_2} \end{aligned}\right\} \tag{5.86}$$

将上边三式相加，则得

$$t_1 - t_2 = q\left(\frac{1}{h_1} + \frac{\delta}{\lambda} + \frac{1}{h_2}\right) = qR \tag{5.87}$$

式中，R 称为传热过程的总热阻，等于各串联环节的分热阻之和，说明串联过程的热阻可用叠加法处理。

将式(5.87)表示成热负荷的形式

$$q = \frac{t_1 - t_2}{\left(\frac{1}{h_1} + \frac{\delta}{\lambda} + \frac{1}{h_2}\right)} \tag{5.88}$$

将式(5.88)与传热基本方程式(5.72)相对比,可得传热系数为

$$K = \frac{1}{\left(\frac{1}{h_1} + \frac{\delta}{\lambda} + \frac{1}{h_2}\right)} \tag{5.89}$$

总热阻为

$$R = \frac{1}{K} = \frac{1}{h_1} + \frac{\delta}{\lambda} + \frac{1}{h_2} \tag{5.90}$$

在实际传热过程中,在管子外壁积有灰垢,在管子内壁积有水垢,根据热阻叠加原则,传热过程的总热阻为

$$R = \frac{1}{h_1} + \frac{\delta_a}{\lambda_a} + \frac{\delta_w}{\lambda_w} + \frac{\delta'}{\lambda'} + \frac{1}{h_2} \tag{5.91}$$

式中,$\frac{\delta_a}{\lambda_a}$、$\frac{\delta_w}{\lambda_w}$、$\frac{\delta'}{\lambda'}$分别为灰垢层、管壁和水垢层的热阻。

由此得出传热系数的一般表示式为

$$K = \frac{1}{\frac{1}{h_1} + \frac{\delta_a}{\lambda_a} + \frac{\delta_w}{\lambda_w} + \frac{\delta'}{\lambda'} + \frac{1}{h_2}} \tag{5.92}$$

关于积灰对传热的影响,第 6 章专题介绍。

5.6 锅炉热力计算

无论是电站锅炉还是工业炉,炉内传热都不仅仅是指有燃烧行为的炉膛的传热,而是包括了燃烧室以后烟气的流动冷却过程。对锅炉而言,完整的锅炉热力计算都属于炉内传热计算的范围。本节以室燃炉为例,介绍锅炉的热力计算,并说明层燃炉、流化床与室燃炉的异同。

为说明问题,首先扼要介绍锅炉受热面的基本概念,以利于理解附录的锅炉热力计算过程。

5.6.1 锅炉受热面的基本概念

1. 锅炉本体的基本要求

锅炉的作用是将燃料燃烧产生的热量通过受热面传递给工质,将低温工质加热成高温工质,如把水加热成蒸汽。在锅炉内进行着燃烧、传热、通风、水循环和汽水分离等一系

列工作过程。锅炉本体的设计即锅炉受热面的设计。锅炉本体通常由炉膛、对流受热面、锅筒及构架和炉墙等组成，对于直流锅炉则没有锅筒。

锅炉设计计算包括热力计算、水循环计算、强度计算、烟风阻力计算、管壁温度计算等，其中热力计算是锅炉设计最主要的计算，其任务和目的就是根据给定的燃料特性、给水温度和其他技术条件，以及预期达到的额定蒸发量、蒸汽参数和各项技术经济指标，确定锅炉各受热面所必须的结构尺寸，同时为其他各种计算提供原始数据。热力计算是整个锅炉设计的基础和所有其他计算的主要依据，对锅炉性能有决定性影响。

受热面的合理布置和结构，不论对于新设计的锅炉还是改造原有的锅炉，都是最主要的问题之一。它直接关系到能否达到设计或改造所要求的热工参数，也影响到锅炉在制造、安装、运行和维修过程中的安全性和经济性，因此必须精心而慎重地进行设计。

锅炉受热面按换热方式不同，可分辐射受热面和对流受热面两类。辐射受热面是指布置在锅炉炉膛内吸收辐射热的那部分受热面，如大型锅炉的水冷壁和小型锅炉的炉胆、锅筒受热部分等。对流受热面是受热烟气直接冲刷吸收对流换热的受热面，如电站锅炉的过热器、再热器、省煤器、空预器，以及工业锅炉的锅炉管束、锅炉烟管、省煤器、空预器等。

2. 炉膛及水冷壁的设计与布置

自然循环锅炉的水冷壁管是垂直布置在炉膛四周的壁面上。管子下端引出炉墙与下集箱相连，下集箱通过下降管与锅筒的水空间相连；管子上端可直接与锅筒连接，或接到上集箱，经导汽管与锅筒相接，从而构成了水冷壁的水循环系统。水冷壁管通常采用锅炉无缝钢管，有光管和鳍片管两种，如图5.6所示，在工业锅炉中常常采用光管水冷壁。对于电站锅炉，为减轻炉墙重量，常采用鳍片管，组成膜式水冷壁。膜式壁的优点是对炉墙的保护很彻底，炉墙温度大为降低，炉墙厚度和重量可以减少很多；同时炉膛的密封性很好，可减少炉膛漏风，提高锅炉效率。

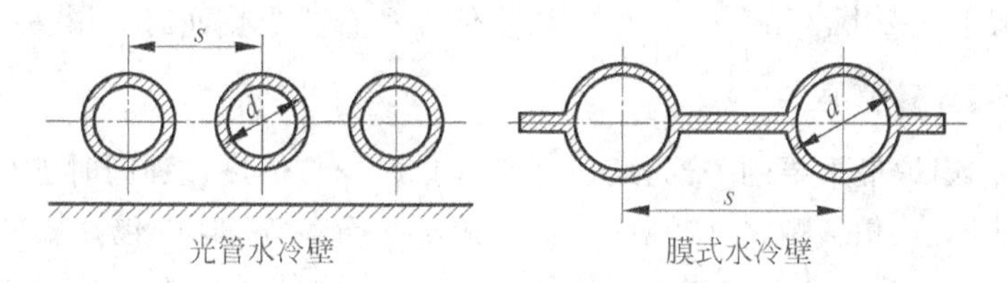

图5.6　水冷壁

水冷壁管之间的节距 s 应从保护炉墙和节省金属消耗量来考虑。从传热角度看，水冷壁管不宜布置过密，以节省金属耗量。水冷壁设计还必须注意它的膨胀问题。大型锅炉一般采用悬吊结构，水冷壁一般都是上部固定，下部能自由膨胀；小型锅炉大多采用支撑结构，下部固定，向上膨胀。

3. 尾部受热面的设计与布置

烟气冲刷管束的方式有横向冲刷和纵向冲刷两种，横向冲刷的传热效果要比纵向冲刷的效果好得多。因此在设计布置对流受热面时，要尽可能采用横向冲刷，使烟气横向流过锅炉管束。应该注意的是，纵向冲刷允许较高的烟气流速，不过其传热效果仍比横向的差。

管子排列方式有错列布置和顺列布置两种，一般错列布置的放热系数比顺列布置的大 5%～6%左右，因此错列布置对传热较为有利，但是对于燃用易结渣煤种的锅炉和垃圾锅炉、生物质锅炉，为避免结渣和积灰，尽量不采用错列布置。

设计布置对流受热面时，合理选择烟气流速非常重要。提高烟速，可使传热增强，节省受热面，但使通风阻力增加，运行费用增大。烟气流速过小，将使受热面积灰严重，影响传热。烟气流速过大，又要引起受热面磨损严重。一般对于水管锅炉，燃煤时其烟气流速最小不得小于 6m/s，通常 10m/s 左右，油、气炉则可稍高。

此外，在设计布置时，还要尽量使受热面受到良好的冲刷，避免死滞区，以提高受热面的利用系数。

对流换热量的大小还与温压的大小成比例。一般小型锅炉对流管束布置在炉膛出口的烟道中，当烟气流过受热面时，热量逐步被工质吸收，烟温随着降低；而工质温度为饱和温度，保持不变，因此烟气温度降到 350℃以下时，将使温差大大减小，再增加对流蒸发受热面，吸热效果不大，而金属耗量增大。此时，如要进一步降低烟气温度，则采用省煤器或空气预热器更为合理。

在炉子出口烟气温度较高的锅炉中，为防止结渣，在炉子出口处应布置几排大节距的防渣管束(即凝渣管)，其横向节距要求 $s_1/d \geqslant 4.5$，纵向节距 $s_2/d \geqslant 3.5$，同时要求横向及对角向间的管子间距不小于 250mm。

根据统计，对流蒸发受热面的平均蒸发率，对于燃煤炉，大约为 10～15kg/(m² · h)，油、气炉大约为 15～20kg/(m² · h)，可在初步估算和布置受热面时取用。

4. 炉内传热计算概要

炉膛是蒸汽锅炉最重要的一部分。在炉膛内，燃烧与传热过程同时进行，参与燃烧和传热过程的各因素互相影响，使炉膛内发生的过程十分复杂，其中包括燃料的燃烧、火焰对水冷壁的传热、火焰与烟气的流动与传质、水冷壁表面的污染等一系列物理化学过程。炉膛传热计算的任务是要确定炉膛受热面的吸热量及炉膛出口烟温。

对室燃炉和层燃炉而言，进入炉膛的燃料与空气混合着火燃烧后生成高温的火焰与烟气，通过辐射传热把热量传给四周水冷壁管，到炉膛出口处，烟气温度冷却到某一数值，然后进入对流烟道。炉膛传热过程与诸多因素有关。在一定条件下，炉膛辐射受热面积愈大，则传热量愈多，炉膛出口烟温就愈低；反之，炉内辐射受热面积愈小，则传热量愈少，炉膛出口烟温就愈高。炉膛设计的任务是在选定了炉膛出口烟温时，确定需要布置多少受热面积；或是在布置了炉内辐射受热面后，校核炉膛出口烟温是否合理。

在布置炉膛辐射受热面时，首先要确定炉膛的尺寸，一般是根据不同的煤种和燃烧方式选择热负荷，根据热负荷确定炉膛容积。例如层燃炉需选择炉排燃烧面积热负荷 q_R 及炉膛容积热负荷 q_V，根据选用的 q_R、q_V，即可估算出炉膛容积和炉排面积。室燃炉则需选定截面热负荷 q_A、容积热负荷 q_V，可算出炉膛截面积和容积。

炉膛出口烟温是一个十分重要的数据，它是反映炉膛吸热量多少的参数，决定着锅炉中辐射受热面及对流受热面之间的吸热量比例。炉膛吸热量多，出口温度低；吸热量少，出口温度高。炉膛出口烟温过低，将使炉膛中火焰平均温度太低，辐射传热效果降低，在经济上不合算，并且对燃烧不利，造成气体不完全燃烧损失和固体不完全燃烧损失增大，甚至使燃料的着火及燃烧的稳定性发生困难。炉膛出口烟温过高，将引起对流受热面结渣，影响锅炉工作的可靠性。

由于炉膛传热过程的复杂性，至今还不能完全用纯理论来解决，而是根据大量的试验数据，给出经验和半经验的传热计算公式，这些内容在前几节已经详细介绍了。

对流受热面的传热计算，尽管受热面的结构形式多种多样，但基本上只涉及传热、流动的问题，没有化学反应，而且是在一个贯流式的通道结构中进行，所以其传热计算较为简单，各级受热面的传热计算比较类似，5.4 节已作了介绍，更详细的算法可以参照锅炉机组热力计算方法。

5.6.2 锅炉热力计算方法及实例

1. 锅炉热力计算方法

锅炉设计工作是产品生产的第一道重要工序，设计好坏对产品的性能和质量有着决定性的影响。在设计工作中必须全面贯彻“体积小、重量轻、结构简单、使用方便、效率高、质量好”的原则。在设计布置一台新锅炉时，要先确定锅炉的形式，决定各个部件的构造及尺寸，在保证安全可靠的基础上，力求技术先进，节约金属量，制造安装简便，并有高的热效率，以节约燃料消耗。在进行设计工作时，必须进行广泛深入的调查研究，综合运用有关的理论，以及工艺与运行方面的实践知识，进行各种技术方案的运算和比较，其中最主要的一项计算就是整台锅炉的热力计算。在设计新锅炉时的热力计算，叫设计计算，其任务是根据给定的技术条件和预期达到的热工参数，选择和确定各部分受热面结构尺寸。

设计计算是在锅炉额定负荷下进行的，其热力计算的顺序如下：

(1) 原始数据的确定；

(2) 燃料燃烧时空气量、烟气量和焓的计算；

(3) 热平衡计算，确定各项热损失，计算锅炉效率和燃料消耗量；

(4) 按烟气流动方向各个部件,自炉膛到尾部受热面依次进行计算;

(5) 整个锅炉机组主要计算数据汇总表。

当锅炉的结构尺寸已经确定,而要计算其他非设计工况条件下的热力特性,如负荷变化、燃烧变化、给水温度变化等所进行的热力计算,称为校核计算。在计算时,先假定排烟温度 θ_{ex} 和热空气温度 t_{ha}(当用空气预热器时),然后求得排烟热损失、锅炉效率和燃料消耗量,再对各个受热面依次进行计算。手工计算时,如最后计算所得的排烟温度与原假定值相差不超过±10℃,热空气温度相差不超过±40℃,则可认为计算合格。采用计算机计算时,可以使偏差非常小,如±1℃。而后应以最后计算所得的排烟温度校准排烟热损失、锅炉效率和燃料消耗量,并根据最后所得的热空气温度校准辐射受热面的吸热量。最后用下式检查计算的误差:

$$\Delta Q = Q_a \eta - \left(\sum Q\right)\left(1 - \frac{q_{uc}}{100}\right) \tag{5.93}$$

式中,$\sum Q$ 为水冷壁、过热器、锅炉管束和省煤器的吸热量之和,用各部件热平衡方程式求得的热量代入。计算误差 ΔQ 不应超过入炉热量 Q_a 的±0.5%。

如果最后计算所得的排烟温度或热空气温度不符合上述规定的要求,应重新假定后再进行计算。此时如变动的燃料消耗量不超过原计算中的2%,则各对流受热面的传热系数可不必重新计算,只需修正各项温度及温压值。

2. 410t/h 煤粉锅炉热力计算实例

例 5.2 一台410t/h煤粉锅炉热力计算,参见附录E。

5.6.3 层燃炉、室燃炉和流化床热力计算的异同

1. 相同之处

三种炉型的锅炉,都以化石燃料为燃料(特种燃料锅炉不在此讨论),这些锅炉的结构和相应的计算有其相同、相似的一面,同时由于燃料制备方式不同、燃烧方式不同、结构不同,实际的工作过程和计算又有其差异性。由于燃油、燃气锅炉实质上都是室燃炉,简单明了,下面的比较和讨论都以燃煤锅炉为例。

(1) 要求相同

三种炉型的热力计算的目的、要求是基本相同的,都是为了设计新锅炉或者校核已有结构而进行热力计算,其结果都是锅炉性能的基本保证和后续工作的依据。

(2) 工作过程相似

三种炉型的锅炉工作过程类似,都是燃料首先进入燃烧室,在燃烧室中通过配入的空气完成燃烧同时吸收部分热量,烟气完成燃烧后进入对流式尾部受热面,然后离开锅炉。

（3）计算流程相似

三种炉型锅炉工作过程的类似，决定了它们的热力计算的基本流程是相似的，都要先进行空气平衡计算、烟气成分计算、焓温表计算和热平衡计算等预备计算，然后进行燃烧室（炉膛）的传热计算和尾部各级受热面的传热计算。

2. 不同之处

（1）燃烧室的计算不同

由于锅炉结构和燃烧方式不同，燃烧室的传热计算有很大的差异，这是本书的主要阐述内容，在此不再赘述。

（2）物料平衡方式不同

层燃炉的燃料粒度最大，燃料燃烧后大部分灰分以炉渣的形式直接从燃烧室下部排出，少量灰分以飞灰的形式通过尾部受热面后离开锅炉；固体燃料的室燃炉（煤粉炉）由于煤粉颗粒较细，绝大部分灰分以飞灰的形式通过尾部受热面后离开锅炉，只有很少的部分（一般不足10%）从燃烧室下部的冷灰斗排出；循环床锅炉的灰渣分布则介于二者之间。循环床锅炉由于在燃烧室和分离器、回料装置之间形成了物料循环，其结果是燃烧室内物料质量浓度远高于层燃炉和室燃炉，这个特性直接影响了燃烧过程和燃烧室的能量平衡方式，也就从根本上导致了炉膛传热计算的不同和热力计算的不同。

（3）能量平衡方式不同

层燃炉内燃料在燃烧设备（炉排）上停留时间较长，炉内温度较低且不均匀，燃烧中心较低；室燃炉的燃料及形成的飞灰一次性快速（一般是几秒钟的量级）通过燃烧室，燃烧中心较高；循环床锅炉则在整个燃烧室都有燃烧过程，即沿炉膛高度是有燃烧份额分布的，同时由于物料循环导致炉内物料质量浓度较高，炉内温度场很均匀，所以这三种锅炉的燃烧释热过程和能量平衡关系有所不同，从而使得计算方法有显著差异。

（4）积灰状况不同

由于物料平衡的方式不同和燃烧过程（尤其是温度）的差异，导致了三种锅炉的飞灰不仅在数量上有差异，而且飞灰性质也不同，对传热的影响也就不同，这是在计算中容易被忽视的问题。

（5）容量不同，复杂程度不同

在没有循环床锅炉时，层燃炉都是中小型锅炉（如130t/h以下），室燃炉是大中型锅炉（如220t/h）。目前，从容量上说，从小到大按照层燃炉、循环床、室燃炉的顺序排列，相邻的炉型容量上略有交叉、重叠。总体而言，层燃炉容量小，结构相对简单，计算的复杂程度和精度要求相对较低；室燃炉容量大（如2000～3000t/h），结构复杂，计算要求较高；循环床锅炉由于炉膛的能量平衡、物料平衡高度耦合，而且目前人们对循环床锅炉的规律认识还没有达到其他两种炉型的程度，所以其难度要大一些。

受热面积灰和结渣对传热的影响

炉膛壁面的积灰、结渣是一种普遍现象，积灰、结渣后使传热热阻增加，水冷壁的吸热量减少，导致锅炉出力下降，严重的结渣甚至影响锅炉的安全运行。因此，有必要研究灰渣的形成机理、影响因素和对炉内传热的影响。

6.1 受热面积灰、结渣的过程和特点

6.1.1 积灰与结渣

对于燃用固体燃料的锅炉，除了流化床锅炉炉膛壁面外，煤粉炉和层燃炉炉膛内受热面以及循环床炉膛悬挂受热面的积灰也是不可避免的。由于积灰或结渣，火焰对工质的传热热阻变大，这会减少受热面的吸热量，从而降低锅炉效率。

一般而言，积灰是指粘附在受热面上的疏松的灰粒。当悬浮在燃烧室空中的灰粒接触受热面时已经凝固，才能形成疏松的积灰。结渣是指粘附在受热面上的紧密的灰渣层。一般地，呈熔化或粘性状态的灰粒接触受热面，就形成结渣而非积灰。

灰渣层的形成通过以下几个途径形成：

(1) 水冷壁表面烟气边界层中飞灰最细微粒通过分子扩散、紊流扩散和布朗运动转移到边界底层。

(2) 烟气中的气相碱金属的硫酸盐、氯化物和氢氧化物凝结在水冷壁表面上。

(3) 比较大的粒子随烟气气流转移。

(4) 热电泳现象。

(5) 飞灰粒子与水冷壁间的静电现象。

(6) 软化和熔化态的粒子在水冷壁表面生成沉积层。

积灰和结渣既有明显的区别，也有紧密的联系。积灰现象，是指温度低于灰熔点时灰沉积物在受热面上的积聚，多发生在锅炉中低温区的对流受热面上。结渣现象，是指在受热面壁面上熔化了的灰沉积物的积聚，与因受各种力作用而迁移到壁面上的灰粒的成分、熔融温度及壁面

温度有关，多发生在高温区炉内辐射受热面上。严重的积灰或结渣会造成传热恶化，影响出力和水循环安全，更严重时甚至发生事故，是应该避免或排除的。

煤粉锅炉炉膛的结渣通常是熔融性结渣。它常与烟气所携带的熔化或粘性灰粒的迁移状况有关。当烟气冷却时，被高温火焰蒸发的物质会冷凝，使这些元素在炉膛壁面融渣上积聚，形成紧密的灰渣层。

锅炉受热面的结渣、积灰，不仅与燃料及其灰的熔点和成分有关，还与锅炉的设计参数有关，如燃烧器的布置方式、炉膛热负荷、炉膛出口烟温、过热器的布置位置、各部分的烟气流速和烟温、锅炉的蒸汽参数和管壁温度、受热面的排列节距和布置形式等。同时，受热面的结渣、积灰还受锅炉的运行工况影响，如负荷的变化、燃料的变化、炉内空气动力场及飞灰的多相流动特性、炉内的传热特性、吹灰器的布置及其吹扫频率、过量空气系数及燃烧过程的控制等。因此，锅炉受热面的结渣、积灰是一个多学科交叉、相互渗透的实际问题，它涉及到锅炉原理、燃料化学、多相流体力学、传热传质学、燃烧理论与技术、材料科学等诸多学科，本章只介绍与炉内传热有关的内容，有兴趣的读者可以参考相关的文献。

6.1.2　积灰与结渣的形成与特点

1. 积灰、结渣的类型

1）锅炉受热面积灰、结渣的形态

锅炉在实际运行中，只有当一部分灰粒表面的粘度足以使其附着在壁面上时才可能在炉膛壁面上产生结渣，首先在壁面上形成一层灰层，这一灰层不断地由受热面向炉膛内延伸，直至达到熔融相为止。图 6.1 示出了炉膛受热面上结渣的过程。

结渣过程与炉内流场组织、温度分布等密切相关。当炉内某部分烟气停滞或改变流向时，烟气流所携带的灰渣粒由于惯性作用可能就会部分地沉淀在炉墙上，如果炉墙温度很高，或是被分离的灰渣表面处于熔化状态，那么在炉墙上积聚一定数量后因重力向下流动，下落至人孔、观察孔或其他有漏风的测量孔附近等较冷的地方，并凝结成貌似钟乳石的渣瘤，见图 6.2。

对流受热面管束上典型积灰、结渣物形态示意图见图 6.3。在每根管的迎风面的背面，积灰的可能性最大。当烟气流过管束时，在管的背后出现了气流的停滞区，灰粒受惯性作用而沉积，往往形成渣拱和渣桥。在烟气温度较低时，锅炉管的沉积灰是细粒粉状物。

2）积灰、结渣的类型

积灰、结渣过程非常复杂，物理因素和化学因素交替相互作用，因此其类型也是多种多样，很难用统一模式加以辨别，但可以根据各种特性区分其类型，例如：

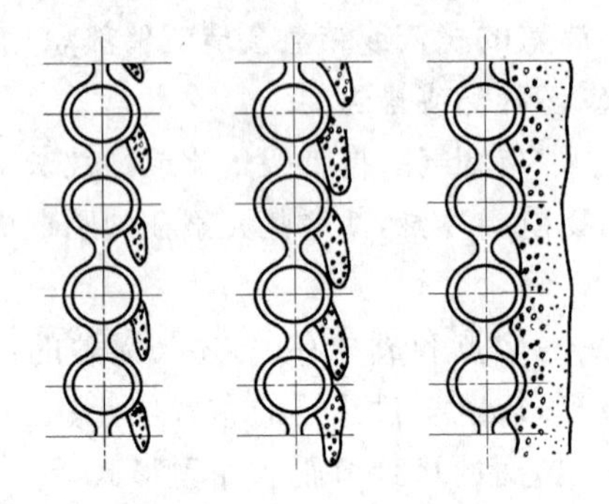

图 6.1　水冷壁结渣的进程

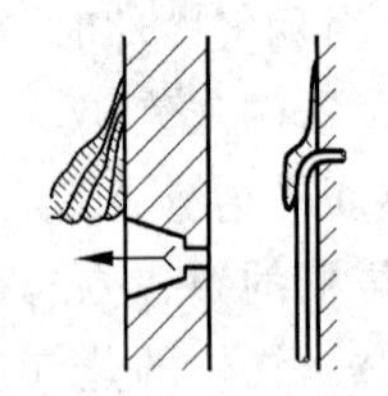

图 6.2　观察孔及引出管的渣瘤

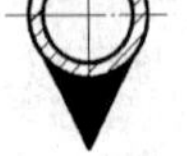

(a) 双侧楔形积灰

(b) 单侧楔形积灰

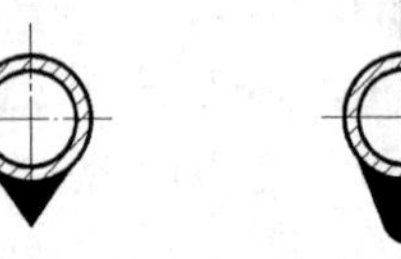

(c) 单侧熔变积灰

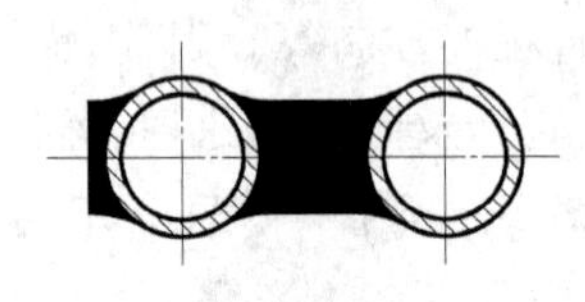

(d) 积灰搭桥

图 6.3　积灰的形态

(1) 根据灰粒温度范围划分，可将积灰、结渣分为熔渣、高温沉积和低温沉积三种：①当烟气温度高于 800℃时，灰粒温度达到了熔点，所形成的渣为熔渣；②当烟气温度为 600～800℃时，灰粒是固形的，形成的是高温沉积灰；③在烟气温度低于 600℃时，管子受热面会有单侧细小颗粒的积灰，即低温沉积灰。

(2) 根据积灰的强度划分，可以分为松散性积灰和粘结性积灰：①松散性积灰，主要是在管子背面形成单侧楔形积灰，只在速度很低或灰颗粒很小时才会在管子的正面形成；②粘结性积灰，主要是在管子正面形成并迎着气流生长，并不像松散性积灰那样到了一定尺寸便达到平衡停止生长，这会引起管束阻力增大，一定程度后会迅速且不断地增加，直到烟道完全堵塞为止。在燃用灰粘结性强的煤种或生物质、垃圾时，经常会出现粘结性积灰。

松散性积灰和粘结性积灰的主要特点和区别见表 6.1。

表 6.1　松散性积灰和粘结性积灰的区别

性　　质	松散性积灰	粘结性积灰
烟气横向冲刷管子时的分布	主要在管子的背部，特定条件下在正面形成	主要在管子的迎风面形成
生长特性	生长到细灰沉积过程和沉积层被粗大颗粒破坏过程达到力平衡为止	有无限生长的趋势

续表

性　　质	松散性积灰	粘结性积灰
空气阻力	不增加管束阻力	明显增加管束阻力
燃料含灰量影响	原则上没有影响	含灰多积灰就严重
烟速影响	速度增加使积灰尺寸减少	速度增加会加速积灰
机械强度	积灰疏松，没有一定的机械强度	有各种不同的机械强度

2. 受热面沉积和结渣的过程

1) 受热面沉积的过程

对受热面沉积物进行扫描电镜分析，揭示出沉积物形成经过三个阶段：

(1) 初期沉积物，一种沉积物是富铁熔渣撞击管壁并粘着，结构为致密的富铁球形玻璃体；另一种主要是氧化硅的升华和凝聚烧结，或者硅、铝矿物质的富铝红柱石等经高温作用而形成。

(2) 基质上部粘附飞灰颗粒，由于颗粒间彼此粘结而增大了强度，结渣增长产生一层粘连性颗粒团，渣层的隔热作用使渣层温度上升，造成颗粒更强烈的粘连。

(3) 随着炉内温度升高，不仅增加了沉积速率，还使渣层受到烧结而结成坚硬的结渣。

2) 受热面的结渣过程

对于煤粉炉，当煤粉燃烧时灰中易熔性物质首先熔融液化，并在表面张力作用下收缩成球状，熔融的球形灰粒由于气动阻力小而密度较大，容易从烟气中分离出来落入灰斗、渣池或粘附在炉膛受热面上。那些不易熔化的灰粒，保持原有不规则形状，当可燃物燃尽后形成密度较小的多孔状，被烟气携带出炉膛形成飞灰，或堆积在冷的受热面上。

在炉膛内温度较高的区域，煤中的灰已成熔融或半熔融状态，如在到达受热面前，尚未受到足够冷却成为固态，灰仍具有较高的粘结能力，就容易粘附在受高温烟气或火焰冲刷的受热面或炉墙上。初始垢层是燃烧过程中，煤中所含易熔或易汽化物质(如碱金属化合物)迅速挥发，呈气态进入烟气中，当温度降低时，这些物质即凝结，其中部分凝结在受热面上，形成初始结垢层。由于这些垢层粘合力增加，积灰层厚度增加，灰层表面温度升高。如果灰熔点较低，当达到煤灰变形温度时，就成为粘滞性很强的塑性渣膜，并逐渐烧结。烟气中灰粒不断扑向渣膜，流动性降低，焦砟厚度就越来越厚。

研究发现，结渣的过程一般可分为三个步骤：

(1) 扩散作用：在管子四周由于扩散形成薄的灰沉积层，并不受烟气速度高低的影响。

(2) 内部烧结：在管子迎风侧由于灰粒撞击形成(约几毫米厚)，这一层中的粒子由于表面粘性而彼此结合，并逐渐烧结硬化。

(3) 外部烧结：随内部烧结层变厚，积灰表面温度升高到接近烟气温度，在烟气温度达到足够高且灰中碱金属成分较多时，将在积灰层的迎风侧开始形成熔融层，这些熔融物质可以捕集撞击的颗粒，并与它们结合形成坚实牢固的积灰。

当然，由于流场组织问题导致燃烧器射流偏斜时，高温火焰直接吹扫到壁面，可以不经过上述步骤直接导致结渣。

6.1.3 积灰与结渣的危害

根据前面分析的锅炉结渣、积灰的机理与过程，可以看出积灰和结渣会引起一系列的问题，主要有：

(1) 积灰、结渣会降低炉内受热面的传热能力。灰粒在炉膛受热面沉积后，由于灰的导热系数很小，热阻很大，一般沾污数小时后水冷壁的传热能力会降低30%～60%，使得炉膛火焰中心后移，炉膛吸热量下降，炉膛出口烟温相应提高。

(2) 由于炉膛出口烟温提高，使得飞灰易粘结在屏式过热器和尾部高温区的对流过热器上，引起过热器的积灰、结渣和腐蚀，不仅影响传热，还可能导致腐蚀、爆管。

(3) 积灰严重时会使省煤器、空气预热器烟气通道堵塞和传热恶化，从而提高排烟温度，降低锅炉效率和运行经济性。

(4) 由于总的传热热阻增大，相当于有效受热面积减少，会使锅炉无法维持在满负荷下运行，只好增加投煤量，引起炉膛出口烟温进一步提高，使灰渣更容易粘在受热面上，形成恶性循环。这样很可能导致发生一系列锅炉恶性事故，如过热器和省煤器管束堵灰、爆裂，空气预热器堵塞或大量漏风。烟温升高还可能导致过热汽温偏高，使过热器管处于超温运行状态。

(5) 在高温烟气作用下，粘结在水冷壁或高温过热器上的灰渣会与管壁金属发生复杂的化学反应，形成高温腐蚀。研究表明，发生高温腐蚀时的平均水冷壁腐蚀量可达0.8～2.6mm/a。因此，积灰、结渣可看作高温腐蚀的前兆。

由于积灰、结渣而造成的上述问题，可以直接导致经济损失，例如锅炉平均效率的降低，平均负荷率的下降和有效运行时数的减少，以及检修时间、费用的增加等。因此，在锅炉的设计、运行、维护等方面，要高度重视积灰、结渣的问题，尤其是设计人员，要避免盲目按照理想情况进行设计、计算，结果却与实际出入较大的情况出现。

6.1.4 灰渣成分

为了方便起见，这里以煤和煤粉炉为例说明燃料成分、灰渣特性对受热面积灰、结渣的影响问题。灰渣的成分十分复杂，主要由硅、铝、铁、钛、钙、镁、钒、锰、钾、钠、硫、磷和氧等元素组成。化验室分析时，常把这些元素的含量以氧化物形式来表示，例如：硅 SiO_2、

铝 Al_2O_3、铁 Fe_2O_3 或 FeO、钙 CaO、镁 MgO、锰 Mn_3O_4 或 MnO、钒 V_2O_5、硫 SO_3、磷 P_2O_5 等。实际上，在煤灰中这些元素除了以氧化物形式存在外，还有的以硅酸盐、硅铝酸盐和硫酸盐等多种形态的化合物存在。灰渣成分中的各种氧化物按其含量多少，大致次序如下：SiO_2、Al_2O_3、Fe_2O_3、FeO、CaO、MgO、Na_2O、K_2O 等。

灰渣的这些成分决定了在形成积灰和结渣时的影响因素有：

(1) 热力学条件：烟气流速、烟气流动方向、烟气温度、壁面温度。

(2) 运行条件：煤粉细度、飞灰浓度、过量空气系数、锅炉局部热负荷、锅炉出力。

(3) 几何条件：管子直径、管束节距、管子排数、用螺纹管强化传热、肋片管束。

6.2 受热面积灰、结渣对炉膛传热的影响

6.2.1 受热面积灰、结渣对炉膛传热的影响

1. 积灰、结渣过程中热有效系数 ψ 的变化

根据前面的介绍，可以认为炉膛中炉壁表面是灰体，炉壁表面的本身辐射、反射辐射、投射辐射和有效辐射之间的关系，即

$$q_R = \varepsilon\sigma T^4 + (1-\varepsilon)q_I \tag{6.1}$$

辐射传热量 q 是该辐射表面与外界系统的辐射换热量。由能量平衡可得

$$q = q_I - q_R \quad \text{（得到热量为正）} \tag{6.2a}$$

或

$$q = \varepsilon q_I - \varepsilon\sigma T^4 \tag{6.2b}$$

把燃料特性、燃烧方式、锅炉热负荷等综合影响用热有效系数表示，可通过实验测定。采用辐射热流计来测定投射辐射和有效辐射，若热流计面对火焰则测得火焰对壁面的投射辐射 q_I，若热流计面对水冷壁则测得壁面对火焰的有效辐射 q_R。那么，水冷壁的热有效系数为

$$\psi = \frac{q_I - q_R}{q_I} = \frac{q}{q_I} \tag{6.3}$$

式中，ψ 表示水冷壁与火焰间的辐射换热量占火焰投射到水冷壁上辐射量的百分比。ψ 越大，表示水冷壁与火焰的辐射换热越强。

影响水冷壁热有效系数 ψ 的因素有：

(1) 水冷壁表面的黑度，在积灰、结渣后是灰渣表面的黑度，它与渣的结构、温度有关，疏松的渣比紧密渣表面的黑度要低些。一般水冷壁黑度在 0.8 左右。

(2) 与投射辐射和有效辐射之差成正比。若投射辐射大，但壁面的反射辐射也增大，则热有效系数不一定增大。图 6.4 是一台 230t/h 液态排渣炉的实测热有效系数沿炉膛

高度的变化,在熔渣段虽然投射辐射高,但有效辐射也高,这样 ψ 反而比较低。在炉膛上面,因烟温低,投射辐射低但有效辐射也低,因而热有效系数 ψ 反而比较高。

(3) 与水冷壁的温度,也就是灰渣表面的温度有关。表面温度与积灰、结渣的厚度有关,灰渣层薄,灰渣的导热热阻低,渣表面温度低;灰渣层厚,导热热阻增加,渣表面温度上升很快。文献[15]提供了一个例子,如图 6.5 所示,在同样的炉膛火焰温度下,渣层厚 5mm,渣面温度与火焰温度差约 350℃。若渣层厚 50mm 时,渣表面温度则只比火焰温度低 40℃左右,此时火焰与水冷壁的辐射换热量由 $200\times10^3\,W/m^2$ 降至 $30\times10^3\,W/m^2$,可见表面温度(渣层厚度)的影响是很大的。

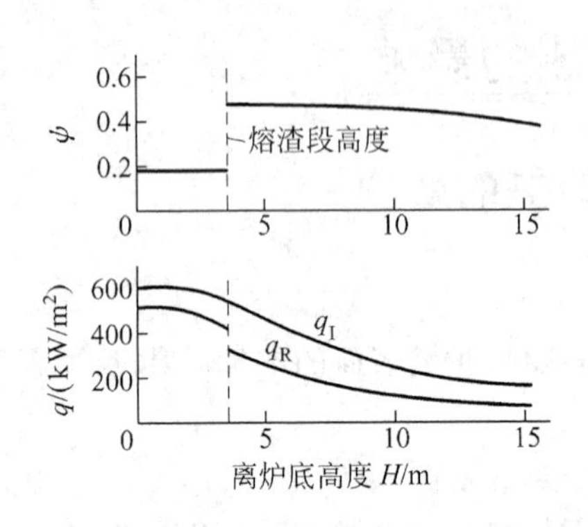

图 6.4 某台 230t/h 液态排渣炉热有效系数和热流变化

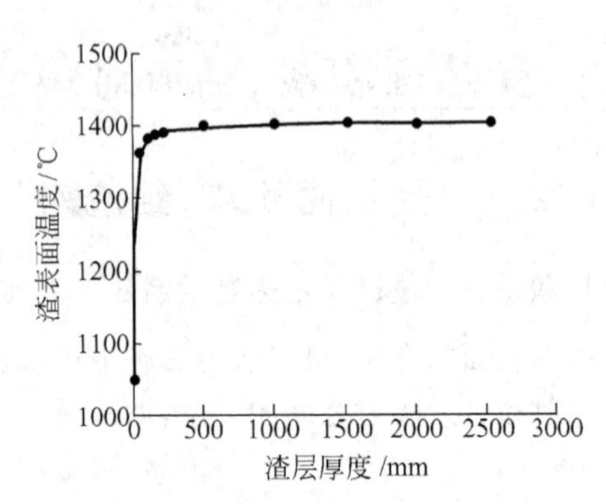

图 6.5 渣层厚度与渣层表面温度的关系

最后,由式(6.3)和有关辐射热量的概念可得

$$\psi=\frac{q_I-q_R}{q_I}=\frac{q_I-[\varepsilon\sigma T^4+(1-\varepsilon)q_I]}{q_I}=\varepsilon\left(1-\frac{\sigma T^4}{q_I}\right) \tag{6.4}$$

此式表明,水冷壁的热有效系数 ψ 与水冷壁表面黑度 ε、表面温度 T 和对水冷壁表面的投射辐射热流 q_I 有关。式中 q_R 为水冷壁表面的有效辐射热流。

在没有积灰时,水冷壁表面温度是金属管表面温度。在不考虑水垢热阻时,它接近于管内介质温度。在同一投射辐射热流 q_I 下,此时的 $\frac{\sigma T^4}{q_I}$ 最小,热有效系数 ψ 达最大值。而在积灰后,水冷壁表面温度 T 是灰渣表面温度,它的温度随灰渣层厚度、渣层致密性而变化,渣层越厚,渣层表面温度也越高。当结渣很厚致使渣层表面温度接近火焰温度时,两者温差接近零,换热量就趋于零,这时的热有效系数 ψ 达最小值,即趋于零值。

2. 灰污系数 ζ 变化对炉膛传热的影响

根据前面的定义,灰污系数为

$$\zeta = \psi / x \tag{6.5}$$

式中，x 为水冷壁管的角系数，与水冷壁的结构排列有关。在大型燃煤锅炉中一般都采用带肋片的膜式水冷壁，这时 $x=1$，所以灰污系数的数值就等于热有效系数数值。在锅炉设计和试验分析中常以灰污系数表示热有效系数，一般锅炉中的灰污系数参见表3.1。

对耐火材料覆盖的水冷壁，其灰污系数由下式确定：

$$\zeta = 0.53 - 0.25 \frac{T_{FT}}{1000} \tag{6.6}$$

式中，T_{FT} 为灰的流动温度（也称熔化温度）。

当灰污系数 ζ 变小时，辐射换热量减少，致使炉膛内传热量占锅炉总换热量的比例减少，使得炉膛出口烟温上升。

6.2.2 结渣时的灰渣层传热性质与计算

水冷壁灰渣层的导热热阻称为积灰系数 ρ，它与燃料种类和水冷壁形式有关，表6.2为积灰系数的推荐值。导热热阻实际上与灰渣的结构和厚度有关，根据下面的平衡式可以找出传热热流、渣层厚度或积灰系数间的关系。

表6.2　积灰系数的推荐值

形　式	燃料种类	ρ/($m^2 \cdot ℃/W$)
光管水冷壁	气体燃料	0
	重油	0.0017
	煤粉	0.0034
	煤粉细度 $R_{90}=12\%\sim15\%$	0.0052
	油页岩	0.0060
	层燃炉	0.0026
有耐火涂料时		0.0067
夹有耐火砖的水冷壁		0.0086

从传热过程可知，由热平衡表面接收到的辐射传热量与对流热量之和，等于通过灰渣的导热量，也等于水冷壁管内工质对流传热量，可用下式表达：

$$\sigma a_F (T_g^4 - T_s^4) + h_2 (T_g - T_w) = \frac{T_s - T_t}{\rho} \tag{6.7}$$

$$\frac{T_s - T_t}{\rho} = h_1 (T_t - T_1) \tag{6.8}$$

式中，T_g 为炉内火焰温度；T_s 为灰渣层表面温度；T_t 为水冷壁金属管的平均温度（忽略管本身和内部结垢热阻引起的温差)；a_F 为炉膛黑度，由火焰黑度 ε_g 和渣表面黑度 ε_s 表示，

$$a_F = \frac{1}{\frac{1}{\varepsilon_g} + \frac{1}{\varepsilon_s} - 1} \tag{6.9}$$

h_2 为火焰对灰渣表面的对流换热系数；h_1 为水冷壁管内表面与管内工质的换热系数；T_1 为工质温度；σ 为辐射常数；ρ 为积灰系数即灰渣的导热热阻 δ/λ，其中 δ 为灰渣厚度，λ 为灰渣的导热系数。由式(6.7)和式(6.8)计算得出(设 λ 为常数)热流密度 q 与灰渣厚度 δ 间的关系，见图 6.6。

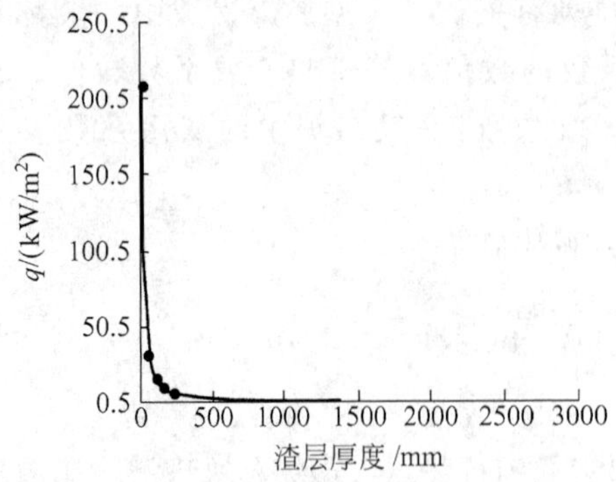

图 6.6　渣层厚度与热流密度的关系

下面给出一个实际例子。

例 6.1　一台蒸发量为 130t/h 的煤粉锅炉，炉膛水冷壁面积 $A=479.5\text{m}^2$，计算燃料消耗量 $B_{cal}=4.437\text{kg/s}$，炉内传热量 $Q_r=12246\text{kJ/kg}$。已知积灰厚度 0.5mm，积灰导热系数 0.1W/(m·℃)，试求积灰层内外温差。

解：水冷壁的总传热量为

$$Q_r B_{cal} = 12246 \times 4.437 = 54335.5(\text{kW})$$

单位受热面积的热流

$$q = \frac{Q_r B_{cal}}{A} = 113.3(\text{kW/m}^2)$$

则温差

$$\Delta t = \frac{\delta}{\lambda} q = \frac{0.5 \times 10^{-3}}{0.1} \times 113.3 = 566.5(℃)$$

水冷壁壁面温度约 450℃，则灰外沿温度为 1016.5℃。

6.2.3　积灰与结渣时的炉膛传热计算方法

目前的炉膛传热计算公式是基于辐射传热得到的，根据大量的锅炉试验，把锅炉结构、燃烧方式、燃料特性、产生的积灰结渣的综合影响以系数 M 和 ψ 表现在计算式中。

炉膛出口烟温 T''_F 按式(5.27)确定：

$$T''_F = \frac{T_a}{M\left(\frac{\sigma \psi A\, \tilde{a}_F T_a^3}{\varphi B_{cal} V\bar{C}}\right) + 1}$$

因此，只要知道炉膛结构、燃料特性、锅炉参数就可以按上式计算炉膛出口烟温。积灰与结渣对炉膛热有效系数 ψ 的影响前面已经介绍了。

系数 M 与炉膛几何形状有关，是炉膛高度 h_F 和炉膛截面当量直径 d_e 之比的函数。文献[15]指出，经过大量固态排渣煤粉炉的试验后，可得出 M 与 h_F/d_e 的关系（见图 6.7）。炉膛截面当量直径用下式计算：

$$d_e = \frac{4F}{U} \tag{6.10}$$

式中，F 为炉膛的截面面积，U 为炉膛截面的周界长度。

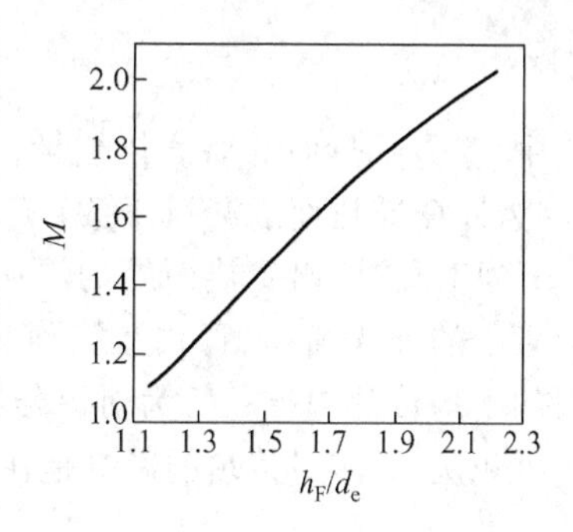

图 6.7　炉膛几何特性系数

6.3　受热面积灰、结渣对对流受热面传热的影响

6.3.1　炉内积灰、结渣严重时对对流受热面传热的影响

炉内积灰、结渣时炉内传热恶化，炉内辐射传热量减少，致使炉膛出口烟温上升，对流受热面区热负荷增加。文献[15]给出了一个例子，对某台 600MW 锅炉水冷壁污染程度不同进行的计算表明，积灰加剧，灰污系数 ζ 从 0.45 减小到 0.25 时，炉膛出口烟温相差 65℃，且积灰程度越严重，炉膛出口烟温越高。随着炉膛烟气流经屏式过热器、再热器、过热器、省煤器、空气预热器，各级的进口烟温都上升了，越靠近炉膛上升幅度越高。计算表明，大屏进口烟温上升 145℃，末级再热器进口上升 80℃，省煤器进口上升 12℃，空气预热器上升 5℃。可见炉内积灰、结渣对高温受热面的影响较大，再热器、过热器因壁面超温引起的运行安全性要特别注意。

6.3.2　对流受热面传热计算的基本方程

布置在锅炉尾部烟道中的受热面，工质主要以对流传热方式吸收烟气热量，统称为对流受热面。大型锅炉常见的对流受热面有凝渣管、对流过热器、再热器、省煤器、空气预热器等，这些都是间壁式换热器，传热原理相同，其计算方法也基本相同。

对流受热面烟气侧的热平衡方程为

$$Q = \varphi(I' - I'' + \Delta\alpha I^0_{air}) \tag{6.11}$$

工质侧的热平衡方程为

$$Q = \frac{D(i'' - i')}{B_{cal}} \tag{6.12}$$

传热方程如下：

$$Q = \frac{K\Delta tA}{B_{cal}} \tag{6.13}$$

式中,Q 为受热面的对流传热量；I' 为受热面进口处烟气焓；I'' 为受热面出口处烟气焓；$\Delta\alpha$ 为计算受热面的漏风系数；I_{air}^0 为理论漏风的焓,一般为冷空气的焓；D 为工质流量；i'、i'' 为工质进、出受热面处的焓；B_{cal} 为计算燃料消耗量；A 为对流受热面积,一般为受热面管子的外表面积(管式空气预热器要用内外平均直径求受热面积)；Δt 为烟气和工质间的平均传热温差；K 为对流传热系数。

积灰、结渣对传热的影响是在传热方程中对流传热系数 K 中反映出来,见式(5.92),即

$$K = \frac{1}{\frac{1}{h_1} + \frac{\delta_a}{\lambda_a} + \frac{\delta_w}{\lambda_w} + \frac{\delta'}{\lambda'} + \frac{1}{h_2}}$$

式中各项意义见 5.5 节。

在锅炉中,一般金属壁很薄,而导热系数较大,故金属壁的热阻 δ_w/λ_w 很小,可以忽略不计。同时,在正常运行工况下,不允许沉积水垢,因此水垢的热阻 δ'/λ' 也不计算。但要注意,如果沉积水垢,则由于水垢的导热系数很小,将会使传热系数显著降低。灰污层的热阻与许多因素有关,例如燃料种类、烟气速度、管子的直径与布置方式、灰粒的大小等。目前采用积灰系数 $\rho=\delta_a/\lambda_a$ 或热有效系数 ψ_a 来考虑,为区别炉膛热有效系数,此处用 ψ_a 表示。ψ_a 是指污染管子的传热系数 K 对清洁管子的传热系数 K_0 的比值：

$$\psi_a = K/K_0 \tag{6.14}$$

这样,传热系数可以表示成下式：

$$K = \frac{1}{\frac{1}{h_1} + \rho + \frac{1}{h_2}} \tag{6.15a}$$

或

$$K = \psi_a \frac{1}{\frac{1}{h_1} + \frac{1}{h_2}} \tag{6.15b}$$

烟气对管壁的放热系数按下式计算

$$h_1 = \xi(h_c + h_r) \tag{6.16}$$

式中,ξ 是利用系数,考虑由于烟气对受热面的冲刷不完全而使吸热减少的修正。

对于蒸发受热面及省煤器,管壁对工质的放热系数 $h_2 \gg h_1$,故其热阻 $1/h_2$ 可以忽略不计。

根据现有试验数据的情况,对于燃用固体燃料横向冲刷的错列管束,积灰对传热系数的影响用积灰系数考虑。其中,对于过热器,

$$K = \frac{1}{\frac{1}{h_1} + \rho + \frac{1}{h_2}} \tag{6.17}$$

对于省煤器及锅炉管束，

$$K = \frac{1}{\frac{1}{h_1} + \rho} \tag{6.18}$$

积灰系数根据试验数据决定，见 6.3.3 节内容。

对于燃用固体燃料横向冲刷的顺列管束及纵向冲刷管束，其传热系数用热有效系数考虑。其中，对于过热器，

$$K = \psi_a \frac{1}{\frac{1}{h_1} + \frac{1}{h_2}} \tag{6.19}$$

对于省煤器及锅炉管束，

$$K = \psi_a h_1 \tag{6.20}$$

式中，对于无烟煤及贫煤，$\psi_a = 0.6$；对于烟煤及褐煤，$\psi_a = 0.65$；对于油页岩，$\psi_a = 0.5$。

对于管式空气预热器，把灰污染和冲刷不完全的影响一并用利用系数 ξ 来考虑，即

$$K = \xi \frac{1}{\frac{1}{h_1} + \frac{1}{h_2}} \tag{6.21}$$

6.3.3 衡量锅炉积灰影响的系数

对流受热面的积灰是指受热面在含灰气流中的积灰过程，受热面积灰后严重地影响了传热，在一般情况传热能力降低 30%左右，情况严重时可能降低 50%。锅炉对流传热计算分别用积灰系数 ρ、热有效系数 ψ_a 和利用系数 ξ 来考虑污染的影响。由于积灰过程与燃料种类、受热面布置形式以及锅炉的运行工况等因素有关，因此以上系数只能通过模型试验和锅炉实际运行条件下的测量来得到。

1. 积灰系数 ρ

积灰系数是指对流受热面由于积灰引起的热阻，等于$\frac{\delta_a}{\lambda_a}$。由于积灰层厚度 δ_a 及积灰层的导热系数 λ_a 都难以测定，因此推荐的 ρ 值是根据被污染的管壁传热系数 K 与清洁管壁传热系数 K_0 的倒数的差值来确定，即 $\rho = \frac{1}{K} - \frac{1}{K_0}$。

对于松散积灰，试验证明 ρ 值与气流速度、受热面的结构布置、燃料性质及灰粒尺寸等因素有关。烟气的速度愈高，ρ 值愈小；管子错列布置时烟气容易冲刷管子背面，管子背面积灰少，ρ 值也小一些；管子排列得紧密一些，纵向节距小，则烟气受干扰大，致使气流对管子正面的冲刷增强，也使 ρ 值减小；顺列布置或管径较大，积灰趋于严重，使 ρ 值增大。此外，灰粒的尺寸较大，自身吹灰作用较强，也将使积灰减少，使 ρ 值下降。

对于错列管束，包括单列管子，燃用固体燃料时，ρ 值可用下式计算：

$$\rho = C_d C_a \rho_0 + \Delta\rho \tag{6.22}$$

式中，ρ_0 为基准的积灰系数，与烟气速度 w_g 有关，可按图 6.8 选取，图中 S_2 为管排纵向节距，d 为管子外径；C_d 为管径的修正系数，可按图 6.8 选取；C_a 为灰分颗粒大小的修正系数，$C_a=1-1.18\lg\dfrac{R_{30}}{33.7}$，$R_{30}$ 为灰粒大于 30μm 的质量分数。一般地，对于煤和页岩，$C_a=1.0$；对于泥煤，$C_a=0.7$。$\Delta\rho$ 为附加修正值，可按表 6.3 选取。

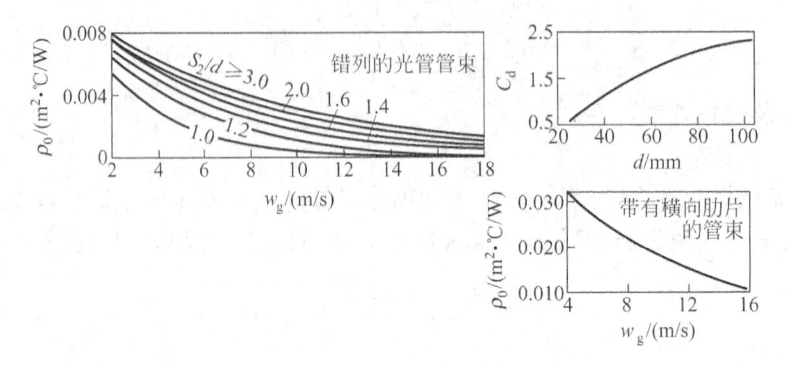

图 6.8 基准积灰系数及其修正系数

表 6.3 修正系数 $\Delta\rho$ $m^2\cdot℃/W$

受热面名称	修正系数 $\Delta\rho$			
	松散性积灰的燃料	无烟煤屑		褐煤、泥煤（带吹灰时）
		钢珠除灰	不除灰	
第一级省煤器，进口烟温小于400℃时单级省煤器或其他受热面	0	0	0.017	0
第二级省煤器，进口烟温大于400℃时单级省煤器以及直流锅炉过渡区	0.0017	0.0017	0.0043	0.0026
错列布置的过热器	0.0026	0.0026	0.0043	0.0035

对于屏式受热面，其积灰系数与燃料性质及平均烟温 $\overline{T_g}$、吹灰与否有关，可按图 6.9 确定。

2. 热有效系数 ψ_a

式(6.14)表明，热有效系数 ψ_a 是指灰污管壁与清洁管壁放热系数的比值。对于大型锅炉的凝渣管以及小型锅炉的锅炉管束，无论燃用何种燃料，计算都采用热有效系数；对于燃用液体燃料或气体燃料的锅炉的对流受热面，也都采用热有效系数进行计算。

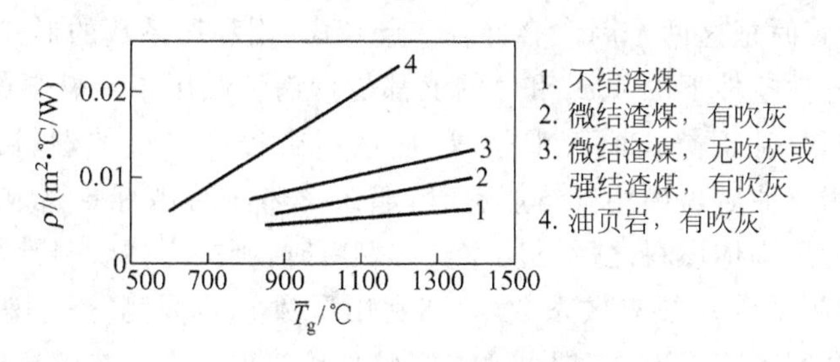

图 6.9　屏式受热面的积灰系数

热有效系数 ψ_a 值与积灰系数 ρ 值一样，取决于燃料性质、气流速度、受热面的结构布置和工作特性等因素。它的数值应根据不同情况进行确定：

(1) 对于顺列布置的对流过热器、凝渣管、锅炉管束、再热器及直流锅炉的过渡区等受热面，燃用贫煤和无烟煤屑时，$\psi_a=0.6$；燃用烟煤、褐煤和洗中煤时，$\psi_a=0.65$；燃用油页岩时，$\psi_a=0.5$。

(2) 对于燃用重油的锅炉的对流受热面，除空气预热器以外，ψ_a 的取值范围为 0.5～0.7，主要与烟气流及吹灰与否有关。

(3) 锅炉燃用气体燃料时，锅炉的所有对流受热面都采用热有效系数来考虑污染对传热的影响。对于烟气进口温度小于 400℃的单级省煤器和双级布置的第一级省煤器以及再热器等受热面，$\psi_a=0.85$。

3. 利用系数 ξ

利用系数是考虑烟气对受热面冲刷不均匀，受热面未被全部利用的修正系数。在计算各对流受热面时，ξ 值是经常要考虑的。对于各种混合冲刷的对流受热面，其值可取 0.95；现代锅炉横向冲刷的受热面，由于结构简单、冲刷良好，ξ 值可取为 1；冲刷不正确的锅炉蒸发管束，其 ξ 值可取 0.9。

进行屏式过热器的烟气侧放热系数计算时，需采用 ξ 考虑烟气对屏的冲刷不均匀性的影响，因为计算公式中的烟气流速是按烟气均匀冲刷时的平均流速确定的。由于屏式受热面大都布置在炉顶部烟气进入水平烟道的转弯处，尽管炉膛在结构上布置了折焰角，燃烧器布置时考虑了炉膛的空气动力场，但烟气在炉膛出口截面上的流速仍然会出现不均匀现象，这就需要对对流放热系数进行修正。利用系数需要通过实验来测定。当平均烟气流速 $w_g \geqslant 4$m/s 时，取 $\xi=0.85$；随着烟气流速的降低，不均匀的影响相对增加，所以 ξ 值减小。

对于管式空气预热器，利用系数 ξ 主要是考虑空气侧(空气作管外横向冲刷)的气流由于利用管板折流转向时，不能均匀冲刷管束，对传热效果有影响。这个影响的修正方法也是将平均流速下的传热系数乘以小于 1 的常数，这与烟气侧用来修正管壁污染的方法一致,因而传热计算时把这两个因素合并在一起考虑,用利用系数的形式表示。

以上介绍的各种条件下的 ρ、ψ_a 和 ξ 的值都是指锅炉燃用单一燃料的情况,如果锅炉燃用混合燃料,如煤-油混烧、油-气混烧等,应按污染程度严重的燃料计算上述各系数值。如果锅炉燃用重油后再燃用气体燃料时,那么受热面的热有效系数取用两者的算术平均值。当锅炉燃用固体燃料之后再燃用气体燃料时,则按固体燃料计算。

综上所述,积灰系数 ρ、热有效系数 ψ_a 和利用系数 ξ,都是考虑受热面积灰污染的附加热阻为主的综合实验修正值,它们可通过实验直接获得。一般在燃用固体燃料、横向冲刷错列管束时,用积灰系数 ρ 来修正受热面污染对传热的影响。对顺列布置管束、燃用各种燃料时,积灰的修正一般都用热有效系数 ψ_a 来修正。对于空气预热器,除积灰热阻外,气流冲刷不均匀带来的影响很大,综合考虑两者的影响,采用利用系数 ξ 来计算比较合适。

第7章

炉内传热测量

CHAPTER 7

与其他很多科学技术一样，炉内传热研究的发展中试验与量测技术起到了非常重要的作用，有时甚至是决定性的作用。

从理论分析出发而得到的理论计算公式必须用试验的实际测量结果加以检验，必要时还要从二者的差异中求得修正系数。在以相似规律研究炉内传热时，必须以大量可靠的试验数据为根据，对取得的经验公式用这些数据来校验其精确性及应用范围。

从另外一方面看来，试验与量测技术的发展会使从事炉内传热研究的人员更清楚地了解炉内传热现象的本质，从而推动理论分析的发展，提高计算公式的精确性。可以说，整个炉内传热学科的发展，就是理论与实践相互结合、交替提高的过程，并逐步从经验性较强的学科发展或理论体系完整而严格的体系。

在炉内，掌握了测量火焰黑度的技术和方法，就能更清楚地了解火焰辐射的规律及其影响因素，测量了炉墙及其水冷壁的入射及反射的热流，就能更清楚地了解炉内辐射热流的分布和辐射受热面的灰污效果，从而可以描绘出更正确、更清晰的炉内传热的实际景象，可以修正理论计算所依据的概念，提高经验公式的可靠程度。

有关炉内传热的试验方法很多，本书只扼要地介绍炉内火焰黑度和辐射热流分布的试验及量测方法，并结合实际例子，说明兼有辐射与对流的尾部受热面的局部换热系数测量和循环流化床的炉内局部换热系数的测量。

7.1 火焰黑度的测量

根据 Planck 定律，

$$E_{b\lambda}=\frac{2\pi hc^2}{\lambda^5\left(e^{\frac{hc}{\lambda kT}}-1\right)} \tag{7.1}$$

$$I_{b\lambda}=\frac{E_{b\lambda}}{\pi} \tag{7.2}$$

可以知道，对于一定波长，黑体的单色辐射强度是温度 T 的单值函数。因此，只要测出单色辐射强度，即可知道 T，而黑体发射出的光线亮度又和它的辐射强度成正比，这样通过亮度就可以求出被测黑体的温度。如果被测物体不是黑体，还要进行修正。这就是光学高温计的原理。

利用光学高温计可以很方便地测量发光火焰的黑度，具体方法有双色光学高温计法、辅助辐射源法等。

7.1.1 双色光学高温计法

根据 Planck 定律，黑体的单色辐射强度是波长与温度的函数。如取某一固定波长(例如红光，$\lambda=0.65\mu m$)，则其单色辐射强度只和黑体温度有关，而物体发射出的光线亮度又和它的辐射强度成正比，这样，根据亮度就可以求出被测黑体的温度。

由式(7.1)、式(7.2)，对温度 T_b 的黑体，有

$$I_{b\lambda}=\frac{2hc^2}{\lambda^5(e^{\frac{hc}{\lambda kT_b}}-1)} \tag{7.3}$$

当$\frac{hc}{\lambda kT}\gg 1$时，Planck 公式可简化为 Wien 公式，则(7.3)式变为

$$I_{b\lambda}=\frac{2hc^2}{\lambda^5}e^{-\frac{hc}{\lambda kT_b}} \tag{7.4}$$

如果被测物体不是黑体，其单色黑度为 ε_λ，则可得

$$I_\lambda=\frac{2hc^2\varepsilon_\lambda}{\lambda^5}e^{-\frac{hc}{\lambda kT}} \tag{7.5}$$

因为光学高温计是根据黑体标定的，这时用光学高温计测得的亮度温度 T_b 将低于实际温度 T。将式(7.4)和式(7.5)两式相等，可得

$$\frac{1}{T}-\frac{1}{T_b}=\frac{\lambda k}{hc}\ln\varepsilon_\lambda \tag{7.6}$$

式中，T 是被测物体的绝对温度；T_b 是高温计测的亮度温度。

被测物体一般不是黑体，那么应当对测量结果进行必要的修正。

利用光学高温计可以简便地测量发光火焰的黑度。应用两种滤光片，一般是红色($\lambda_1=0.6651\mu m$)和绿色($\lambda_2=0.5553\mu m$)的，就可以测出两个亮度温度。由式(7.6)有

$$\left.\begin{aligned}\frac{1}{T}-\frac{1}{T_{b1}}&=\frac{\lambda_1 k}{hc}\ln\varepsilon_{\lambda_1}\\ \frac{1}{T}-\frac{1}{T_{b2}}&=\frac{\lambda_2 k}{hc}\ln\varepsilon_{\lambda_2}\end{aligned}\right\} \tag{7.7}$$

研究发现，如果是发光火焰，炭黑的减弱系数与灰粒的减弱系数相似，可以用一个与波长相关的经验公式表示：

$$K_\lambda=\frac{c\mu_c}{\lambda^n} \tag{7.8}$$

式中，μ_c 是烟气中炭黑浓度。令 $M=c\mu_c$，则

$$K_\lambda = M\lambda^{-n} \tag{7.8a}$$

由 $\varepsilon=1-e^{-K_\lambda s}$，火焰的单色黑度可按下式计算：

$$\left.\begin{aligned}\varepsilon_{\lambda_1} &= 1-e^{-\frac{Ms}{\lambda_1^n}}\\ \varepsilon_{\lambda_2} &= 1-e^{-\frac{Ms}{\lambda_2^n}}\end{aligned}\right\} \tag{7.9}$$

根据 Hottel 的建议，在采用这一方法计算火焰黑度时，指数 n 可取 1.39，那么上式可写成

$$\left.\begin{aligned}\frac{1}{T}-\frac{1}{T_{b1}} &= \frac{\lambda_1 k}{hc}\ln\left(1-e^{-\frac{Ms}{\lambda_1^{1.39}}}\right)\\ \frac{1}{T}-\frac{1}{T_{b2}} &= \frac{\lambda_2 k}{hc}\ln\left(1-e^{-\frac{Ms}{\lambda_2^{1.39}}}\right)\end{aligned}\right\} \tag{7.10}$$

根据式(7.10)，只要测出火焰的两个亮度温度 T_{b1}、T_{b2}，即可求出火焰的真实温度及系数 Ms，然后可以由式(7.9)计算出火焰黑度。

在上述测定火焰黑度的方法中，假定了发光火焰黑度计算公式中的指数 n 是常数，而实际上由于燃料、锅炉结构和运行工况的差异，各个试验结果得到的 n 值并不相等，它还可能和炭黑粒子的粒径分布有关，而这又主要决定于燃料种类和燃烧工况。因此，这种测量方法存在一定的误差。

7.1.2　辅助辐射源法

辅助辐射源法可分为调整亮度和不调整亮度两种方法。下面简单介绍这两种方法的测量原理。

当采用调整亮度法时，在火焰正对光学高温计的另一侧放置一个辅助辐射源，调整它的温度，使得当有或没有火焰存在时，用光学高温计测得的辅助辐射源的亮度温度相同。根据 Kirchhoff 定律，这时辅助辐射源的亮度温度 $T_{b\lambda}$ 等于火焰的真实温度，那么，辅助辐射源发射并为火焰所吸收的辐射强度等于火焰所发射的辐射强度，即

$$I'_\lambda(1-\alpha_\lambda)+I_\lambda = I'_\lambda \tag{7.11}$$

式中，α_λ 为火焰的单色吸收率；I_λ 是火焰发射的辐射强度；I'_λ 是辅助辐射源发射的辐射强度。式(7.11)可改写为

$$\alpha_\lambda I'_\lambda = I_\lambda \tag{7.12}$$

由上式可得出火焰的单色吸收率，它也就等于单色黑度 $\varepsilon_\lambda=\alpha_\lambda$，即

$$\varepsilon_\lambda = \frac{I_\lambda}{I'_\lambda} \tag{7.13}$$

一般辅助辐射源采用黑体，其辐射强度为 $I'_{b\lambda}$，那么就得到了火焰黑度

$$\varepsilon = \frac{I_\lambda}{I'_{b\lambda}} \tag{7.14}$$

如果采用不调整亮度方法，需要测量三个辐射强度。首先测量火焰的辐射强度 I_λ，然后测量没有火焰时辅助辐射源的辐射强度 I'_λ，最后测量辅助辐射源穿透火焰后的辐射强度 I''_λ，根据能量守恒关系，有

$$I''_\lambda = I_\lambda + I'_\lambda(1-\alpha_\lambda) \tag{7.15}$$

由此可得火焰黑度(令 $\varepsilon_\lambda = \alpha_\lambda$)

$$\varepsilon_\lambda = \frac{I_\lambda + I'_\lambda - I''_\lambda}{I'_\lambda} \tag{7.16}$$

测出了火焰的亮度温度(即 $T_{b\lambda}$)，将式(7.16)代入式(7.6)，就可以计算出火焰的真实温度

$$T = \left[\frac{1}{T_{b\lambda}} + \frac{\lambda k}{hc}\ln\frac{I_\lambda + I'_\lambda - I''_\lambda}{I'_\lambda}\right]^{-1} \tag{7.17}$$

如果测量得到的读数是亮度温度 $T_{b\lambda}$、$T'_{b\lambda}$、T''_λ，则将式(7.2)代入式(7.16)，整理后可得

$$\varepsilon_\lambda = 1 - e^{\frac{hc}{\lambda k}\left(\frac{1}{T'_{b\lambda}} - \frac{1}{T''_{b\lambda}}\right)} + e^{\frac{hc}{\lambda k}\left(\frac{1}{T'_{b\lambda}} - \frac{1}{T_{b\lambda}}\right)} \tag{7.18}$$

火焰的真实温度 T 可由下式求得：

$$T = \left\{\frac{1}{T_{b\lambda}} + \frac{\lambda k}{hc}\ln\left[1 - e^{\frac{hc}{\lambda k}\left(\frac{1}{T'_{b\lambda}} - \frac{1}{T''_{b\lambda}}\right)} + e^{\frac{hc}{\lambda k}\left(\frac{1}{T'_{b\lambda}} - \frac{1}{T_{b\lambda}}\right)}\right]\right\}^{-1} \tag{7.19}$$

7.2 辐射热流量的测量

无论是层燃炉还是室燃炉，对辐射受热面而言，辐射热流量的测量是进行科学合理的设计、运行工况的诊断和调整的基础，也是进行燃烧校核的必要条件，因而对设计、运行有重要的意义。

辐射热流量就是指炉内介质在单位时间内向单位受热面积投射的辐射能量，通常采用辐射热流计来测量。在大型的电站煤粉锅炉中，辐射热流计主要是测量炉膛的辐射热流分布、受热面热偏差与热有效性系数、屏式受热面的辐射换热系数、火焰中心位置、炉内的温度分布等。在中小型的层燃炉中，主要是测量火床的辐射性能、炉壁的辐射与吸收、燃烧中心温度等。对于循环床锅炉，由于炉膛内是低温燃烧(通常燃烧温度低于 950℃)，而且是浓度较高的气固两相流，辐射与对流换热的份额大体上平分秋色，因而不单独研究其辐射能力，通常是研究其局部换热系数，相关内容在 7.3 节予以介绍。

辐射热流计的种类很多，从测量原理的不同可以分为导热式、热容式和热量式三种，下面分别结合实例进行简要说明。

7.2.1 导热式辐射热流计

热流流过金属体时，由于金属热阻在冷、热两个表面产生温度梯度，热流越强，温度梯度越大，于是用热电偶测量这个温度差，即可求得投射到金属表面的热流。这就是导热式热流计的原理。

图 7.1 是导热式热流计的示意图，图中圆柱体的热端吸收来自火焰区的热流 q，温度为 t_1（离热面距离为 x_1）；冷端被水冷却，在离热面 x_2 处的温度为 t_2。热面将吸收热量以导热的方式传给冷面。由于圆柱体侧表面是绝热的，导热仅发生在圆柱体的轴向，属于一维导热问题。在稳定状态下，用 Fourier 定律求得一维导热的热流为

$$q=-\lambda\frac{\mathrm{d}t}{\mathrm{d}x} \tag{7.20}$$

式中，λ 为圆柱体的导热系数；$\frac{\mathrm{d}t}{\mathrm{d}x}$为沿热流方向的温度梯度。

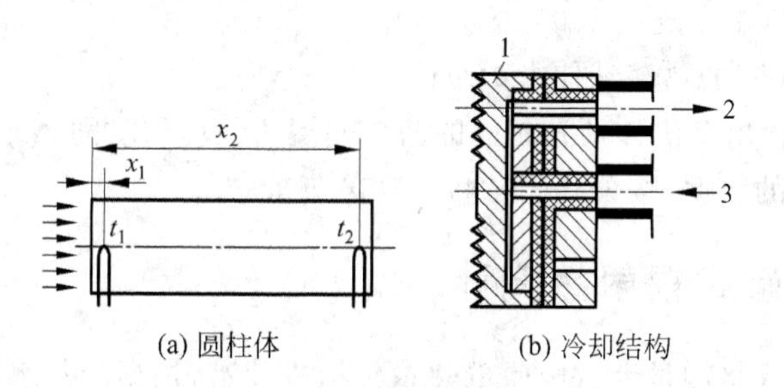

(a) 圆柱体 (b) 冷却结构

图 7.1 导热式热流计示意图

1. 受热面 2. 出水 3. 进水

如果知道圆柱体轴向 x_1 和 x_2 的温度 t_1 和 t_2，就可以确定热流密度 q，对式(7.20)积分

$$q\int_{x_1}^{x_2}\mathrm{d}x=-\int_{t_1}^{t_2}\lambda\mathrm{d}t$$

或

$$q=-\frac{1}{x_2-x_1}\int_{t_1}^{t_2}\lambda\mathrm{d}t \tag{7.21}$$

一般在设计热流计时，x_1 和 x_2 的距离不大，这时导热系数的平均值 $\bar{\lambda}$ 定义

$$\bar{\lambda}=\frac{\int_{t_1}^{t_2}\lambda\mathrm{d}t}{t_2-t_1} \tag{7.22}$$

将上式代入式(7.21)得热流密度的计算公式为

$$q = \bar{\lambda} \frac{(t_1 - t_2)}{(x_2 - x_1)} \tag{7.23}$$

7.2.2 热容式辐射热流计

热容式热流计的工作原理是通过对测热元件(如热流计平板)在加热过程中温升速度的测量来确定投射的热流密度。对一个结构确定的热流计,其热流密度

$$q = \delta\rho c \frac{\Delta t}{\Delta \tau} \tag{7.24}$$

式中,δ 为热流计平板厚度;ρ 为热流计平板的质量密度;c 为热流计平板比热容;Δt 为在 $\Delta\tau$ 时间内平板的温升值;$\frac{\Delta t}{\Delta \tau}$为温升速度。

这样,温度测量用毫伏计时,热流的测量方法如下:

(1) 毫伏计上定好两个温度刻度 $\Delta t = t_2 - t_1$;

(2) 使用前将热流计浸在100℃的开水中;

(3) 迅速将100℃的热流计伸入炉膛内;

(4) 在秒表上读出毫伏计预先刻好的两个刻度所经历的时间 $\Delta\tau$。

根据以上测得的数据,按公式(7.24)计算热流量 q。

7.2.3 热量式辐射热流计

热量式热流计是将测量元件吸收的热量传给冷却水,根据冷却水的焓增,计算炉膛对吸热元件的加热量。由受热面的冷却水吸收热量,从而求出热流密度,因而也称水循环式热流计(见图7.2)。当测出水的流量$\dot{m}$、入口温度 t_i 及出口温度 t_o 时,受热面的热流密度为

$$q = c\dot{m}(t_o - t_i) \tag{7.25}$$

式中,c 为水的比热容。

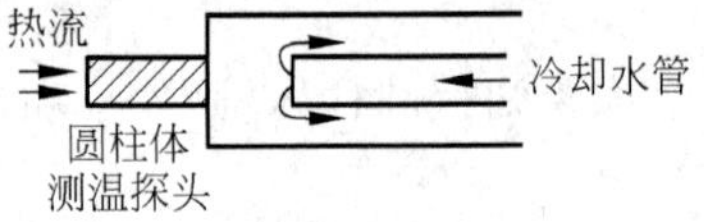

图7.2 热量式热流计示意图

这类热流计的响应时间比较短,通常在10s左右,缺点是水温 t_i、t_o 需要时间达到平衡(稳定),不能迅速响应。

荷兰国际火焰研究基本会采用这种形式的热流计,发现由于水的流动状态不稳定,使水的出口温度变动比较大。日本学者将其结构改良,改成图7.3及图7.4的形式,在出水管或进水管头部进行节流,改善了水流的混合状况。

使用水流式热流计时,必须同时测量水的流量和温差,当水的流量发生变化时,即使外界给予受热面的热量相同,传给水的热量也会发生变化。因此,必须保持稳定的水流量。

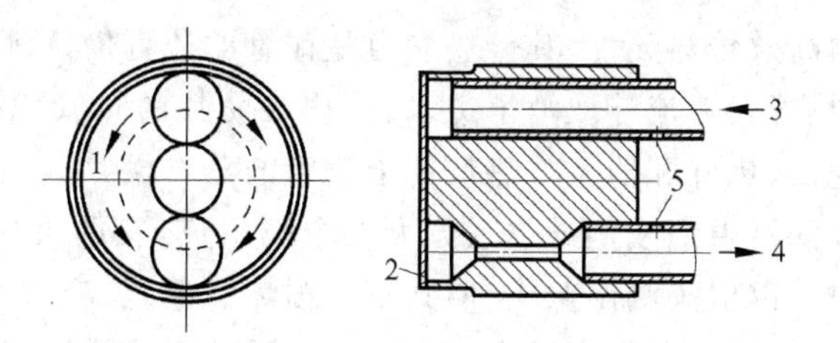

图 7.3　改良后的水流式热流计(A 型)
1. 水流　2. 受热面　3. 进水　4. 出水　5. 温度计插入孔

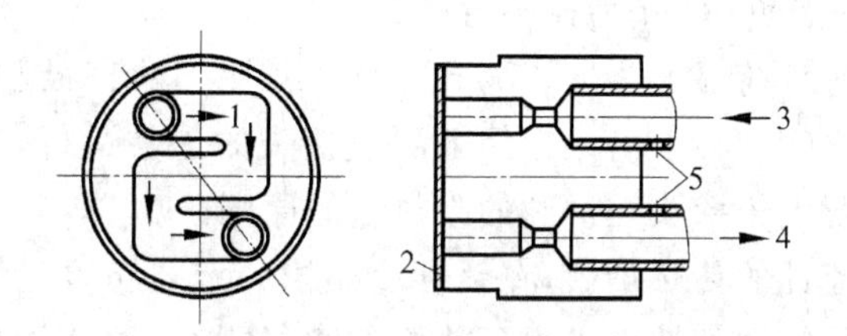

图 7.4　改良后的水流式热流计(B 型)
1. 水流　2. 受热面　3. 进水　4. 出水　5. 温度计插入孔

7.3　两种新型热流计

7.1 节和 7.2 节介绍了火焰黑度和辐射热流量的测量,适用于炉膛烟气辐射的测量。这里进一步给出一个热管式热流计的例子,这是一种新型的热流计。

对流化床而言,炉内局部换热系数的测量则包括了辐射和对流的综合因素。为形象起见,这里也给出一个实例,说明循环流化床的炉内局部换热系数的测量。

7.3.1　热管式热流计

由于热量式热流计在现场使用时需要连接进出水管,对高度达几十米的锅炉而言使用很不方便,西安交通大学开发了热管式热流计,其结构示于图 7.5。由于热管是利用真

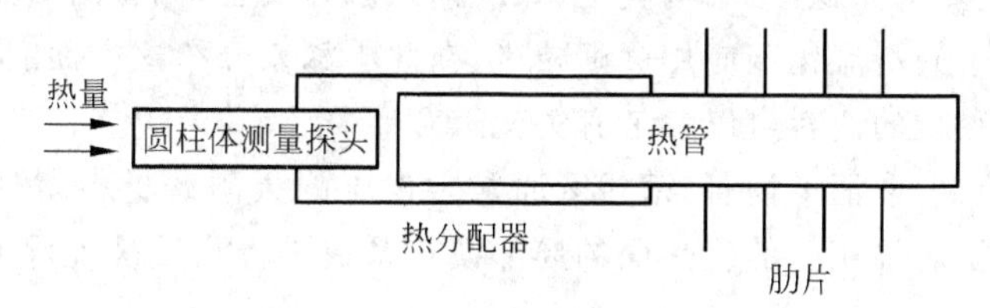

图 7.5　热管式热流计结构

空相变来传递热量的高效传热元件，其传热能力是铜管的几百倍，可以有效地解决长距离的传热问题。因此，热管式热流计取消了进水管，用带肋片的热管代替，吸热表面将热量通过导热传给热分配器，热分配器再将热量传给热管的蒸发段，最后通过热管冷凝段的肋片散到空气中。热分配器由铝或铜导热系数大的金属组成，在两头加工螺纹以保证与测温探头、热管紧密连接，以保护测温探头，使其不致损坏。因此，冷却水带走的热量一定要大于探头在炉膛的吸热量，以免烧损探头。探头在炉膛的吸热量可用下式表示，

$$q = q_{\mathrm{H}}\left(\frac{\pi}{4}d^2\right) \tag{7.26}$$

式中，q_{H} 为炉膛受热面热负荷；d 为探头直径。

由于炉膛受热面热负荷最大为 $6\mathrm{MW/m^2}$，而金属探头的直径已知，故探头在炉膛的吸热量 q 通常可以由式(7.26)求出。为保证测温探头的正常运行，热管式热流计的设计应遵循热管的散热量要大于探头在炉膛的吸热量的原则。

计算出热管式热流计的传热量后，在热管冷凝段一定要布置足够数量的肋片以便将探头在炉膛内吸收的热量全部散出。由于热管的直径很小，肋片管外径一般定为热管外径的 2 倍，故可以认为在肋片上任意一点的温度都均匀一致，等于管内工质的温度。因此，肋片管对外散热量可由下式确定：

$$q_1 = hN\,\frac{\pi(D^2 - d^2)}{2}(t_1 - t_2) \tag{7.27}$$

式中，q_1 为肋片管对外散热量；h 为肋片与外界的对流换热系数；D 为肋片外径；d 为热管外径；N 为肋片数量；t_1 为管内工质温度；t_2 为周围环境中的空气温度。

根据传热手册，肋片与外界的对流换热系数可取为 $10\mathrm{W/m^2\cdot K}$。此外，为安全起见须加 20% 的裕度系数，即 $q_1 = 1.2q$，以保证热管能安全地工作。根据式(7.27)，肋片数量 N 可以方便地求出。

有关热管式热流计的设计和标定等内容由于篇幅所限，本文就不论述了。

7.3.2 循环床的炉膛局部换热系数测量

在鼓泡流化床的密相区中布置了埋管受热面，因此在浓相状态下气固两相流对埋管的传热是个非常重要的问题，对结构安全(如磨损)、水力安全(如管内传热恶化)等有直接的影响。但是，鉴于鼓泡流化床应用逐渐减少，在此不深入介绍这方面的内容。相关的研究和成果很多，有兴趣的读者可以参考有关文献和专著。

在循环床锅炉中，取消了埋管，密相区通常敷设了耐火耐磨材料，炉膛的受热面绝大部分布置在稀相区，对稀相区的受热面的局部换热系数进行测量是进行工程设计、校核的基础。

测量稀相区的局部换热系数的依据其实就是第 4 章介绍过的两相流传热计算方法，

基本原理如下：

烟侧的传热系数由对流和辐射两部分的传热作用构成：

$$h = h_c + h_r$$

其中对流换热系数 h_c 又由气体对流换热系数和颗粒对流换热系数构成：

$$h_c = h_{gc} + h_{pc}$$

辐射换热系数 h_r 也由两部分组成：

$$h_r = h_{gr} + h_{pr}$$

在实际测量中，由于辐射测量的复杂性，来自气体和颗粒的辐射不易区分，所以通常把这两部分用辐射热流计测量。

采用导热式热流计，通过测量其导热量、温度及床温来计算出床与壁面之间的换热系数。图 7.6 是一种可测量循环床局部换热系数的热流计结构示意图。导热元件由45＃碳钢加工成圆柱，在探头轴线的不同位置上焊接了三个热电偶，以对轴向热流进行测量和校验；在相同轴向位置的截面外缘安装三个热电偶，以监测径向热流。试验中将热流计从测孔伸入使其前端面与水冷壁鳍片内壁面平齐，接受床内传来的热量；导热元件的另一端用水冷却。当探头达到热平衡时，在其轴线上形成了稳定的温度场，即可计算探头的轴向热流密度 q。探头周向表面用保温材料包覆。

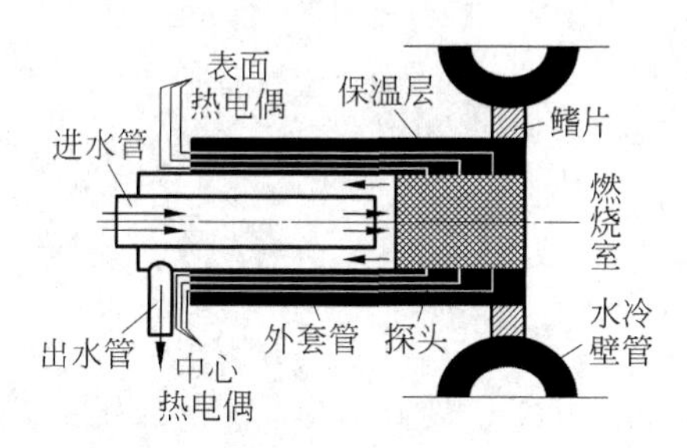

图 7.6　热流计结构示意图

若测得探头表面温度 t_s 和床温 t_b，则测孔处的床与壁面之间的换热系数 h 可由下式计算

$$h = q/(t_b - t_s) \tag{7.28}$$

若圆柱为一维导热，则稳态后轴向温度应是线性分布，可求出热流

$$q = \lambda \Delta t / \Delta l \tag{7.29}$$

式中，λ 为导热元件导热系数；Δl 为热电偶距离；Δt 为热电偶测出的温差。

碳钢的导热系数 λ 受温度影响，需要在实验室中对使用的导热元件的导热系数进行标定实验。为确定热流计测量误差，可以制作另一只结构完全相同的热流计，在实验台上作对比实验。相同热流条件下，一般要求两支热流计测量值相差 10％以内。

附录A

APPENDIX A

热辐射常用物理常数

真空中的光速	$c_0=2.9979\times10^{8}\,\mathrm{m/s}$
普朗克常数	$h=6.6262\times10^{-34}\,\mathrm{J\cdot s}$
玻耳兹曼常数	$k=1.3806\times10^{-23}\,\mathrm{J/K}$
普朗克光谱辐射公式的第一辐射常数	$c_1=0.59553\times10^{8}\,\mathrm{W\cdot\mu m^4/m^2}$
	$c_1=0.59553\times10^{-16}\,\mathrm{W\cdot m^2}$
普朗克光谱辐射公式的第二辐射常数	$c_2=14388\,\mu\mathrm{m\cdot K}$
维恩位移定律常数	$c_3=2897.8\,\mu\mathrm{m\cdot K}$
斯特藩-玻耳兹曼常数	$\sigma=5.670\times10^{-8}\,\mathrm{W/(m^2\cdot K^4)}$

附录B 常用的角系数计算公式

APPENDIX B

(1) 微元面对微元面的角系数。

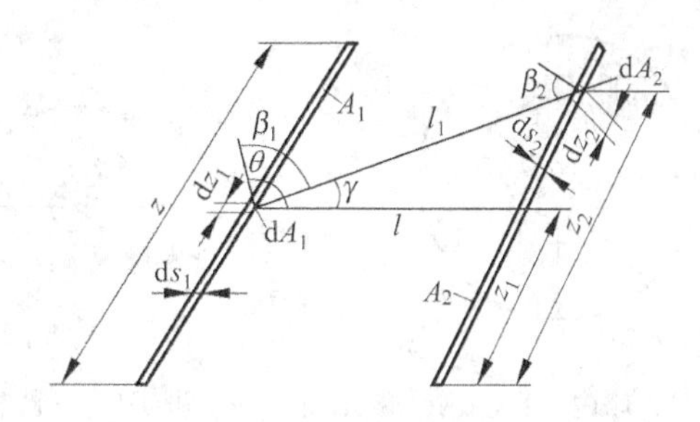

图 B1　两个母线平行的有限长的窄条

两个母线平行的有限长的窄条(图 B1)ds_1 对 ds_2 的角系数 φ_{ds_1,ds_2}。

$$\varphi_{ds_1,ds_2}=\frac{1}{\pi}d(\sin\theta)\arctan\left(\frac{z}{l}\right) \tag{B1}$$

式中,θ 是窄条 ds_1 平面与两窄条连线间的夹角;z 是窄条的长度;l 是两窄条间的距离。对于无线长的窄条(即 $z\to\infty$),该方程变成

$$\varphi_{ds_1,ds_2}(\infty)=\frac{1}{2}d(\sin\theta)$$

下面以 $\varphi_{ds_1,s_2}/\varphi_{ds_1,ds_2}(\infty)$的形式给出曲线图(图 B2)。

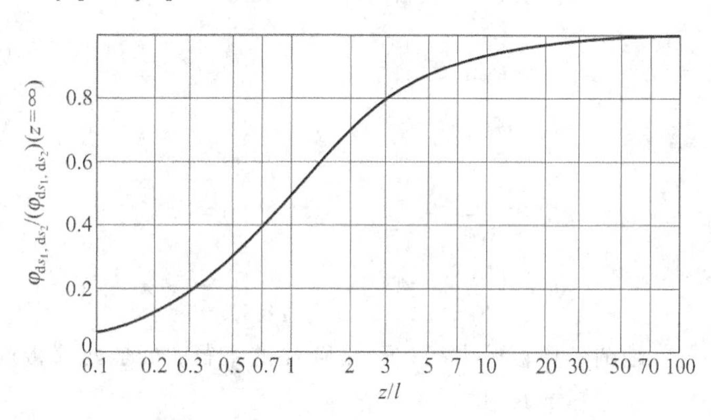

图 B2　两母线平行的窄条间的角系数

(2) 空心球内表面上两个微元面(图 B3) dA_j 和 dA_k 间的角系数 φ_{d_j,d_k}。

$$\varphi_{d_j,d_k}=\frac{dA_k}{4\pi R^2} \tag{B2}$$

式中,R 是球半径。

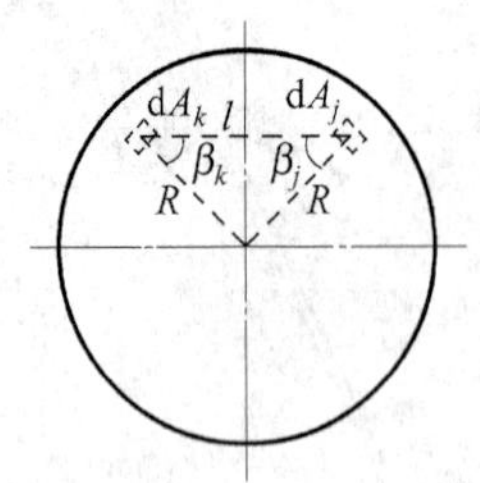

图 B3　空心球内表面上两个微元面

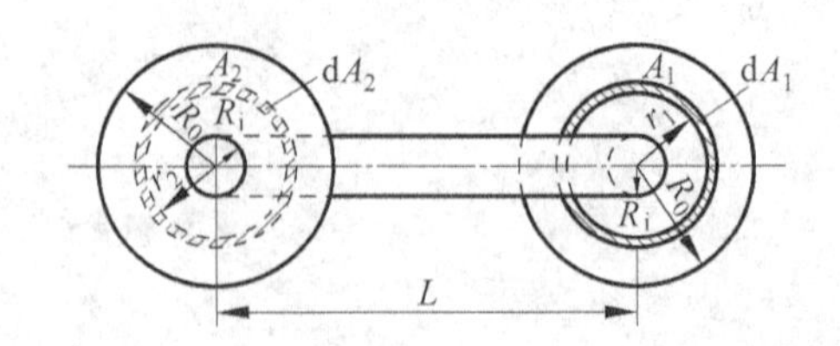

图 B4　一圆柱上两平行圆形翼板上微元环

(3) 一圆柱上两平行圆形翼板上微元环(图 B4) dA_1 和 dA_2 间的角系数 φ_{d_1,d_2}。

$$\varphi_{d_1,d_2}=-\frac{1}{2\pi}\frac{\partial I}{\partial\rho_2}d\rho_2 \tag{B3}$$

式中,

$$I(\rho_1,\rho_2)=-\psi_m+[2(\rho_1^2-\rho_2^2+N_L^2)/K]$$
$$\times\arctan\left\{\left[K\tan\left(\frac{\varphi_m}{2}\right)\right](\rho_1^2+\rho_2^2-2\rho_1\rho_2+N_L^2)\right\};$$

$$K=[(\rho_1^2+\rho_2^2+N_L^2)^2-4\rho_1^2\rho_2^2]^{1/2};$$

$$\psi_m=\arccos(N_R/\rho_1)+\arccos(N_R/\rho_2);$$

$$\rho_1=\frac{r_1}{R_0};$$

$$\rho_2=\frac{r_2}{R_0};$$

$$N_L=\frac{L}{R_0};$$

$$N_R=\frac{R_i}{R_0};$$

式中,R_0 是圆形翼板的半径;R_i 是圆柱的半径;L 是两翼板间的距离;r_1 是微元环 dA_1 的半径;r_2 是微元环 dA_2 的半径。

(4) 圆柱顶面上与圆柱同心的一微元环面对与圆柱顶面平行的圆柱侧面上的一微元环面(图 B5)的角系数 $\varphi_{dr,d\xi}$。

$$\varphi_{dr,d\xi}=2\xi R^2\frac{r^2-\xi^2-R^2}{[(\xi^2+r^2+R^2)^2-4r^2R^2]^{3/2}}d\xi \tag{B4}$$

式中，R 是圆柱半径；r 是顶面上微元环的半径；ξ 是侧面上微元环到顶面的距离。

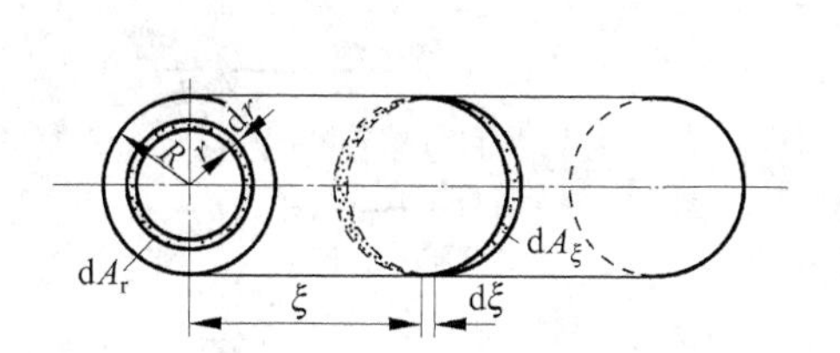

图 B5　圆柱顶面上与圆柱同心的微元环面对与圆柱顶面平行的圆柱侧面上的微元环面的角系数

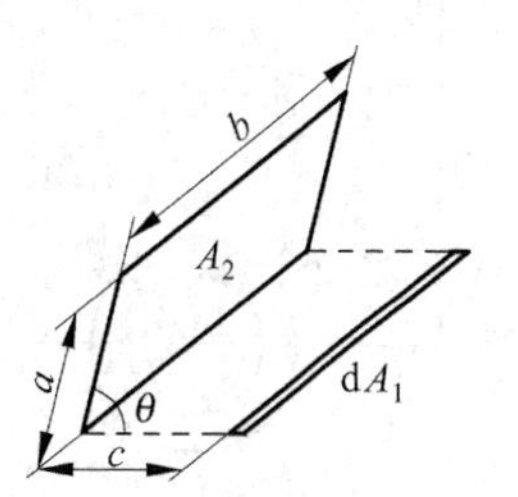

图 B6　微元窄条 dA_1 对同等长度的矩形面 A_2

(5) 微元窄条 dA_1 对同等长度的矩形面 A_2(图 B6)的角系数 $\varphi_{ds_1,2}$。

$$\begin{aligned}\varphi_{ds_1,2}=&\frac{1}{\pi}\left\{\arctan\left(\frac{1}{L}\right)+L\frac{\sin^2\theta}{2}\ln\left[\frac{L^2(L^2-2NL\cos\theta+1+N^2)}{(1+L^2)(L^2-2NL\cos\theta+N^2)}\right]\right.\\&-L\sin\theta\cos\theta\left[\frac{\pi}{2}-\theta+\arctan\left(\frac{N-L\cos\theta}{L\sin\theta}\right)\right]\\&+\cos\theta\sqrt{1+L^2\sin^2\theta}\left[\arctan\left(\frac{N-L\cos\theta}{\sqrt{1+L^2\sin^2\theta}}\right)+\arctan\left(\frac{L\cos\theta}{\sqrt{1+L^2\sin^2\theta}}\right)\right]\\&\left.+\frac{N\cos\theta-L}{\sqrt{L^2-2NL\cos\theta+N^2}}\arctan\left(\frac{1}{\sqrt{L^2-2NL\cos\theta+N^2}}\right)\right\}\end{aligned} \tag{B5}$$

式中，$L=\frac{c}{b}$；$N=\frac{a}{b}$；a、b 是矩形面的宽和长；c 是 dA_1 到 A_2 一个边的距离；θ 是 dA_1 所在的平面与矩形面的夹角。

(6) 微元面 dA_1 对无限大平板 A_2(图 B7)的角系数 $\varphi_{d_1,2}$。

$$\varphi_{d_1,2}=\frac{1}{2}(1+\cos\theta) \tag{B6}$$

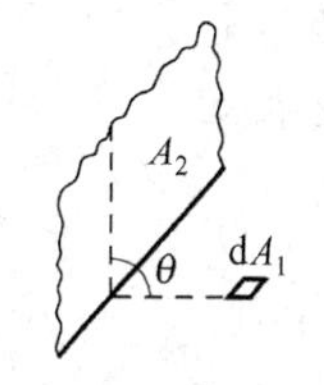

图 B7　微元面 dA_1 对无限大平板 A_2 的角系数

式中，θ 是微元面 dA_1 和平板 A_2 间的夹角。

(7) 微元面 dA_1 对和它相垂直的环面 A_4(图 B8)的角系数 $\varphi_{d_1,4}$。

$$\begin{aligned}\varphi_{d_1,4}=\varphi_{d_1,2}-\varphi_{d_1,3}=\frac{H}{2}\left\{\frac{H^2+R_0^2+1}{[(H^2+R_0^2+1)-4R_0^2]^{1/2}}\right.\\\left.-\frac{H^2+R_i^2+1}{[(H^2+R_i^2+1)^2-4R_i^2]^{1/2}}\right\}\end{aligned} \tag{B7}$$

式中，$H=\frac{h}{l}$，$R_0=\frac{r_0}{l}$，$R_i=\frac{r_i}{l}$，r_0 是大盘的半径，r_i 是小盘的半径，h 是微元面与圆环的纵

向距离，l 是微元面与圆环的横向距离。

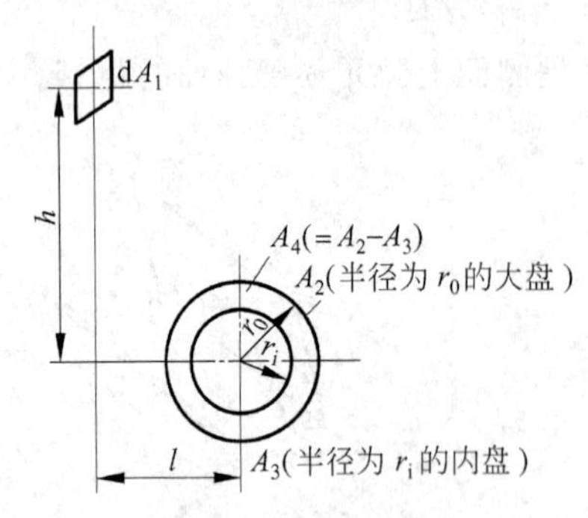

图 B8　微元面 dA_1 对和它相垂直的环面 A_4 的角系数

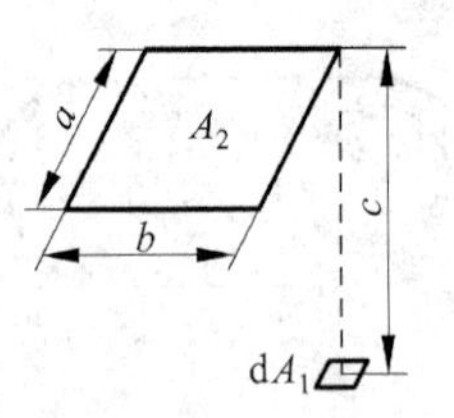

图 B9　微元面 dA_1 对一个平行于 dA_1 的矩形面 A_2 间的角系数

(8) 微元面 dA_1 对一个平行于 dA_1 的矩形面 A_2 间(图 B9)的角系数 $\varphi_{d_1,2}$，dA_1 的法线过矩形面 A_2 的一个角。

$$\varphi_{d_1,2}=\frac{1}{2\pi}\left[\frac{X}{\sqrt{1+X^2}}\arctan\frac{Y}{\sqrt{1+X^2}}+\frac{Y}{\sqrt{1+Y^2}}\arctan\frac{X}{\sqrt{1+Y^2}}\right] \tag{B8}$$

式中，$X=\dfrac{a}{c}$，$Y=\dfrac{b}{c}$，a、b 是矩形面 A_2 的两边长，c 是 dA_1 到 A_2 的距离。

(9) 一个微元面 dA_1 对相平行的一个有限圆盘 A_2 间(图 B10)的角系数 $\varphi_{d_1,2}$。

$$\varphi_{d_1,2}=\frac{1}{2}-\frac{1+C^2-B^2}{\sqrt{C^4+2C^2(1-B^2)+(1+B^2)^2}} \tag{B9}$$

式中，$B=\dfrac{R}{a}$，$C=\dfrac{b}{a}$，R 是圆盘的半径，a 是 dA_1 到 A_2 的纵向距离，b 是 dA_1 到 A_2 中心的横向距离。

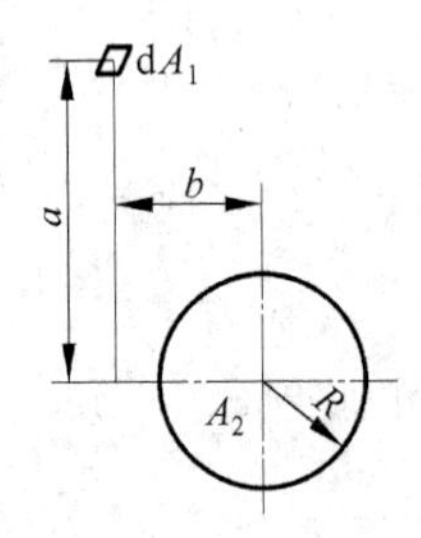

图 B10　一个微元面 dA_1 对相平行的一个有限圆盘 A_2 间的角系数

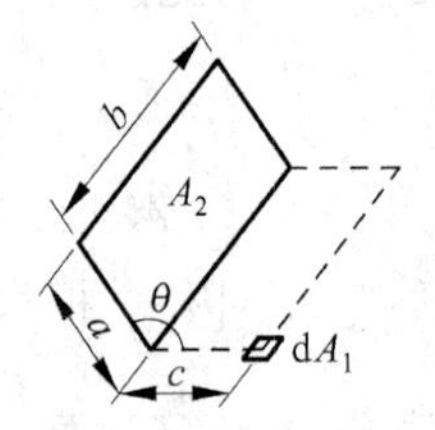

图 B11　微元面 dA_1 对矩形面 A_2 间的角系数

(10) 微元面 dA_1 对矩形面 A_2 间(图 B11)的角系数 $\varphi_{d_1,2}$，dA_1 和 A_2 的夹角为 θ，$0°<\theta<180°$。

$$\varphi_{d_1,2}=\frac{1}{2\pi}\left\{\arctan\left(\frac{l}{L}\right)+V(N\cos\theta-L)\arctan V+\frac{\cos\theta}{W}\left[\arctan\left(\frac{N-L\cos\theta}{W}\right)+\arctan\left(\frac{L\cos\theta}{W}\right)\right]\right\} \tag{B10}$$

式中，$V=\dfrac{1}{\sqrt{N^2+L^2-2NL\cos\theta}}$，$W=\sqrt{1+L^2\sin^2\theta}$，$L=\dfrac{c}{b}$，$N=\dfrac{a}{b}$，$a$、$b$ 是矩形面 A_2 的两边长，c 是 dA_1 和 A_2 一个边的距离，θ 是 dA_1 和 A_2 间的夹角。

(11) 微元面 dA_1 对一个由矩形和直角三角形组合而成的面 A_2(图 B12)的角系数 $\varphi_{d_1,2}$，dA_1 在组合面 A_2 的短边一端。

$$\varphi_{d_1,2}=\frac{1}{2\pi}\left(\arctan\left(\frac{1}{L}\right)+\frac{N\cos\beta-L}{V}\left\{\arctan\left[\frac{(K^2+1)+K(N-L\cos\beta)}{V}\right]-\arctan\left[\frac{K(N-L\cos\beta)}{V}\right]\right\}+\frac{\cos\beta}{W}\left[\arctan\left(\frac{L\cos\beta}{W}\right)+\arctan\left(\frac{N-L\cos\beta+K}{W}\right)\right]\right) \tag{B11}$$

式中，V、W、L、N 定义同(10)，$K=\tan\beta$。

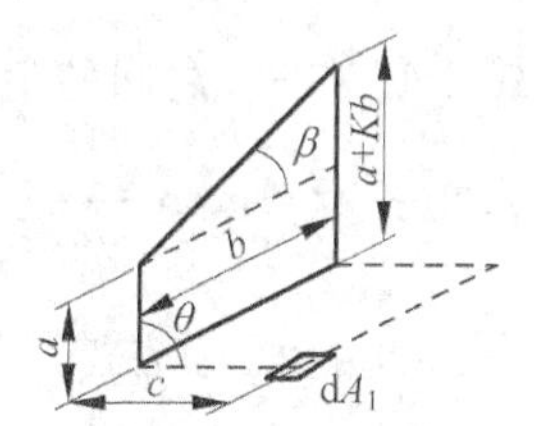

图 B12 微元面 dA_1 对一个由矩形和直角三角形组合而成的面 A_2 的角系数

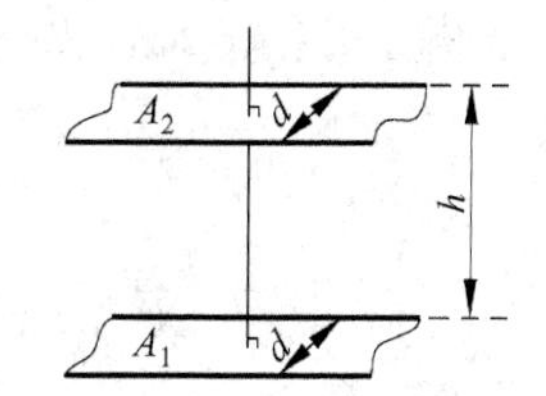

图 B13 两个宽度相同的无限长平行平面 A_1 和 A_2

(12) 两个宽度相同的无限长平行平面 A_1 和 A_2(图 B13)，其中平面 A_1 在平面 A_2 的正上方，即平面 A_2 是平面 A_1 的投影，计算 A_1 对 A_2 的角系数。

$$\varphi_{12}=\sqrt{1+H^2}-H \tag{B12}$$

式中，$H=h/d$。

(13) 两个宽度不等得无限长平行平面 A_1 和 A_2(图 B14)，其中平面 A_1 的平分线正对着平面 A_2 的平分线，计算 A_1 和 A_2 之间的角系数。

$$\varphi_{12}=\frac{1}{2D_1}\left[\sqrt{4+(D_1+D_2)^2}-\sqrt{4+(D_2-D_1)^2}\right] \tag{B13}$$

$$\varphi_{21}=\frac{1}{2D_2}\left[\sqrt{4+(D_1+D_2)^2}-\sqrt{4+(D_1-D_2)^2}\right] \tag{B14}$$

式中，$D_1=\dfrac{d_1}{h}$；$D_2=\dfrac{d_2}{h}$。

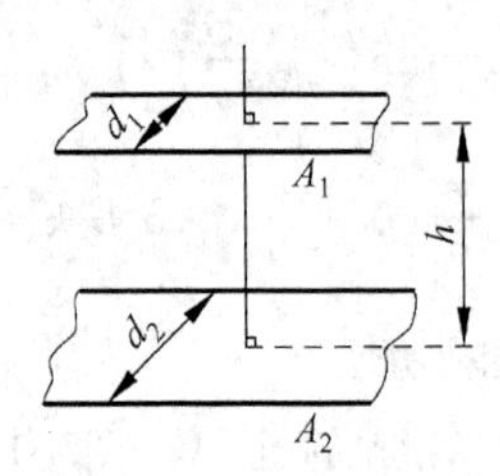

图 B14　两个宽度不等的无限长平行平面 A_1 和 A_2

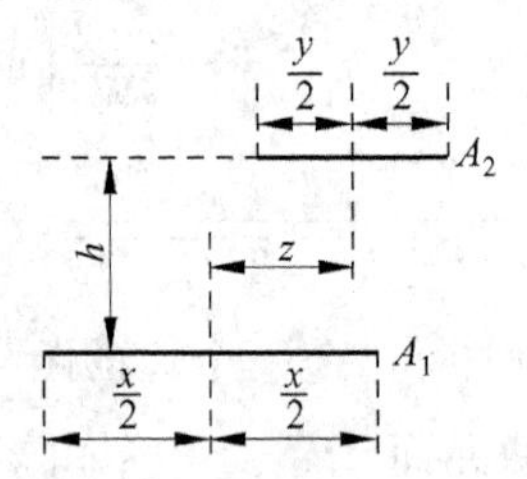

图 B15　两个宽度不等的无限长平行平面

(14) 两个宽度不等的无限长平行平面(图 B15)A_1 和 A_2 之间的角系数。

$$\varphi_{12}=\frac{Y}{X}\varphi_{21}=\frac{1}{2X}\left[\sqrt{1+\left(\frac{Y+X-2Z}{2}\right)^2}+\sqrt{1+\left(\frac{Y+X+2Z}{2}\right)^2}\right.$$
$$\left.-\sqrt{1+\left(\frac{X-Y-2Z}{2}\right)^2}-\sqrt{1+\left(\frac{X-Y+2Z}{2}\right)^2}\right] \tag{B15}$$

式中，$X=\dfrac{x}{h}$；$Y=\dfrac{y}{h}$；$Z=\dfrac{z}{h}$。

(15) 两个相互平行正对着完全相同的矩形(图 B16)A_1 和 A_2 之间的角系数。

$$\varphi_{12}=\frac{2}{\pi XY}\left\{\ln\left[\frac{(1+X^2)(1+Y^2)}{1+X^2+Y^2}\right]^{1/2}+X\sqrt{1+Y^2}\arctan\frac{X}{\sqrt{1+Y^2}}\right.$$
$$\left.+Y\sqrt{1+X^2}\arctan\frac{Y}{\sqrt{1+X^2}}-X\arctan X-Y\arctan Y\right\} \tag{B16}$$

式中，$X=\dfrac{a}{h}$；$Y=\dfrac{b}{h}$。

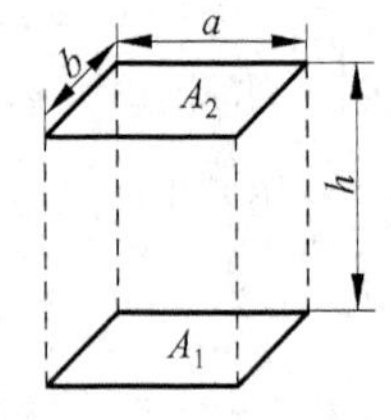

图 B16　两个相互平行正对着完全相同的矩形

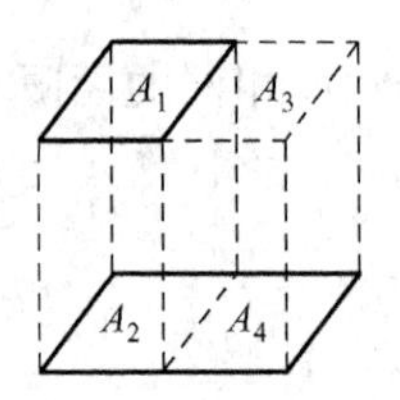

图 B17　两个平行的矩形

(16) 两个平行的矩形(图 B17)，一个矩形 A_1 正对另一矩形 $A_{2,4}$ 的一部分 A_2，计算 A_1 对 $A_{2,4}$ 的角系数。

$$\varphi_{1(2,4)}=\frac{1}{2A_1}\left[A_{(1,3)}\varphi_{(1,3)(2,4)}+A_1\varphi_{12}-A_3\varphi_{34}\right] \tag{B17}$$

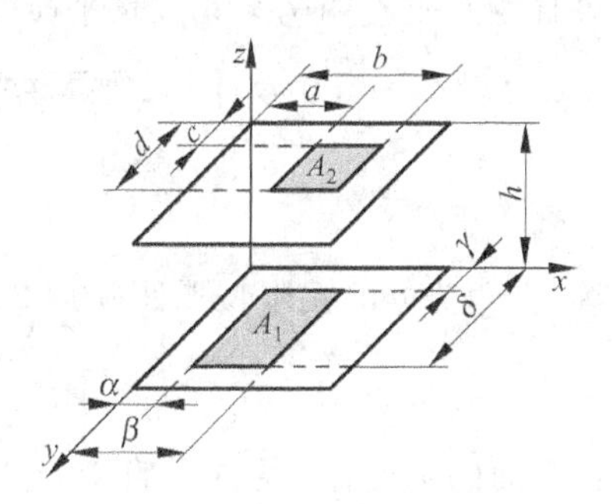

图 B18　在两个平行平面中两组对边分别平行的两个任意边长的矩形

(17) 在两个平行平面中两组对边分别平行的两个任意边长的矩形(图 B18) A_1 和 A_2 之间的角系数。

$$\begin{aligned}\varphi_{12} = \frac{1}{\pi A_1}[&f(\beta-b,\delta-c)-f(\beta-a,\delta-c)\\&+f(\alpha-a,\delta-c)-f(\alpha-b,\delta-c)+f(\alpha-b,\gamma-c)\\&-f(\alpha-a,\gamma-c)+f(\beta-a,\gamma-c)-f(\beta-b,\gamma-c)\\&+f(\beta-b,\gamma-d)-f(\beta-a,\gamma-d)+f(\alpha-a,\gamma-d)\\&-f(\alpha-b,\gamma-d)+f(\alpha-b,\delta-d)-f(\alpha-a,\delta-d)\\&+f(\beta-a,\delta-d)-f(\beta-b,\delta-d)]\end{aligned} \tag{B18}$$

式中，函数 f 由下式定义：

$$\begin{aligned}f(\nu,\xi) = \frac{1}{2}\Big(&h\nu\arctan\frac{\nu}{h}-\xi\sqrt{h^2+\nu^2}\arctan\frac{\xi}{\sqrt{h^2+\nu^2}}\\&-\nu\sqrt{h^2+\xi^2}\arctan\frac{\nu}{\sqrt{h^2+\xi^2}}+\frac{h^2}{2}\ln\frac{h^2+\nu^2+\xi^2}{h^2+\xi^2}\Big)\end{aligned} \tag{B18a}$$

(18) 两个共边、宽度相等、夹角为 θ 的无限长平面(图 B19)之间的角系数。

$$\varphi_{12} = \varphi_{21} = 1 - \sin\frac{\theta}{2} \tag{B19}$$

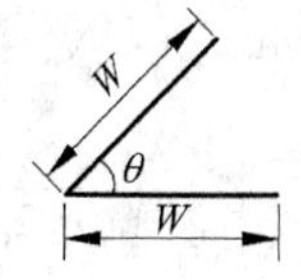

图 B19　两个共边、宽度相等、夹角为 θ 的无限长平面

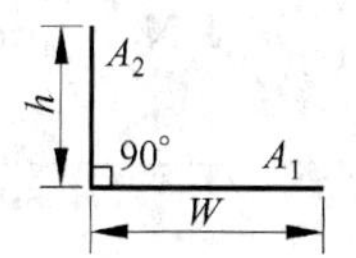

图 B20　两个共边、宽度不等且相互垂直的两个无限长平面

(19) 两个共边、宽度不等且相互垂直的两个无限长平面(图 B20)之间的角系数。

$$\varphi_{12}=H\varphi_{21}=\frac{1}{2}[1+H-\sqrt{1+H^2}] \tag{B20}$$

式中,$H=\dfrac{h}{W}$。

(20) 两个共边、宽度不等、夹角为 θ 的无限长平面(图 B21)之间的角系数。

$$\varphi_{12}=\frac{l_1+l_2-l_3}{2l_1} \tag{B21}$$

式中,l_1、l_2 分别为两个无限长平面的宽度; l_3 为在垂直于公共边的平面里,A_1 和 A_2 外端连线的长度。

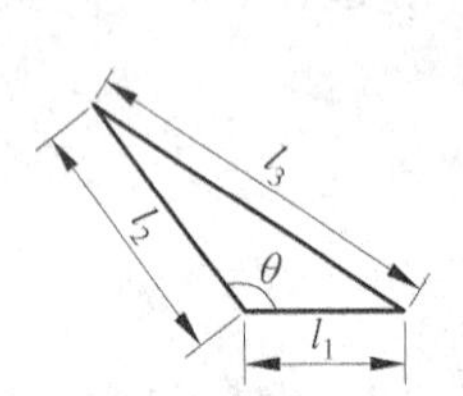

图 B21 两个共边、宽度不等、夹角为 θ 的无限长平面

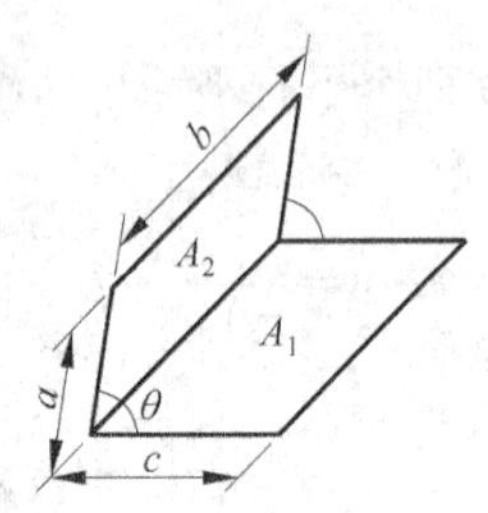

图 B22 两个矩形 A_1 和 A_2 有一条公共边且之间的夹角为 θ

(21) 两个矩形(图 B22)A_1 和 A_2 有一条公共边且之间的夹角为 θ,A_1 对 A_2 的角系数。

$$\begin{aligned}\varphi_{12}=&\frac{1}{\pi L}\Bigg(-\frac{\sin 2\theta}{4}\left[NL\sin\theta+\left(\frac{\pi}{2}-\theta\right)(N^2+L^2)+L^2\arctan\left(\frac{N-L\cos\theta}{L\sin\theta}\right)\right.\\&\left.+N^2\arctan\left(\frac{L-N\cos\theta}{N\sin\theta}\right)\right]+\frac{\sin^2\theta}{4}\ln\left\{\left[\frac{(1+N^2)(1+L^2)}{1+N^2+L^2-2NL\cos\theta}\right]^{\csc 2\theta+\cot 2\theta}\right.\\&\left.\times\left[\frac{L^2(1+N^2+L^2-2NL\cos\theta)}{(1+L^2)(N^2+L^2-2NL\cos\theta)}\right]^{L^2}\right\}\\&+\frac{N^2\sin^2\theta}{4}\ln\left[\left(\frac{N^2}{N^2+L^2-2NL\cos\theta}\right)\left(\frac{1+N^2}{1+N^2+L^2-2NL\cos\theta}\right)^{\cos 2\theta}\right]\\&+L\arctan\left(\frac{1}{L}\right)+N\arctan\left(\frac{1}{N}\right)-\sqrt{N^2+L^2-2NL\cos\theta}\,\mathrm{arccot}\sqrt{N^2+L^2-2NL\cos\theta}\\&+\frac{N\sin\theta\sin 2\theta}{2}\sqrt{1+N^2\sin^2\theta}\left[\arctan\left(\frac{N\cos\theta}{\sqrt{1+N^2\sin^2\theta}}\right)+\arctan\left(\frac{L-N\cos\theta}{\sqrt{1+N^2\sin^2\theta}}\right)\right]\\&+\cos\theta\int_0^L\sqrt{1+z^2\sin^2\theta}\left[\arctan\left(\frac{N-z\cos\theta}{\sqrt{1+z^2\sin^2\theta}}\right)\right.\\&\left.+\arctan\left(\frac{z\cos\theta}{\sqrt{1+z^2\sin^2\theta}}\right)\right]\mathrm{d}z\Bigg)\end{aligned} \tag{B22}$$

式中，$N=\dfrac{a}{b}$；$L=\dfrac{c}{b}$。

(22) 在夹角为 θ 的两个平面内各有一个矩形(图 B23)，分别是 A_2 和 A_3，A_3 的一组边平行于棱，而 A_2 有一个边与棱重合，A_2 和 A_3 的另外一组边分别在与棱垂直的两个平面内。

$$A_3\varphi_{32}=A_2\varphi_{23}=A_{(1,3)}\varphi_{(1,3)2}-A_1\varphi_{12} \tag{B23}$$

式中，$\varphi_{(1,3)2}$、φ_{12} 可由式(B22)求得。

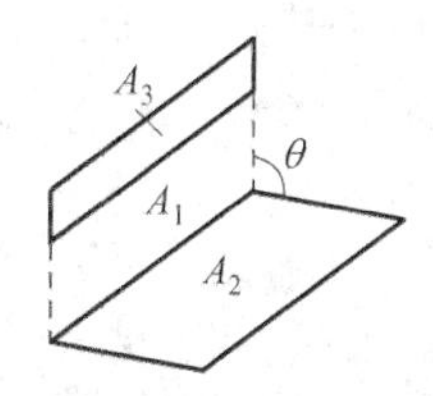

图 B23 在夹角为 θ 的两个平面内各有一个矩形

炉内传热常用中英文词汇索引

附录C

APPENDIX C

二画

入射辐射,投射辐射,入射辐射能流密度(irradiance)
二氧化碳(carbon dioxide)
二氧化碳辐射(carbon dioxide radiation)

四画

火焰(flame)
反射率(reflectivity)
太阳辐射(solar radiation)
不发光火焰(nonluminous flame)
不透明物体(opaque substance)
互换性(reciprocity)
介电常数(dielectric constant)
气体发射率(emittance of gas)
水蒸气图线(chart of water vapor)
不发光的(nonluminous)
区域法(zoning method)

五画

包壳(enclosure)
立体角(solid angle)
发射,辐射(emission)
发射率,黑度(emissivity)
发射力,辐射力(emissive power)
发光的(luminous)
发光火焰(luminous flame)
平均吸收系数(mean absorption coefficient)
平均射线长度,有效辐射层厚度(mean beam length)
布格定律(Bouguer's law)
电离(ionization)

电阻率(electrical resistivity)
电场强度(electric intensity)
电磁波(electromagnetic wave)
电磁波谱 (electromagnetic spectrum)

六画

光子(photon)
光速(speed of light)
光学薄(optically thin)
光学厚度(optical thickness)
光谱(spectrum)
光谱选择性(spectrally selectivity)
光谱重叠(spectral overlap)
红外辐射(infrared radiation)
传递方程(equation of transfer)
灰气体(gray gas)
灰表面(gray surface)
有效辐射,有效辐射能流密度(radiosity)
吸收(absorption)
吸收率(absorptivity)
网络法(network method)
自由态-自由态转化(free-free transition)

七画

角系数(shape factor,configuration factor)
折射(refraction)
折射率(refractive index)
局部热力学平衡(local thermodynamic equilibrium)
束缚态-束缚态转化(bound-bound transition)
束缚态-自由态转化(bound-free transition)
麦克斯韦方程(Maxwell's equation)

八画

表面(surface)
表面热阻(surface resistance)

空间热阻(space resistance)
波,波动(wave)
波动方程(wave equation)
波长(wavelength)
坡印亭向量(Poynting vector)
单色强度(spectral intensity)
净辐射热流法(net radiation method)

十画

衰减(attenuation)
能密度(energy density)
能级(energy level)
热流密度(heat flux)
热辐射(thermal radiation)
朗伯余弦定律(Lambert's cosine law)

十一画

维恩公式(Wien's formula)
维恩位移定律(Wien's displacement law)
基尔霍夫定律(Kirchhoff's law)

十二画

普朗克光谱分布(Planck's spectral distribution)
普朗克公式(Planck's equation)
温室效应(greenhouse effect)
斯特藩-玻耳兹曼定律(Stefan-Boltzmann's law)
斯特藩-玻耳兹曼常数(Stefan-Boltzmann constant)
散射(scattering)
黑体(black body)
黑体辐射函数(black body function)
黑包壳(black enclosure)
黑表面(black surface)
强度,辐射强度(intensity)

十三画

蒙特卡罗方法(Monte Carlo method)

十四画

附录D 锅炉常用中英文词汇

APPENDIX D

锅炉 boiler

蒸汽锅炉 steam boiler
电站锅炉 power station boiler
工业锅炉 industrial boiler
民用锅炉 domestic boiler
热水锅炉 hot water boiler
船用锅炉 marine boiler
快装锅炉 package boiler
组装锅炉 shop-assembled boiler
散装锅炉 field-assembled boiler
常压热水锅炉 atmospheric pressure hot water boiler
低压锅炉 low pressure boiler
中压锅炉 medium pressure boiler
高压锅炉 high pressure boiler
超高压锅炉 super high-pressure boiler
亚临界压力锅炉 subcritical-pressure boiler
超临界压力锅炉 supercritical-pressure boiler
超超临界锅炉 ultra supercritical boiler
自然循环锅炉 natural circulation boiler
强制循环锅炉 forced circulation boiler
直流锅炉 once-through boiler
复合循环锅炉 combined circulation boiler
低循环倍率锅炉 low circulation boiler
固体燃料锅炉 solid-fuel fired boiler
液体燃料锅炉 liquid-fuel fired boiler
气体燃料锅炉 gas-fuel fired boiler
余热锅炉 exhaust heat boiler
固态排渣锅炉 boiler with dry-ash furnace
液态排渣锅炉 boiler with slag-tap furnace
火床燃烧锅炉 grate firing boiler

链条炉排锅炉 traveling grate boiler
抛煤机链条炉排锅炉 spreader-stoker-fired boiler
煤粉燃烧锅炉 pulverized coal fired boiler
水煤浆燃烧锅炉 coal-water slurrty fired boiler
流化床燃烧锅炉 fluidized bed boiler
循环流化床锅炉 circulating fluidized bed boiler
增压循环流化床锅炉 pressurized fluidized bed boiler
微正压锅炉 pressure fired boiler

锅炉本体 boiler proper

受热面 heating surface
  辐射受热面 radiant heating surface
  对流受热面 convection heating surface
  附加受热面 auxiliary heating surface
受压元部件 pressure part
管屏 tube panel
管束 tube bank
  错列布置管束 staggered bank
  顺列布置管束 in-line bank
对流烟道 convection pass
风道 air duct
炉膛(燃烧室) furnace
  水冷炉膛 water cooled furnace
  绝热炉膛 insulating furnace
冷灰斗 water-cooled hopper bottom
卫燃带 refractory belt
折焰角 furnace arch
炉拱 arch
  前拱 front arch
  后拱 rear arch
燃烧器 burner
  煤粉燃烧器 powdered coal burner
  旋流式煤粉燃烧器 cyclone type burner
  直流式煤粉燃烧器 impellerless burner

低氮氧化物燃烧器　low nitrogen oxide burner

气体燃烧器　gas burner

油燃烧器　oil burner

油雾化器　oil atomizer

机械雾化油燃烧器(压力雾化油燃烧器)　mechanical atomizing burner

气流雾化油燃烧器　gas atomizing burner

点火装置　flame ignitor

调风器　register

炉排　grate

链条炉排　travelling grate stoker

链带式炉排　chain belt type grate stoker

横梁式炉排　crossgirder grate stoker

鳞片式炉排　flake type grate stoker

往复炉排　reciprocating grate

倾斜式往复炉排　inclined reciprocating grate

振动炉排　vibrating stoker

抛煤机　spreader stoker

锅筒,汽包　drum

锅筒内部装置　drum internals

集箱(联箱)　header

进口联箱 inlet header

出口联箱 outlet header

排污管　blowoff pipe

下降管　downcomer

上升管　riser

蒸发受热面　evaporating heating surface

水冷壁　water-cooled wall,waterwall

膜式水冷壁　membrane wall

双面水冷壁　division wall

防渣管(凝渣管)　boiler slag screen

锅炉管束　boiler convection tube bank

转向室 reversing chamber

过热器　superheater

辐射式过热器　radiant superheater

墙式过热器 wall superheater

屏式过热器 (partial)division superheater,platen superheater

对流式过热器 convection superheater

包墙管过热器 steam-cooled wall

顶棚管过热器(炉顶过热器) steam-cooled roof

悬吊式过热器 pendant superheater

水平式过热器 horizontal superheater

初级过热器 primary superheater

末级过热器(高温过热器)finishing superheater

再热器 reheater

辐射式再热器 radiant reheater

对流式再热器 convection reheater

减温器 desuperheater attemperator

面式减温器 drum type surface attemperator

喷水减温器 spray type attemperator

尾部烟道热回收面 heat recovery area(HRA)

省煤器 economizer

沸腾式省煤器 steaming economizer

非沸腾式省煤器 nonsteaming economizer

钢管式省煤器 steel tube economizer

鳍片管式省煤器 finned tube economizer

铸铁肋片管式省煤器 cast-iron gilled tube economizer

可分式省煤器(独立式省煤器) separated economizer

悬吊管 pendant tube

空气预热器 air heater

钢管式空气预热器 tubular air heater

再生式回转空气预热器 rotary regenerative air heater

受热面转动型再生式空气预热器 rotating-plate type regenerative air heater

风罩转动型再生式空气预热器 stationary-plate type regenerative air heater

板式空气预热器 plate type recuperative air heater

铸铁肋片管式空气预热器 cast-iron gilled tube air heater

烟气挡板(旁路挡板) smoke damper

烟气再循环装置 gas recirculation equipment

汽-汽热交换器 steam-steam heat exchanger

暖风机　steam air heater
锅炉构架　boiler structure
锅炉炉墙　boiler setting
　重型炉墙　bottom supported heavy wall
　轻型炉墙　sectional supporting water cooled wall
　敷管炉墙　top supported water cooled wall

锅炉常用辅助设备

煤仓 coal silo (bunker)
给煤机 coal feeder
磨煤机 pulverizer,mill
烟道 flue(gas) duct
风道 air duct
吹灰器 sootblower
送风机 forced draft fan (FDF)
一次风机 primary air fan (PAF)
二次风机 secondary air fan (blower)
三次风机 tertiary air fan (blower)
引风机 induced draft fan (IDF)
风箱　windbox
调风器　register
电除尘器　electrostatic precipitator (ESP or EP)
布袋除尘器　baghouse precipitator,bagfilter
烟囱　stack,chemney
连排扩容器 continuous (blowdown tank)
定排扩容器 intermediate(blowdown tank)

锅炉常用术语

额定蒸发量　nominal capacity
　最大连续蒸发量　maximum continuous rating
额定供热量　rated heating capacity
额定蒸汽参数　nominal steam parameter
　额定蒸汽压力　nominal steam pressure
　额定蒸汽温度　nominal steam temperature

额定热水温度 nominal hot water temperature
给水温度 feed water temperature
回水温度 return water temperature
排污率 rate of blowdown
锅炉热力计算 thermal calculation for boilers
锅炉水动力计算 hydrodynamic calculation for boilers
锅炉烟风阻力计算 flue-gas and air resistance calculation for boilers
锅炉受压元件强度计算 strength calculation of pressure parts for boilers
锅炉水循环 boiler circulation
气温调节 steam temperature control
给水 feed water
负压燃烧 negative-pressure firing
压力燃烧 pressurized firing
冷风 cold air
热风 hot air
自然通风 natural draft
机械通风 mechanical draft
平衡通风 balanced draft
分段送风 zone control draft
燃料消耗量 fuel consumption
计算燃料消耗量 calculated fuel consumption
理论空气量 theoretical air
过量空气系数 excess air ratio
理论燃烧温度 theoretical combustion temperature
炉膛出口烟气温度 furnace outlet gas temperature
排烟温度 exhaust gas temperature
锅炉热效率 boiler efficiency
保证效率 guarantee efficiency
燃烧效率 combustion efficiency
锅炉热损失 boiler heat loss
排烟热损失 heat loss due to exhaust gas
气体不完全燃烧热损失 heat loss due to unburned gases
固体不完全燃烧热损失 heat loss due to unburned carbon in refuse
散热损失 heat loss due to radiation

灰渣物理热损失　heat loss due to sensible heat in slag
飞灰可燃物含量(飞灰含碳量)　unburned combustible in flue dust
炉渣可燃物含量(炉渣含碳量)　unburned combustible in slag
漏风系数　air leakage factor
热风温度　hot air temperature
一次风(一次空气)　primary air
二次风(二次空气)　secondary air
三次风(三次空气)　tertiary air
炉膛容积热负荷　furnace volume heat release rate
炉膛截面热强度　furnace cross-section heat release rate
辐射受热面热流密度(炉壁热流密度)　furnace wall heat flux density
炉排面积热负荷　grate heat release rate
炉排通风截面比　percentage of air space
除垢　descaling
机械除垢　mechanical descaling
化学清洗　chemical cleaning
碱煮除垢　alkali descaling
酸洗除垢　acid descaling
排污　blowdown
定期排污　periodic blowdown
连续排污　continuous blowdown
吹灰　soot blowing
压缩空气吹灰　compressed air blowing
蒸汽吹灰　steam blowing
压火　banking fire
停炉　shutdown
经济运行　economical operation
漏风试验　air leakage test
堵灰　clogging

附录E

APPENDIX E

113.89kg/s（410t/h）高参数燃煤锅炉热力计算例题

E1 设计任务

(1) 锅炉额定蒸发量 D_1=113.89kg/s(410t/h)。

(2) 蒸汽参数

① 过热蒸汽出口压力 p_{ss}=13.7MPa。

② 过热蒸汽出口温度 t_{ss}=540℃。

③ 汽包内蒸汽压力 p_s=15.07MPa。

(3) 给水温度 t_{fw}=235℃。

(4) 给水压力 p_{fw}=15.6MPa。

(5) 排污率 δ_{bd}=1%。

(6) 排烟温度 θ_{ex}=135℃。

(7) 热空气温度 t_{ha}=320℃。

(8) 冷空气温度 t_{ca}=20℃。

E2 燃料特性

(1) 煤的收到基成分

① 收到基碳质量分数$[C]_{ar}$=70.8[%]。

② 收到基氢质量分数$[H]_{ar}$=4.5[%]。

③ 收到基氧质量分数$[O]_{ar}$=7.13[%]。

④ 收到基氮质量分数$[N]_{ar}$=0.72[%]。

⑤ 收到基硫质量分数$[S]_{ar}$=2.21[%]。

⑥ 收到基灰质量分数$[A]_{ar}$=11.67[%]。

⑦ 收到基水质量分数$[M]_{ar}$=2.97[%]。

(2) 干燥无灰基挥发份$[V]_{daf}$=24.96[%]。

(3) 灰熔点特性

t_{DT}>1500℃。

t_{ST}>1500℃。

t_{FT}>1500℃。

（4）收到基低位发热量 $Q_{ar,net,p}=27797kJ/kg$。

E3 锅炉的基本结构

锅炉采用单锅筒，自然循环 π 型布置固态出渣。锅炉前部为炉膛，四周布满膜式水冷壁，炉膛出口处设置屏式过热器，水平烟道内装有两级对流过热器，尾部竖井交错布置两级省煤器和两级空气预热器，水平烟道和转向室均用膜式壁包敷。系统可参看图 E1。

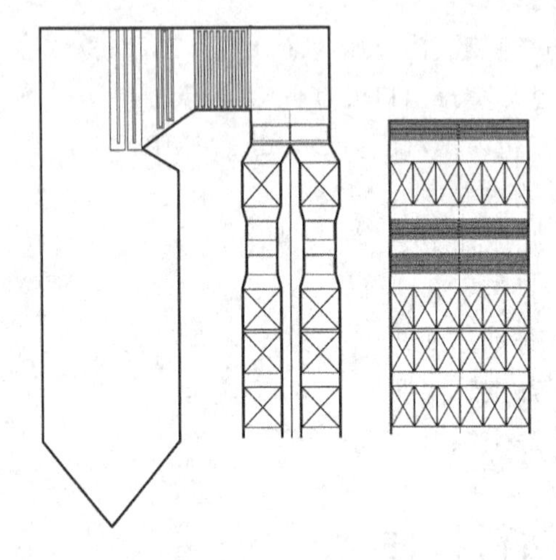

图 E1 锅炉结构简图

炉膛断面为正方形，四周焊有全密封的膜式水冷壁。前后水冷壁下部管子倾斜与水平线成 50°角形成冷灰斗，后水冷壁在炉膛出口凸起形成具有 35°上斜角和 30°仰角的折焰角，然后向上分为两路，其中一路垂直向上穿过水平烟道，进入后水冷壁上集箱，另一路以同样上斜角继续向上形成水平烟道底部的斜面墙管，然后进入斜包墙管上集箱。系统可参看图 E2。

锅炉采用辐射对流，两次交叉换热，两次喷水减温的过热器系统，整个过热器包括顶棚管、包墙管、屏式过热器和两级对流过热器。饱和蒸汽从锅筒出来，用连接管引入顶棚管入口集箱，后经顶棚管流至位于水平烟道出口处的顶棚管中间集箱，然后分成并联的两路，其中一路由 98 根 $\phi51\times5.5$、节距为 100mm 的管子组成，先向后再转向下，进入后包墙管下集箱形成转向室的顶棚管及后包墙管，再经集箱两端的锻造直角弯头转入后侧包墙管下集箱由两侧的管子包敷转向室两侧墙，最后进至侧包墙管上集箱后。另一路用连接管把蒸汽引向前包墙管下集箱，再通过后续连接管把蒸汽引入前侧包墙管下集箱，从这里蒸汽向上包敷水平烟道两侧墙进入侧包墙管上集箱(前)，由

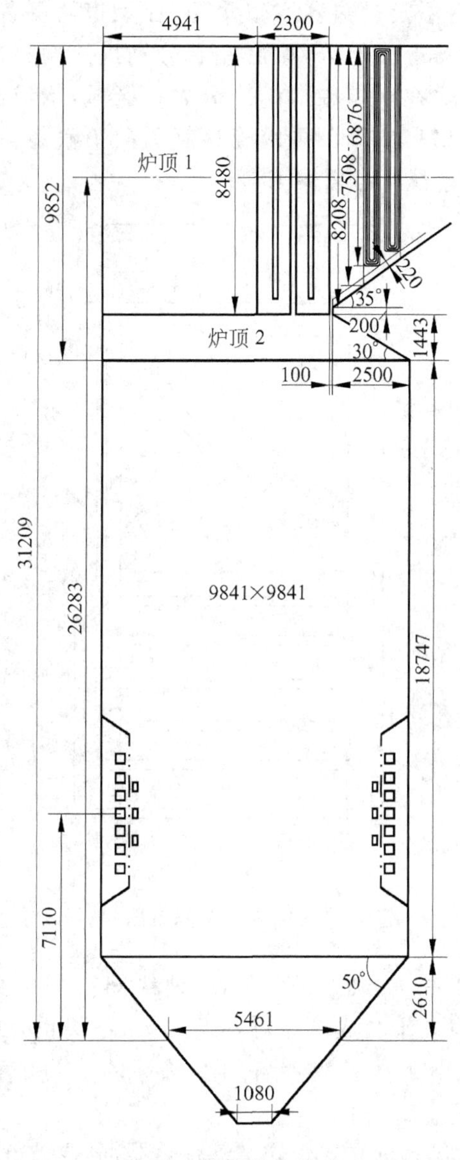

图 E2 炉膛结构尺寸

侧包墙管上集箱两侧各以连接管共同引入低温过热器入口集箱，然后沿烟道全宽逆流流动进入低温过热器出口集箱，再由该集箱两端引出，在管内进行一级喷水减温，然后由两端进入屏前混合集箱经连接管分别引入 14 片屏式过热器，屏横向节距 700mm，屏内蒸汽顺流流动，从屏出来后，经连接管左右交叉进入屏后混合集箱，由屏后混合集箱两端引出分别进入两个高温及过热器入口集箱，在烟道两侧各四分之一区域，逆流流动，形成高温级对流过热器冷段部分，然后左右分别进入两只两级喷水减温器经左右两侧交叉后，再以顺流方式在烟道中部的二分之一区域，构成高温级过热器的热段部分，最后进入高温过热器出口集箱。再由连接管引向集汽集箱，过热蒸汽自集汽集箱两端引出去汽机，过热器系统可参看图 E3。

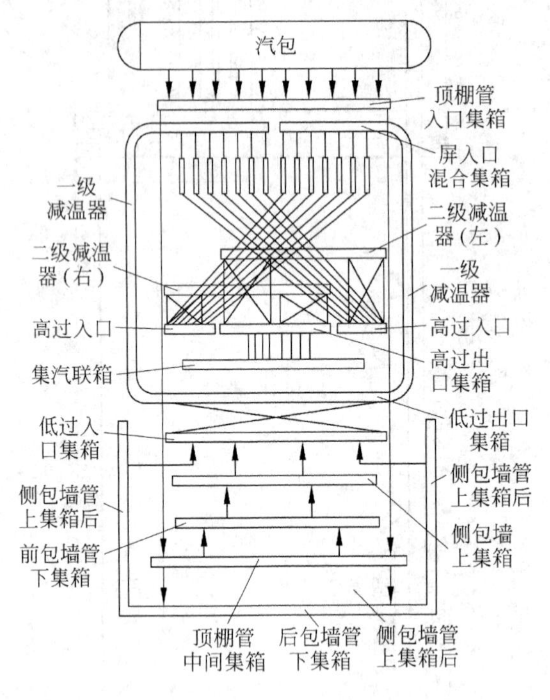

图 E3　过热器系统图

省煤器装在尾部竖井中，分上、下级布置，两级间有一次交叉，工质逆流，自下向上。上级省煤器在烟道宽度上分成左右对称两部分，下级也是这样。为了减轻烟气中灰分对受热面的磨损，在上下级省煤器各组受热面的上两排和边端两排都加装防磨盖板。

空气预热器采用一段结构的立式管式空气预热器，分两级布置。上级一个行程，下级三个行程，考虑到低温引起的局部腐蚀，将最下面的一个行程设计成单独管箱，便于检修更换，而第二、三个行程构成一个管箱，中间用管板分开。在各个行程中有连通箱连接，由于结构和系统的要求，在水平截面上烟道分成四部分(上级仅两部分)空气从下级前后墙引入，从上级前后墙引出，与烟气逆流流动。

E4 辅助计算

本热力计算主要参考科学出版社 2003 年出版的冯俊凯等主编的《锅炉原理及计算（第三版）》和机械工业出版社 1975 年出版的《锅炉机组热力计算标准方法》，以下分别简称《原理》和《标准》。另外，本热力计算是由计算机程序计算的结果，由于有效数字的截取（四舍五入），程序计算结果会与手工计算结果略有不同。

1. 燃烧产物的容积计算

煤完全燃烧时理论空气量和燃烧产物容积计算见表 E1。

表 E1 初始数据

序号	名　称	符号	单位	计算公式或数据来源	数值
1	理论空气容积（标准状态）	V^0	m^3/kg	$0.0889([C]_{ar}+0.375[S]_{ar})+0.265[H]_{ar}-0.0333[O]_{ar}$	7.3229
2	理论氮气容积（标准状态）	V^0_{N2}	m^3/kg	$0.79V^0+0.8[N]_{ar}/100$	5.7908
3	理论水蒸气容积（标准状态）	$V^0_{H_2O}$	m^3/kg	$0.111[H]_{ar}+0.0124[M]_{ar}+0.0161V^0$	0.6542
4	理论二氧化物容积（标准状态）	$V^0_{RO_2}$	m^3/kg	$1.866([C]_{ar}+0.375[S]_{ar})/100$	1.3366
5	理论烟气容积（标准状态）	V^0_g	m^3/kg	$V^0_{RO_2}+V^0_{N_2}+V^0_{H_2O}$	7.7816
6	飞灰占总烟气质量份额	a_{fa}	—	参考《原理》表 8-39	0.95
7	烟气中飞灰质量浓度	G_{fa}	kg/kg	$[A]_{ar}\times a_{fa}/100$	0.1109
8	折算灰分	$A_{ar,c}$	g/MJ	$10000[A]_{ar}/Q_{ar,net,p}$	4.1983

2. 空气平衡及焓温表

（1）烟道各处过剩空气系数、各受热面的漏风系数及不同过量空气系数下燃烧产物的容积见表 E2。

（2）不同过量空气系数下燃烧产物的焓温表见表 E3。

（3）锅炉热平衡及燃料消耗量计算见表 E4。

表 E2 烟气特性表

名称	符号	单位	公式及数据来源	屏式过热器	高温过热器	低温过热器	转向室	上级省煤器	上级空气预热器	下级省煤器	下级空气预热器
烟道进口过量空气系数	α'	—		1.20	1.20	1.23	1.26	1.26	1.28	1.31	1.33
烟道出口过量空气系数	α''	—		1.20	1.23	1.26	1.26	1.28	1.31	1.33	1.36
烟道平均过量空气系数	α_{ave}	—	$(\alpha'+\alpha'')/2$	1.2	1.2150	1.2450	1.26	1.27	1.295	1.32	1.345
过剩空气量(标准状态)	ΔV	m^3/kg	$(\alpha_{ave}-1)V^0$	1.465	1.574	1.794	1.904	1.977	2.160	2.343	2.526
水蒸气容积(标准状态)	V_{H_2O}	m^3/kg	$V^0_{H_2O}+0.0161\times(\alpha_{ave}-1)V^0$	0.678	0.680	0.683	0.685	0.686	0.689	0.692	0.695
烟气总容积(标准状态)	V_g	m^3/kg	$V^0_g+(\alpha_{ave}-1)V^0+0.0161(\alpha_{ave}-1)V^0$	9.27	9.38	9.60	9.72	9.79	9.98	10.16	10.35
出口烟气总容积(标准状态)	V''_g	m^3/kg	$V^0_g+(\alpha''-1)V^0+0.0161(\alpha''-1)V^0$	9.27	9.49	9.72	9.72	9.87	10.09	10.24	10.46
RO_2 气体容积份额	r_{RO_2}	—	$V^0_{R_2O}/V_g$	0.144	0.142	0.139	0.138	0.137	0.134	0.132	0.129
水蒸气容积份额	r_{H_2O}	—	V_{H_2O}/V_g	0.0731	0.0724	0.0711	0.0705	0.0701	0.0691	0.0681	0.0671
三原子气体容积份额	r_n	—	$(V_{H_2O}+V^0_{CO_2}+V^0_{SO_2})/V_g$	0.217	0.215	0.210	0.208	0.207	0.203	0.200	0.196
1kg 燃料的烟气质量	G_g	kg/kg	$1-[A]_{ar}/100+1.306\alpha_{ave}V^0$	12.36	12.50	12.79	12.93	13.03	13.27	13.51	13.75
烟气密度(标准状态)	ρ_g	kg/m^3	G_g/V_g	1.333	1.333	1.332	1.331	1.331	1.330	1.329	1.328
飞灰无因次浓度	μ_{fa}	kg/kg	$\mu_{fa}=[A]_{ar}\times a_{fa}/(100G_g)$	0.00897	0.00887	0.00867	0.00857	0.00851	0.00836	0.00821	0.00807

注：屏式过热器出口过量空气系数选取参考《原理》表 4-2；
其他受热面出口过量空气系数选取参考《原理》表 4-3。

表 E3 烟(空)气焓温表

温度 θ/℃	$V_{RO_2}=1.3366$ (m³/kg)		$V_{N_2}=5.7908$ (m³/kg)		$V_{H_2O}=0.6542$ (m³/kg)		$G_{fa}=0.1109$ (kg/kg)		I_g^0 (kJ/kg)	$V_a^0=7.3229$ (m³/kg)		$I_g=I_g^0+I_{fa}+(\alpha''-1)I_a^0$							
												α''_{psh}	α''_{pcsh}	α''_{scsh}	α''_{rc}	α''_{seco}	α''_{spah}	α''_{peco}	α''_{ppah}
	$C_{CO_2}\theta$ (kJ/m³)	$I_{RO_2}=V_{RO_2}C_{CO_2}\theta$ (kJ/kg)	$C_{N_2}\theta$ (kJ/m³)	$I_{N_2}=V_{N_2}C_{N_2}\theta$ (kJ/kg)	$C_{H_2O}\theta$ (kJ/m³)	$I_{H_2O}=V_{H_2O}C_{H_2O}\theta$ (kJ/kg)	$C_{fa}\theta$ (kJ/kg)	$I_{fa}=C_{fa}\theta G_{fa}$ (kJ/kg)	$I_g^0=I_{RO_2}+I_{N_2}+I_{H_2O}+I_{fa}$ (kJ/kg)	$C_a\theta$ (kJ/m³)	$I_a^0=V_a^0C_a\theta$ (kJ/kg)	1.2	1.23	1.26	1.26	1.28	1.31	1.33	1.36
100	169.7	226.8	129.6	750.5	150.5	98.5	80.7	8.9	1075.8	132.0	966.6	1269.1	1298.1	1327.1	1327.1	1346.4	1375.4	1394.8	1423.8
200	357.0	477.2	259.6	1503.3	303.9	198.8	168.9	18.7	2179.3	265.9	1947.2	2568.7	2627.1	2685.5	2685.5	2724.5	2782.9	2821.8	2880.3
300	558.0	745.8	391.3	2265.9	461.9	302.2	263.3	29.2	3314.0	402.1	2944.5	3902.9	3991.2	4079.5	4079.5	4167.6	4226.8	4285.6	4374.0
400	770.8	1030.2	525.8	3044.8	625.3	409.1	359.5	39.9	4484.1	540.9	3960.9	5276.3	5395.2	5514.0	5514.0	5633.1	5712.0	5791.3	5910.1
500	994.8	1329.6	663.0	3839.3	793.4	519.1	457.7	50.7	5688.0	683.0	5001.5	6688.3	6838.4	6988.4	6988.4	7088.4	7238.5	7338.5	7488.6
600	1220.6	1631.4	802.6	4647.7	965.6	631.7	559.3	62.0	6910.9	828.5	6067.0	8124.3	8306.3	8488.3	8488.3	8609.6	8791.7	8913.0	9095.0
700	1458.8	1949.8	944.7	5470.6	1145.3	749.3	661.3	73.3	8169.7	978.1	7162.5	9602.2	9817.1	10031.9	10031.9	10175.2	10390.1	10533.3	10748.2
800	1701.3	2273.9	1091.0	6317.8	1333.4	872.3	765.8	84.9	9464.1	1128.6	8264.6	11117.0	11364.9	11612.9	11612.9	11778.2	12026.1	12191.4	12439.3
900	1947.9	2603.5	1241.5	7189.3	1521.5	995.4	873.6	96.9	10788.3	1279.1	9366.7	12661.6	12942.6	13223.6	13223.6	13410.9	13691.9	13879.3	14160.3
1000	2198.7	2938.8	1391.9	8060.2	1722.2	1126.7	982.3	108.9	12125.7	1433.7	10498.8	14225.5	14540.4	14855.4	14855.4	15065.4	15380.3	15590.3	15905.3
1100	2453.7	3279.6	1542.4	8931.8	1922.8	1257.9	1095.2	121.4	13469.3	1592.6	11662.4	15801.8	16151.7	16501.5	16501.5	16734.8	17084.7	17317.9	17667.8
1200	2712.8	3625.9	1692.9	9803.3	2127.6	1391.9	1203.8	133.5	14821.1	1751.4	12825.3	17386.2	17770.9	18155.7	18155.7	18412.2	18797.0	19053.5	19438.2
1300	2972.0	3972.4	1847.6	10699.1	2340.8	1531.4	1358.5	150.6	16202.9	1910.3	13988.9	19000.7	19420.3	19840.0	19840.0	20119.8	20539.4	20819.2	21238.9
1400	3235.3	4324.3	2006.4	11618.7	2554.0	1670.9	1580.0	175.2	17613.9	2073.3	15182.5	20650.4	21105.9	21561.3	21561.3	21865.0	22320.5	22624.1	23079.6
1500	3498.7	4676.3	2161.1	12514.6	2775.5	1815.8	1755.6	194.6	19006.7	2236.3	16376.1	22281.9	22773.2	23264.5	23264.5	23592.0	24083.3	24410.8	24902.1
1600	3762.0	5028.3	2319.9	13434.1	2997.1	1960.8	1872.6	207.6	20423.2	2399.3	17569.8	23937.1	24464.2	24991.3	24991.3	25342.7	25869.8	26221.2	26748.3
1700	4029.5	5385.8	2478.7	14353.7	3222.8	2108.4	2060.7	228.5	21848.0	2562.3	18763.4	25600.6	26163.5	26726.4	26726.4	27101.7	27664.6	28039.9	28602.8
1800	4297.0	5743.3	2637.6	15273.9	3452.7	2258.8	2182.0	241.9	23276.1	2725.4	19957.7	27267.6	27866.3	28465.1	28465.1	28864.2	29463.0	29862.1	30460.9
1900	4564.6	6101.0	2800.6	16217.8	3682.6	2409.3	2382.6	264.1	24728.0	2892.6	21182.1	28964.5	29599.9	30235.4	30235.4	30659.0	31294.5	31718.1	32353.6
2000	4836.3	6464.2	2959.4	17137.4	3920.8	2565.1	2508.0	278.0	26166.6	3059.8	22406.5	30647.9	31320.1	31992.3	31992.3	32440.4	33112.6	33560.8	34233.0
2100	5108.0	6827.3	3122.5	18081.9	4154.9	2718.2			27627.4	3227.0	23630.9	32353.6	33062.5	33771.4	33771.4	34244.1	34953.0	35425.6	36134.5
2200	5379.7	7190.5	3285.5	19025.8	4393.2	2874.1			29090.4	3394.2	24855.3	34061.4	34807.1	35552.7	35552.7	36049.8	36795.5	37292.6	38038.3

注：1. 由于 $1000\times[A]_{ar}\times a_{fa}/Q_{ar,net,p}=1000\times11.67\times0.95/27797=0.399<1.43$，所以计算烟气焓时不用考虑飞灰的焓。参考《原理》式(4-14)。

2. 采用线性插值计算烟气焓。

表 E4 热平衡及燃料消耗量

序号	名 称	符号	单位	计算公式或数据来源	数值
1	燃料带入热量	Q_{in}	kJ/kg	近似等于低位发热量*	27797
2	排烟温度	θ_{ex}	℃	设计任务书	135
3	排烟焓	I_{ex}	kJ/kg	查表 E3	1933.5
4	冷空气温度	t_{ca}	℃	设计任务书	20
5	理论冷空气焓	I_{ca}	kJ/kg	查表 E3	193.3
6	固体不完全燃烧损失	q_{uc}	%	参考《原理》表 8-39	1
7	化学不完全燃烧损失	q_{ug}	%	参考《原理》表 8-39	0
8	排烟热损失	q_{ex}	%	$(I_{ex}-\alpha_{ex}I_{ca})\times(1-q_{uc}/100)100/Q_{ar,net,p}$	5.95
9	散热损失	q_{rad}	%	参考《标准》图 5-1	0.40
10	灰渣物理热损失	q_{ph}	%	参考《标准》图 5-11	0
11	保热系数	φ	%	$1-q_{rad}/100$	0.996
12	锅炉总热损失	Σq	%	$q_{ex}+q_{ug}+q_{uc}+q_{ph}+q_{rad}$	7.35
13	锅炉反平衡热效率	η_b	%	$100-\Sigma q$	92.65
14	过热蒸汽焓	i''_{ss}	kJ/kg	查焓熵表	3437.5
15	给水焓	i_{fw}	kJ/kg	查焓熵表	1016.1
16	炉筒内饱和温度	t_s	℃	查焓熵表	342.53
17	炉筒内饱和汽焓($x=1$)	i''_s	kJ/kg	查焓熵表	2608.9
18	炉筒内饱和水焓($x=0$)	i'_s	kJ/kg	查焓熵表	1612.9
19	排污率	δ_{bd}	%	设计选取	1
20	过热蒸汽流量	D_{ss}	kg/h	设计选取	410000
21	锅炉有效利用热	Q_b	kJ/s	$[D_{ss}(i''_{ss}-i_{fw})+D_{ss}\delta_{bd}(i'_s-i_{fw})]/3600$	276445.7
22	实际燃料消耗量	B	kg/s	$Q_b/(\eta_b Q_{ar,net,p})$	10.73
23	计算燃料消耗量	B_{cal}	kg/s	$B(1-q_{uc}/100)$	10.63

* 近似等于低位发热量，仅作计算参考。

E5 燃烧室设计及传热计算

燃烧室(炉膛)和屏式过热器的结构设计见表 E5。

炉膛的结构尺寸见表 E6。

根据上述结构尺寸所进行的炉膛热力计算见表 E7。

表 E5　炉膛和屏式过热器结构设计

序号	名　称	符号	单位	计算公式或数据来源	数值
1	炉膛容积热负荷	q_v	W/m³	参考《原理》表 8-38、表 8-39	120000
2	计算炉膛容积	$V_{f,cal}$	m³	$1000B_{cal}Q_{ar,net,p}/q_v$	2486.47
3	炉膛截面热强度	q_a	W/m²	参考《原理》表 8-40、表 8-41、表 8-42	3050000
4	计算炉膛截面积	$A_{f,cal}$	m²	$1000B_{cal}Q_{ar,net,p}/q_a$	96.85
5	炉膛截面宽深比	a/b	—	按 $a/b=1\sim1.2$ 选取，正方形最佳	1
6	炉膛宽度	a	m	选取 a 值使 $a/b=1$	9.841
7	炉膛深度	b	m	$A_{f,cal}/a$	9.841
8	冷灰斗倾角	θ_{wch}	(°)	参考《原理》11-1 节	50
9	冷灰斗出口深度	b_{wch}	m	参考《原理》11-1 节	1.08
10	水冷壁在冷灰斗处出口尺寸	l_{wch}	m	参考《原理》11-1 节	5.461
11	1/2 冷灰斗高度	h_{wch}	m	参考《原理》11-1 节	2.610
12	冷灰斗容积	V_{wch}	m³	按 $0.5h_{wch}$ 计算锥台体积	156.97
13	折焰角长度	l_{fa}	m	参考《原理》11-1 节	2.5
14	折焰角上倾角	θ_{up}	(°)	参考《原理》11-1 节	35
15	折焰角下倾角	θ_{dw}	(°)	参考《原理》11-1 节	30
16	屏式过热器管径	d	mm	设计选取	42
17	屏式过热器管壁厚	δ	mm	设计选取	5
18	屏式过热器管内工质质量流速	ρw	kg/(m²·s)	参考《原理》13-6 节	1000
19	屏式过热器管子总流通面积	A	m²	$(D_1-D_{dw2})/(3600\rho w)$（假设 $D_{dw2}=0.02D_1$）	0.1116
20	屏式过热器每根管子面积	A_i	m²	$\pi d_i^2/4$（d_i 为内径）	0.00080
21	计算屏式过热器管子数	n_{cal}	—	A/A_i	138.78
22	屏式过热器管子数	n	—	按 n_{cal} 圆整定	139.00
23	屏式过热器横向管距	s_1	mm	参考《原理》13-6-3 节	700
24	计算屏式过热器横向排数	$Z_{1,cal}$	—	按 a/s_1-1 选取	13.1
25	屏式过热器横向排数	Z_1	—	按 $Z_{1,cal}$ 圆整定	14
26	计算屏式过热器单片管子数	$n_{1,cal}$	—	按 n/Z_1 选取	9.9
27	屏管子并绕数	n_1	—	按 $n_{1,cal}$ 选取	10
28	屏式过热器单片管子回程数	n	—	设计选取	4
29	屏式过热器纵向节距	s_2	mm	参考《原理》表 13-3	50
30	屏式过热器最小弯曲半径	R	mm	参考《原理》13-6-3 节	80

续表

序号	名　　称	符号	单位	计算公式或数据来源	数值
31	屏式过热器底部高度向节距	s_3	mm	参考《原理》13-6-3 节	60
32	屏式过热器纵向短接排数	—	—	设计选取	2
33	屏式过热器深度	b_p	m	查图 E4(为防超温,两圈管子短接)	2.3
34	屏式过热器后侧距折焰角余量	δ_{fa}	m	设计选取	0.1
35	炉膛出口烟气流速	ω_g	m/s	参考《原理》13-6-3 节	6.2
36	炉膛出口烟气温度	θ''_f	℃	先假定后校核	1115
37	炉膛出口流通面积	A_e	m^2	$B_{cal}V_{g/\omega_g}\times(\theta''_f+273)/273$	80.78
38	折焰角出口高度	$h_{e,fa}$	m	A_e/a	8.208
39	折焰角垂直段高度	h_{fa}	m	参考《原理》11-1 节	0.2
40	屏式过热器高度	h_p	m	$R+h_{fa}$	8.408
41	高温过热器与屏式过热器距离	$l_{p\text{-}ssh}$	m	参考《原理》13-15 节	1.1
42	计算高温过热器入口烟道高度	$h_{scs,c}$	m	见结构简图 2	7.508
43	折焰角下倾角高度	$h_{fa,b}$	m	$l_{fa}\tan30°$	1.443
44	炉顶高度	h_{fr}	m	因炉顶已经设计完,按图计算 $h_p+h_{fa,b}$	9.852
45	炉顶容积 1	V_{fr1}	m^3	因炉顶已经设计完,按图计算	408.88
46	炉顶容积 2	V_{fr2}	m^3	因炉顶已经设计完,按图计算	104.99
47	炉顶容积	V_{fr}	m^3	因炉顶已经设计完,按图计算	513.87
48	主体容积	V_F	m^3	$V_{f,c}-V_{fr}-V_{wch}$	1815.62
49	炉膛主体高度	h_F	m	$(V_{f,c}-V_{fr}-V_{wch})/A_{f,cal}$	18.747
50	前后墙水冷壁回路个数	$Z_{1,ww}$	—	按每个回路加热宽度≤2.5m 选取	4
51	左右侧水冷壁回路个数	$Z_{2,ww}$	—	按每个回路加热宽度≤2.5m 选取	4
52	水冷壁管径	d	mm	设计选取	60
53	水冷壁壁厚	δ	mm	设计选取	5
54	管子节距	s	mm	设计选取	80
55	前后墙管子根数	n_1	—	按 a/s 选取,要求合理布满炉膛	123
56	左右侧墙管子个数	n_2	—	按 b/s 选取,要求合理布满炉膛	123
57	顶棚管直径	d_{roof}	mm	设计选取	51

续表

序号	名　　称	符号	单位	计算公式或数据来源	数值
58	顶棚管壁厚	δ_{roof}	mm	设计选取	5
59	顶棚管节距	s_{roof}	mm	设计选取	100
60	顶棚管排数	Z_{roof}	—	按 a/s_{roof} 选取，要求合理布满炉顶	98

注：1. 炉膛设计基本步骤

(1) 选取炉膛容积热负荷和截面热强度，并利用公式计算炉膛容积和截面积。

(2) 确定炉膛的宽度和深度。当燃烧器为四角布置时，宽深比不应大于1.2。

(3) 确定炉膛冷灰斗及炉顶结构尺寸。冷灰斗尺寸不应小于50°，以利灰渣滑落。炉膛出口烟窗高度，取决于出口烟气流速，烟速约为6m/s。炉膛出口折焰角长度一般取炉膛深度的1/4～1/3左右，上倾角为20°～40°，下倾角为20°～30°。

(4) 计算炉膛主体高度。

(5) 依据燃料特性和燃烧方式等条件，进行燃烧器的选型和布置设计。

(6) 确定水冷壁结构并重新校准炉膛的结构尺寸和炉膛容积热负荷和截面热强度，画出炉膛结构简图。

(7) 按上述确定的炉膛结构，进行校核热力计算，确定炉膛出口烟温及其他有关炉膛热力参数，以检查合理性。

2. 屏式过热器设计的几点说明

(1) 确定屏式过热器管子总数。参考《原理》，传热强度较高的屏式过热器质量流速在700～1200kg/(m²·s)，由此通过单个管的管径计算屏式过热器管子总数。

(2) 确定屏式过热器横向管距。参考《原理》，一般 s_1 取700～900mm的比较多见，同时要保证烟气流速约为6m/s左右。

(3) 确定屏式过热器横向管距及管子弯曲半径。参考《原理》，纵向相对管距对垂直悬吊的过热器在管子弯曲半径允许的条件下应尽量取小的数值，其中50mm为经验数值。管子的最小弯曲半径一般取直径的两倍，对于管径42的管子，常选取80mm或85mm。

表E6　炉膛结构尺寸

序号	名　　称	符号	单位	计算公式或数据来源	数值
1	水冷壁管子直径	d	mm	查表E5	60
2	水冷壁管子壁厚	δ	mm	查表E5	5
3	水冷壁管子节距	s	mm	查表E5	80
4	炉膛宽度	a	m	查表E5	9.841
5	炉膛深度	b	m	查表E5	9.841
6	炉膛高度	h	m	查图E2(冷灰斗中心线至炉膛顶棚中心线)	31.209
7	冷灰斗面积	H_{wch}	m²	$4(a+l_{wch})/2\times h_{wch}=4\times(9.841+5.461)\times2.610/2$	79.89
8	单侧墙面积	H_{sw}	m²	$(V_{f,cal}-V_{wch})/a=(2486.47-156.97)/9.841$	236.71
9	前墙面积	H_{fw}	m²	$a(h-h_{wch})=9.841\times(31.209-2.610)$	281.44
10	后墙面积	H_{rw}	m²	$a[l_{fa}/\cos(\theta_{dw})+h_F]=9.841\times[2.5/\cos30^\circ+18.747]$	212.90
11	炉膛出口烟窗面积	H_{fe}	m²	$a(h_p+b_p+\delta_{fa})=9.841\times(8.408+2.3+0.1)$	106.37

续表

序号	名　　称	符号	单位	计算公式或数据来源	数值
12	炉顶包覆面积	H_{roof}	m^2	$a(b-b_p+\delta_{fa})=9.841\times(9.841-2.3-0.1)$	73.23
13	卫燃带面积	H_{rb}	m^2	设计选取的近似值	0
14	炉膛总面积	H_F	m^2	$2H_{sw}+H_{fw}+H_{bq}+H_{fe}+H_{roof}+H_{rb}+H_{wch}$	1227.24
15	各类门孔面积	H_{mh}	m^2	设计选取经验数值	12.00
16	炉膛角系数	x	—	设计选取	1
17	炉膛辐射受热面积	H_r	m^2	$x(F_F-F_{mh})$	1215.24
18	有效辐射层厚度	s	m	$3.6\times V_{f,cal}/H_F$	7.29

表 E7　炉膛热力计算

序号	名　　称	符号	单位	计算公式或数据来源	数值
1	热空气温度	t_{ha}	℃	设计选取	320
2	热空气理论焓	I^0_{ha}	kJ/kg	查表 E3	3147.8
3	炉膛漏风系数	$\Delta\alpha_F$	—	参考《原理》表 4-3	0.05
4	制粉系统漏风系数	$\Delta\alpha_{ms}$	—	参考《原理》表 4-5(中速磨)	0.04
5	冷空气温度	t_{ca}	℃	设计选取	20
6	理论冷空气焓	I^0_{ca}	kJ/kg	查表 E3	193.3
7	热空气份额	β''_{ah}	—	$\alpha''-(\Delta\alpha_F+\Delta\alpha_{ms})$	1.11
8	空气带入炉内热量	Q_{air}	kJ/kg	$\beta''_{ah}I^0_{ha}+(\Delta\alpha_F+\Delta\alpha_{ms})I^0_{ca}$	3511.5
9	1kg 燃料带入炉内的热量	Q_l	kJ/kg	$Q_{in}\times(100-q_{ug}-q_{rad}-q_{uc})/(100-q_{uc})+Q_{air}$	31308.5
10	理论燃烧温度	θ_a	℃	根据 Q_l 查表 E3	2038.7
		T_a	K	$273+\theta_a$	2311.7
11	炉膛出口烟温	θ''	℃	先假定,后校核	1115
12	炉膛出口烟焓	I''	kJ/kg	查表 E3	16041.5
13	灰粒子平均直径	d_{fa}	μm	参考《原理》表 11-4(中速磨)	16
14	烟气平均热容量	$V\bar{C}$	kJ/(kg·℃)	$(Q_l-H'')/(\theta_a-\theta'')$	16.53
15	水蒸气容积份额	r_{H_2O}	—	查表 E2	0.0731
16	三原子气体容积份额	r_n	—	查表 E2	0.217
17	烟气密度(标准状态)	ρ_g	kg/m^3	查表 E2	1.333
18	炉膛压力	p	MPa	设计选取	0.1
19	三原子气体分压力	p_n	MPa	pr_n	0.0217
20	p_n 与 s 的乘积	$p_n s$	m·MPa	$pr_n s$	0.159
21	烟气辐射减弱系数	k_g	$(m\cdot MPa)^{-1}$	$10.2[(0.78+1.6r_{H_2O})/(10.2p_n s)^{0.5}-0.1](1-0.37T''/1000)$	3.00

续表

序号	名　称	符号	单位	计算公式或数据来源	数值
22	飞灰减弱系数	k_{fa}	$(m \cdot MPa)^{-1}$	$48350\rho_g/(T''^2 d_{fa}^2)^{1/3}$	74.00
23	焦炭粒子辐射减弱系数	k_{co}	$(m \cdot MPa)^{-1}$	参考《原理》公式(11-42)	10.2
24	无因次量	x_1	—	参考《原理》公式(11-42)	0.5
25	无因次量	x_2	—	参考《原理》公式(11-42)	0.1
26	火焰辐射减弱系数	K	$(m \cdot MPa)^{-1}$	$k_g r_n + k_{fa}\mu_{fa} + k_{co}x_1 x_2$	1.827
27	辐射吸收率	Kps	—	Kps	1.332
28	炉膛火焰有效黑度	α_{fl}	—	$1-e^{-Kps}$	0.736
29	水冷壁的灰污系数	ζ	—	参考《原理》表 11-2	0.45
30	平均热有效系数	ψ_{ave}	—	ζx	0.45
31	炉膛黑度	a_F	—	$a_{fl}/[\psi_{ave}(1-a_{fl})+a_{fl}]$	0.861
32	燃烧器高度	h_b	m	设计选取的经验数据	7.110
33	冷灰斗至炉膛出口中心高度	h_F	m	查图 E2	26.283
34	燃烧器相对高度	x_b	—	h_b/h_F	0.271
35	参数	Δx	—	参考《原理》表 11-3	0
36	火焰中心相对高度	x_{fl}	—	$x_b+\Delta x$	0.271
37	炉内最高温度有关的系数	M	—	$B-Cx_{fl}$，参考《原理》表 11-3，$B=0.59$，$C=0.5$	0.455
38	炉膛出口烟温	θ''_{cal}	℃	$T_a/\{M\times[\sigma_0 T_a^3 a_F F_r \Psi_{ave}/(\varphi B_{cal} \overline{VC})]^{0.6}+1\}-273$	1115.2
39	炉膛出口烟焓	I''	kJ/kg	查表 E3	16042.0
40	炉膛辐射吸热量	Q_r	kJ/kg	$\varphi(Q_l-I'')$	15205.4
41	辐射受热面热负荷	—	kW/m²	$B_{cal}Q_r/H_r$	133.0
42	炉膛出口烟温校核	$\Delta\theta$	℃	$\theta''-\theta''_{cal}$	−0.16

注：1. 炉膛出口烟气温度通常指屏式过热器前的烟温。炉膛出口烟气温度的高低决定了锅炉机组辐射和对流换热的比例份额。炉膛出口烟气温度偏低，则炉膛辐射换热份额相对增大，锅炉受热面总金属耗量和投资将减少。但是炉膛出口烟气温度过低，将致使炉膛平均温度降低，辐射热强度下降；且会降低对流过热器的平均传热温差，又势必会增大昂贵的对流过热器受热面。此外，炉膛出口烟气温度还首先保证锅炉出口不结焦。为此炉膛出口烟气温度应低于燃料的软化温度（一般应低于100℃左右）。表 E7 第 11 项为参考选取值。

2. 水冷壁的灰污系数和平均热有效系数。灰污系数是考虑受热面反向辐射对换热影响的系数。其数值物理意义表示火焰辐射到受热面上的热量最终为受热面所吸收的份额。若水冷壁积灰严重，则灰污层温度升高，反辐射能力增强，水冷壁吸收热量减少。热有效系数是指有效热流与投射辐射热流的比值。采用膜式水冷壁时，热有效系数和灰污系数几乎相等。表 E7 第 29 项为参考选取值。

3. 炉内火焰中心是指炉内介质温度最高的区域。火焰中心位置对炉膛出口烟温的影响在热力计算中用系数 M 来考虑。表 E7 第 32 项为参考选取值。

4. 热风温度主要依据燃烧方式的要求确定。首先保证燃料的迅速点燃和稳定燃烧。但热风温度过高，将使空气预热器结构过于庞大，尾部布置困难。

E6 过热器的设计及传热计算

过热器的结构简图见图 E4。

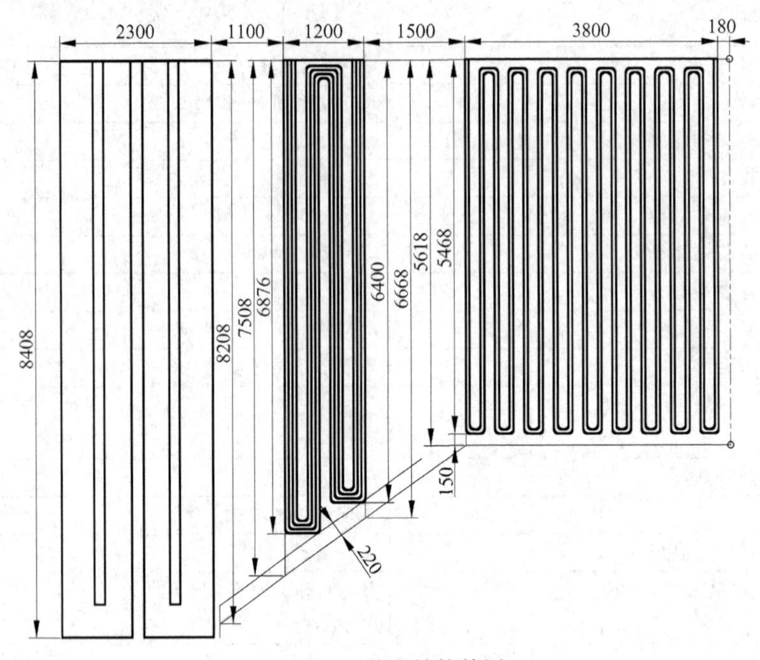

图 E4 过热器结构简图

(1) 屏式过热器结构见图 E5。屏式过热器结构设计和热力计算见表 E8 和表 E9。

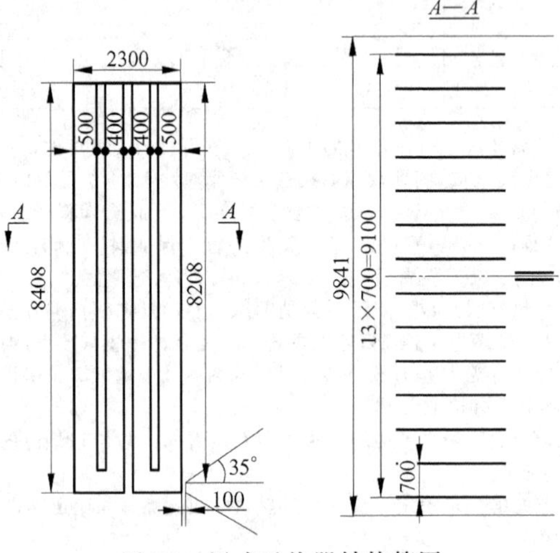

图 E5 屏式过热器结构简图

表 E8 屏式过热器结构尺寸

序号	名　　称	符号	单位	计算公式或数据来源	数值
1	屏式过热器管子直径	d	mm	查表 E5	42
2	屏式过热器管子壁厚	δ	mm	查表 E5	5
3	屏式过热器横向排数	Z_1	—	查表 E5	14
4	屏式过热器纵向短接排数	—	—	查表 E5	2
5	屏式过热器纵向排数	Z_2	—	设计选取	40
6	屏高	h_p	m	查表 E5	8.408
7	屏深	b_p	m	查表 E5	2.3
8	屏式过热器平均横向节距	s_1	mm	$a/(Z_1+1)$	656.1
9	屏式过热器平均纵向节距	s_2	mm	$b_p/(Z_2-1)$	59.0
10	横向相对节距	σ_1	—	s_1/d	15.6
11	纵向相对节距	σ_2	—	s_2/d	1.4
12	入口辐射面积	H_r'	m^2	$(h_p+b_p)aZ_1/(Z_1+1)$	98.36
13	出口辐射面积	H_r''	m^2	$h_p aZ_1/(Z_1+1)$	77.23
14	辐射角系数	x	—	参考《原理》图 11-10(a)	0.96
15	屏式过热器总受热面积	A_{psh}	m^2	$2h_p b_p Z_1 x$	519.84
16	入口到出口角系数	φ_h	—	$((b_p/s_1)^2+1)^{1/2}-(b_p/s_1)$	0.140
17	出口窗面积	H_{fe}	m^2	查表 E6	106.37
18	屏区侧水冷壁受热面积 1	A_{ww1}	m^2	$(0.5\pi\times d+(s-d))/s\times 2\times(h_p\times(b_p+\delta_{fa}))$	57.64
19	屏区侧水冷壁受热面积 2	A_{ww2}	m^2	$(0.5\pi\times d+(s-d))/s\times 2\times 0.5l_{p\text{-}ssh}\times(h_p+h_{scs,c})$	25.00
20	屏区侧水冷壁受热面积	A_{ww}	m^2	$A_{ww1}+A_{ww2}$	82.64
21	顶棚管直径	d_{roof}	mm	查表 E5	51
22	顶棚管排数	Z_{roof}	—	查表 E5	98
23	顶棚管节距	s_{roof}	mm	查表 E5	100
24	屏式过热器区顶棚管长度	l_{roof}	m	$(b_p+l_{p\text{-}ssh})$	3.4
25	顶棚管受热面积	A_{roof}	m^2	$a(0.5\times\pi\times d+(s-d))/s\times l_{roof}$	43.20
26	烟气辐射层厚度	s	m	$1.8/(1/b_p+1/h_p+1/s_1)$	0.866
27	烟气入口流通截面	A_g'	m^2	$(h_p+b_p)(a-dZ_1)$	99.09
28	烟气出口流通截面	A_g''	m^2	$(h_p-h_{zy})(a-dZ_1)$	75.95
29	烟气平均流通截面	$A_{g,ave}$	m^2	$2A_g'A_g''/(A_g'+A_g'')$	85.99
30	蒸汽流通截面	A_{ss}	m^2	$\pi/4\times n_1\times Z_1\times d_n^2$	0.113

表 E9　屏式过热器热力计算

序号	名　　称	符号	单位	计算公式或数据来源	数值
1	烟气进屏温度	θ'	℃	查表 E7	1115
2	烟气进屏焓	I'	kJ/kg	查表 E7	16041.5
3	屏区的对流吸热量	$Q_{c,psh}$	kJ/kg	先假定后校核	1587
4	烟气对屏后受热面的辐射热量	Q_{rl}	kJ/kg	先假定后校核	144
5	屏区炉顶对流吸热量	Q_{roof}	kJ/kg	先假定后校核	116
6	屏区水冷壁对流吸热量	Q_{ww}	kJ/kg	先假定后校核	224
7	烟气出屏焓	I''	kJ/kg	$I'-(Q_{c,psh}+Q_{rl})/\varphi$	14304.01
8	烟气出屏温度	θ''	℃	查表 E3	1005.02
9	烟气平均温度	θ_{ave}	℃	$(\theta'+\theta'')/2$	1060.09
		T_{ave}	K	$T+\theta_{ave}$	1333.09
10	屏对流吸热量	Q_c	kJ/kg	$Q_{c,psh}-Q_{roof}-Q_{ww}$	1247
11	p_n 与 s 的乘积	—	m·MPa	$pr_n s$	0.0188
12	烟气辐射减弱系数	k_g	$(m \cdot MPa)^{-1}$	$10.2[(0.78+1.6r_{H_2O})/(10.2p_n s)^{0.5}-0.1](1-0.37T_{ave}/1000)$	10.06
13	飞灰减弱系数	k_{fa}	$(m \cdot MPa)^{-1}$	$48350\rho_g/(T_{ave}^2 d_{fa}^2)^{1/3}$	76.02
14	辐射减弱系数	K	$(m \cdot MPa)^{-1}$	$k_g r_n+k_{fa}\mu_{fa}$	2.87
15	烟气辐射吸收力	Kps	—	Kps	0.25
16	烟气黑度	ε	—	$1-e^{-Kps}$	0.220
17	考虑反向辐射的系数	β	—	参考《原理》图 11-17	0.966
18	烟窗处的相对高度	x	—	$(h-0.5h_p)/h$	0.865
19	热负荷分布系数	η_{psh}	—	参考《原理》图 11-18	0.771
20	屏区辐射热流	q_r	kW/m^2	$\eta_{psh}Q_r B_{cal}/H_r$	102.49
21	屏区改正辐射强度	$q_{r,m}$	kW/m^2	βq_r	98.96
22	屏入口吸收的炉膛辐射热量	Q_r'	kJ/kg	$q_{r,m}H_r'/B_{cal}$	915.92
23	屏入口到出口的角系数	φ_{fl}	—	查表 E8	0.140
24	屏出口漏出炉膛辐射热量	Q_r''	kJ/kg	$Q_r'(1-\varepsilon)\varphi_{fl}/\beta$	103.46
25	屏吸收辐射热量	Q_r	kJ/kg	$Q_r'-Q_r''$	812.46
26	屏总吸收热量	Q	kJ/kg	$Q_c+Q_r'-Q_r''$	2059.46
27	辐射燃料改正系数	ζ_r	—	参考《原理》式(11-70)	0.5

续表

序号	名　称	符号	单位	计算公式或数据来源	数值
28	烟气对屏后受热面的辐射热量	$Q_{r1,cal}$	kJ/kg	$5.7\times10^{-11}aH''_{r}T^{4}\zeta_{r}/B_{cal}$	143.94
29	蒸汽进屏压力	p'	MPa	设计选取	14.4
30	蒸汽出屏压力	p''	MPa	设计选取	14.1
31	蒸汽进屏温度（喷水减温后）	t'	℃	先假定后用减温水调整校核	395
32	蒸汽进屏焓	i'	kJ/kg	查焓熵图	2971.3
33	一级减温水量	D_{ds1}	kg/h	先假定后校核	8200
			t/h		8.2
34	二级减温水量	D_{ds2}	kg/h	先假定后校核	5800
			t/h		5.8
35	蒸汽出屏焓	i''	kJ/kg	$h'+B_{cal}Q/(D_{1}-D_{ds2})$	3166.2
36	蒸汽出屏温度	t''	℃	查焓熵图	447.56
37	屏内蒸汽平均温度	t_{ave}	℃	$(t'+t'')/2$	421.3
38	屏内蒸汽平均比容	v_{ave}	m^{3}/kg	查焓熵图	0.0179
39	屏内蒸汽平均流速	ω_{ss}	m/s	$(D_{1}-D_{ds2})v_{ave}/(3600A_{ss})$	17.82
40	屏内蒸汽平均质量流速	ρw	$kg/(m^{2}\cdot s)$	$D_{1}/(3600A_{ss})$	997.19
41	管径改正系数	C_{d}	—	参考《原理》图12-16	0.91
42	蒸汽热导率	λ	W/(m·℃)	查物性参数图表	0.0771
43	蒸汽运动黏度	ν	m^{2}/s	查物性参数图表	4.77×10^{-7}
44	蒸汽普朗特数	Pr	—	查物性参数图表	1.18
45	管壁对蒸汽的放热系数	α_{2}	$W/(m^{2}\cdot ℃)$	$0.023\lambda/d_{n}(\omega_{ss}d_{n}/\nu)^{0.8}Pr^{0.4}C_{d}$	3925.5
46	屏间烟气平均流速	v_{g}	m/s	$V_{g}B_{cal}(\theta_{ave}+273)/(273A_{g,ave})$	5.59
47	烟气热导率	λ	W/(m·℃)	查物性参数图表	0.114
48	烟气运动黏度	ν	m^{2}/s	查物性参数图表	1.8×10^{-4}
49	平均烟气普朗特数	Pr_{ave}	—	查物性参数图表	0.574
50	烟气普朗特数	Pr	—	$(0.94+0.56r_{H_2O})Pr_{ave}$	0.563
51	管排数改正系数	C_{z}	—	参考《原理》式(12-19)	1
52	烟气成分及温度改正系数	C_{w}	—	$0.92+0.726r_{H_2O}$	0.973
53	节距改正系数	C_{s}	—	参考《原理》式(12-20)	0.858
54	烟气侧对流放热系数	α_{g}	$W/(m^{2}\cdot ℃)$	$0.2\lambda/d(v_{g}d/\nu)^{0.65}Pr^{0.33}C_{z}C_{s}C_{w}$	39.80
55	灰污系数	ζ	$m^{2}\cdot ℃/W$	参考《原理》图12-20(a)	9.7×10^{-3}

续表

序号	名　　称	符号	单位	计算公式或数据来源	数值
56	管壁灰污黑度	ε_w	—	参考《原理》式(12-47a)	0.8
57	管壁灰污层温度	t_w	℃	$t_{ave}+1000(\zeta+1/\alpha_2)B_{cal}(Q_c+Q_r)/H_{psh}$	840.2
58	辐射放热系数	α_r	W/(m²·℃)	$5.7\times10^{-8}(\varepsilon_w+1)/2aT_{ave}^3[1-(T_w/T_{ave})^4]/[1-(T_w/T_{ave})]$	83.29
59	屏利用系数	ξ		参考《原理》图 12-20(b)	0.85
60	烟气侧放热系数	α_1	W/(m²·℃)	$\xi[(\pi\times d\times\alpha_g)/(2x\times s_2)+\alpha_r]$	117.30
61	传热系数	K	W/(m²·℃)	$a_1/[1+(1+Q_r/Q_c)(\zeta+1/a_2)a_1]$	40.07
62	较大温差	Δt_{max}	℃	$\theta'-t'$	720.2
63	较小温差	Δt_{min}	℃	$\theta''-t''$	557.5
64	平均温差	Δt	℃	$(\Delta t_{max}-\Delta t_{min})/(\ln\Delta t_{max}/\Delta t_{min})$	635.34
65	屏对流传热量	$Q_{c,cal}$	kJ/kg	$K\Delta tA_{psh}/(1000B_{cal})$	1245.296
66	误差	e	%	$100(Q_c-Q_{c,cal})/Q_c$	0.14
67	屏区两侧水冷壁水温	t_{sw}	℃	查焓熵图(饱和温度)	342.53
68	平均传热温差	Δt	℃	$\theta_{ave}-t_{sw}$	717.56
69	屏区两侧水冷壁对流吸热量	$Q_{ww,cal}$	kJ/kg	$K\Delta tA_{ww}/(1000B_{cal})$	223.6
70	误差	e	%	$100(Q_{ww}-Q_{ww,cal})/Q_{ww}$	0.18
71	炉顶包敷的相对高度	x	—	常数	1
72	热负荷分布系数	η_{roof}	—	参考《原理》图 11-18	0.633
73	炉顶包敷吸收炉膛辐射热流	q_r	kW/m²	$\eta_{roof}Q_rB_{cal}/H_r$	84.19
74	炉顶包敷吸收的炉膛辐射热量	$Q_{r,roof}$	kJ/kg	$\beta q_rH_{roof}/B_{cal}$	560.20
75	炉顶包敷焓增量	Δi	kJ/kg	$3600B_{cal}Q_r'/(D-D_{ds1}-D_{ds2})$	54.12
76	汽包出口饱和蒸汽温度	t_s	℃	查焓熵图(饱和温度)	342.53
77	汽包出口干饱和蒸汽焓	i_s''	kJ/kg	查焓熵图($x=1$)	2608.86
78	屏区炉顶压力	p_{roof}	MPa	设计选取	15
79	屏区炉顶进口汽焓	i_{roof}'	kJ/kg	$i_s''+\Delta i$	2663.0
80	屏区炉顶进口汽温	t_{roof}'	℃	查焓熵图	347.1
81	屏区炉顶蒸汽焓增量	Δi	kJ/kg	$3.6B_{cal}Q_{roof}/(D_1-D_{ds1}-D_{ds2})$	11.21
82	屏区炉顶出口汽焓	i_{roof}''	kJ/kg	$i_{roof}'+\Delta i$	2674.2
83	屏区炉顶出口汽温	t_{roof}''	℃	查焓熵图	347.9

续表

序号	名　　称	符号	单位	计算公式或数据来源	数值
84	屏区炉顶平均汽温	t_{ave}	℃	$0.5(t'_{roof}+t''_{roof})$	347.50
85	平均传热温差	Δt	℃	$\theta_{ave}-t_{ave}$	712.59
86	屏区炉顶对流吸热	$Q_{roof,cal}$	kJ/kg	$K\Delta tA_{roof}/(1000B_{cal})$	116.1
87	误差	e	%	$100(Q_{roof}-Q_{roof,cal})/Q_{roof}$	−0.06
88	屏区的对流吸热量	$Q_{c,psh,cal}$	kJ/kg	$Q_{c,cal}+Q_{ww,cal}+Q_{roof,cal}$	1585.0
89	总误差	e	%	$100(Q_{c,psh}-Q_{c,psh,cal})/Q_{c,psh}$	0.13

注：1. 位于炉膛出口的屏式过热器既接受烟气流过它时以对流方式传给它的热量，又直接吸收炉膛的辐射热，同时屏间烟气在温度较高时，也辐射一部分热量给炉膛和它后面的对流过热器。因此这种受热面传热基本公式与一般的对流受热面有所不同。

2. 屏式过热器多属于中间级过热器，其进出口的工质参数在进行热力计算时往往是未知的。表E9第31项是参阅有关资料作的假设。假设的参数是否正确，需在相应的受热面热力计算后予以校准。

3. 屏式过热器横向间距大，烟气流速低，且冲刷不完善。所以屏式过热器的某些热交换参数，如灰污系数、利用系数、传热系数，乃至换热面积的计算方法都不同于一般的对流受热面。

（2）高温过热器结构见图E6。高温过热器结构设计和热力计算见表E10和表E11。

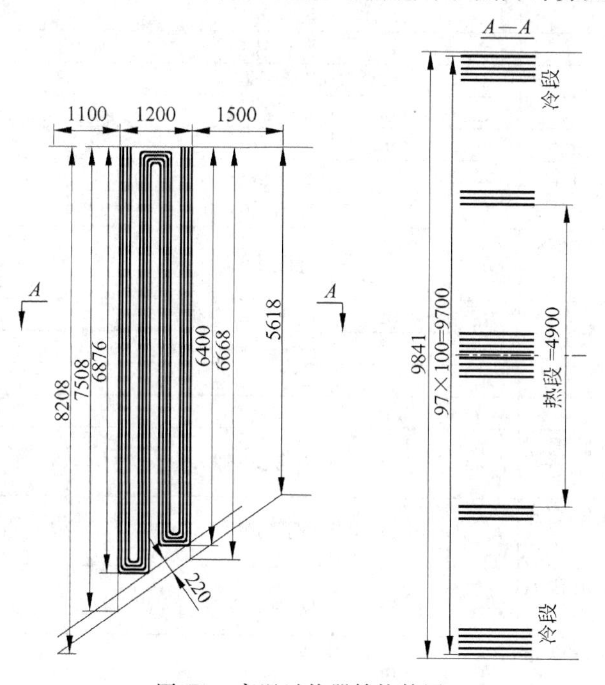

图E6　高温过热器结构简图

表 E10 高温过热器结构尺寸

序号	名　称	符号	单位	计算公式或数据来源	数值
1	管子直径	d	mm	设计选取	42
2	管子壁厚	δ	mm	设计选取	5
3	纵向管子排数	Z_2	—	设计选取	16
4	并绕根数	n	—	设计选取	4
5	高温过热器回程数	n_1	—	设计选取	4
6	单根管截面积	A_i	m^2	$\pi d_n^2/4$	8.04×10^{-4}
7	冷段蒸汽质量流速	ρw_c	kg/(m² · s)	参考《原理》13-6 节	720
8	冷段蒸汽总流通面积	$A_{ss,c}$	m^2	$(D-D_{ds1})/(3600\rho w_c)$	0.155
9	冷段横向排数	Z_{1c}^0	—	$A_{ss,c}/(A_i n)$	48.19
10	冷段横向排数	Z_{1c}	—	设计选取	48
11	热段蒸汽质量流速	ρw_h	kg/(m² · s)	参考《原理》13-6 节	700
12	热段蒸汽总流通面积	$A_{ss,h}$	m^2	$D_1/(3600\rho w_h)$	0.163
13	热段横向排数	Z_{1h}^0	—	$A_{ss,h}/(A_i n)$	50.57
14	热段横向排数	Z_{1h}	—	设计选取	50
15	横向总排数	Z_1	—	$Z_{1h}+Z_{1c}$	98
16	横向节距	s_1	mm	设计选取	100
17	横向相对节距	σ_1	—	s_1/d	2.38
18	纵向节距	s_2	mm	设计选取	60
19	过热器深度	b	m	查图 E6	1.2
20	纵向平均节距	$s_{2,ave}$	mm	$b/(Z_2-1)$	80
21	纵向相对节距	σ_2	mm	$S_{2,ave}/d$	1.90
22	过热器最小弯曲半径	R	—	设计选取	80
23	过热器前辐射空间深度	l_r	m	查图 E6	1.1
24	高温过热器入口烟道高度	h'	m	查图 E6	7.508
25	管子平均计算长度	l_{ave}	m	图 E6,$2\times(6.876+6.4)$	26.55
26	热段受热面积	A_h	m^2	$nZ_{1h}\times\pi\times d\times l_{ave}$	700.69
27	冷段受热面积	A_c	m^2	$nZ_{1c}\times\pi\times d\times l_{ave}$	672.66
28	总受热面积	A	m^2	A_h+A_c	1373.35
29	高温过热器与低温过热器距离	$l_{p\text{-}s,sh}$	m	参考《原理》13-15 节	1.5
30	低温过热器入口烟道高度	$h'_{p,sh}$	m	查图 E6	5.618
31	高温过热器区顶棚管长度	l_{roof}	m	$l_{p\text{-}s,sh}+b$	2.7
32	高温过热器出口烟道高度	h''	m	查图 E6	6.668
33	顶棚管受热面积	A_{roof}	m^2	$al_{roof}(0.5\pi d+(s_{roof}-d))/s_{roof}$	34.31
34	侧水冷壁受热面积	A_{sw}	m^2	$2\times(0.5\times\pi\times d+(s_{sw}-d))/s_{sw}\times 0.5l_{roof}(h'+h'_{p,sh})$	50.61

续表

序号	名　　称	符号	单位	计算公式或数据来源	数值
35	底水冷壁受热面积	A_{bww}	m^2	$a(0.5\times\pi\times d+(s_{bww}-d))/s_{bww}\times l_{roof}/\cos\theta_{up}$	46.32
36	水冷壁受热面积	A_{ww}	m^2	$A_{sw}+A_{bww}$	96.94
37	烟气入口流通截面	A'_g	m^2	$h'(a-dZ_1)$	42.99
38	烟气出口流通截面	A''_g	m^2	$h''(a-dZ_1)$	38.18
39	烟气平均流通截面	$A_{g,ave}$	m^2	$2A'_gA''_g/(A'_g+A''_g)$	40.44
40	热段蒸汽流通截面	$A_{ss,h}$	m^2	$\pi/4\times n\times Z_{1h}\times d_i^2$	0.161
41	冷段蒸汽流通截面	$A_{ss,c}$	m^2	$\pi/4\times n\times Z_{1c}\times d_i^2$	0.154
42	有效辐射层厚度	s	m	$0.9d(4\sigma_1\sigma_2/\pi-1)$	0.180
43	后水引出管根数	N_{rw}	—	设计选取	40
44	后水引出管管径	d_{rw}	mm	设计选取	60
45	后水引出管长度	L_{rw}	m	设计选取	7.2
46	后水引出管受热面积	A_{rw}	m^2	$N_{rw}\times\pi\times d_{rw}\times L_{rw}$	54.29

表 E11　高温过热器热力计算

序号	名　　称	符号	单位	计算公式或数据来源	数值
1	烟气进口温度	θ'	℃	查表 E9	1005.02
2	烟气进口焓	I'	kJ/kg	查表 E9	14304.01
3	蒸汽进口温度	t'	℃	查表 E9	447.56
4	蒸汽进口焓	i'	kJ/kg	查表 E9	3166.2
5	蒸汽出口温度	t''	℃	设计任务	540
6	蒸汽出口焓	i''	kJ/kg	查焓熵图	3437.5
7	减温水焓	i_{fw}	kJ/kg	查表 E4	1016.1
8	烟气对屏后的辐射热量	Q_{rl}	kJ/kg	查表 E9	143.94
9	过热蒸汽对流吸热量	Q_c	kJ/kg	$[(D_1-D_{ds2})(i''-i')+D_{ds2}(i''-i_{fw})]/(3600B_{cal})-Q_{rl}$	3089.0
10	炉顶附加受热面吸热量	Q_{roof}	kJ/kg	先假定后校核	111
11	水冷壁附加受热面吸热量	Q_{ww}	kJ/kg	先假定后校核	319
12	后水引出管吸热量	Q_{rw}	kJ/kg	先假定后校核	178
13	烟气出口焓	I''	kJ/kg	$I'-(Q_d+Q_{roof}+Q_{ww}+Q_{rw})/\varphi+\Delta\alpha I_{ca}^0$	10597.9
14	烟气出口温度	θ''	℃	查烟气焓温	750.45
15	烟气放热量	Q_g	kJ/kg	$\varphi(I'-I''+\Delta\alpha I_{ca}^0)$	3688.4
16	蒸汽平均温度	t_{ave}	℃	$(t'+t'')/2$	493.78
17	烟气平均温度	θ_{ave}	℃	$(\theta'+\theta'')/2$	877.73

续表

序号	名　　称	符号	单位	计算公式或数据来源	数值
18	烟气流速	ω_g	m/s	$B_{cal}V_g(\theta_{ave}+273)/(273\times A_{g,ave})$	10.52
19	标准烟气热导率	λ	W/(m·℃)	查物性参数图表	0.0980
20	标准烟气运动黏度	ν	m^2/s	查物性参数图表	1.42×10^{-4}
21	平均烟气普朗特数	Pr_{ave}	—	查物性参数图表	0.582
22	烟气普朗特数	Pr	—	$(0.94+0.56r_{H_2O})Pr_{ave}$	0.571
23	管排数改正系数	C_z	—	参考《原理》式(12-19)	1
24	烟气成分及温度改正系数	C_w	—	$0.92+0.726r_{H_2O}$	0.973
25	节距改正系数	C_s	—	参考《原理》式(12-20)	1.000
26	烟气侧对流放热系数	α_g	W/(m²·℃)	$0.2\lambda/d(\omega_g d/\nu)^{0.65}Pr^{0.33}C_zC_sC_w$	70.40
27	冷段烟气重量份额	g_c	—	先假定后校核	0.525
28	热段烟气重量份额	g_h	—	先假定后校核	0.475
29	热段吸收辐射热量	$Q_{r,h}$	kJ/kg	g_hQ_{rl}	68.37
30	冷段吸收辐射热量	$Q_{r,c}$	kJ/kg	g_cQ_{rl}	75.57
31	热段进口蒸汽焓	i_h'	kJ/kg	$i''-3.6B_{cal}/D_1\{g_h[\varphi(I'-I''+\Delta\alpha I_{ca}^0)-Q_{roof}-Q_{ww}-Q_{rw}]+Q_{r,h}\}$	3294.6
32	蒸汽进热段压力	p_h'	MPa	设计选取	13.9
33	蒸汽出热段压力	p_h''	MPa	设计选取	13.7
34	热段蒸汽平均压力	$p_{h,ave}$	MPa	$0.5(p_h'+p_h'')$	13.8
35	热段进口蒸汽温度	t_h'	℃	查焓熵图	489.41
36	热段蒸汽平均温度	$t_{h,ave}$	℃	$0.5(t''+t_h')$	514.7
37	热段对流吸热量	$Q_{h,c}$	kJ/kg	$D_1/(3.6B_{cal})\times(i''-i_h')-Q_{h,r}$	1463.2
38	冷段蒸汽出口焓	i_c''	kJ/kg	$D_1/(D_1-D_{ds2})i'_h-D_{ds2}/(D_1-D_{ds2})i_{fw}$	3327.3
39	蒸汽进冷段压力	p_c'	MPa	设计选取	14.1
40	蒸汽出冷段压力	p_c''	MPa	设计选取	13.9
41	冷段蒸汽平均压力	$p_{c,ave}$	MPa	$0.5(p_c'+p_c'')$	14
42	冷段蒸汽出口温度	t_c''	MPa	查焓熵图	500.29
43	冷段焓增量	Δi	kJ/kg	$g_c[\varphi(I'-I''+\Delta\alpha I_{ca}^0)-Q_{roof}-Q_{ww}-Q_{rw}+Q_{rl}]\times3.6B_{cal}/(D_1-D_{ds2})$	160.22
44	冷段蒸汽入口焓	i_c'	kJ/kg	$i_c''-\Delta i$	3167.0
45	冷段蒸汽入口温度	t_c'	kJ/kg	查焓熵图	447.81
46	蒸汽出屏温度	t_{psh}''	℃	查表 E9	447.56
47	接口温差	Δt	℃	$t_c'-t_{psh}''$	0.25
48	冷段蒸汽平均温度	$t_{c,ave}$	℃	$0.5(t_c''+t_c')$	474.05
49	冷段对流吸热量	$Q_{c,c}$	kJ/kg	$(D_1-D_{ds2})/(3.6B_{cal})(i_c''-i_c')-Q_{r,c}$	1617.2

续表

序号	名　　称	符号	单位	计算公式或数据来源	数值
50	热段蒸汽平均比容	$v_{h,ave}$	m^3/kg	查焓熵图	0.0236
51	热段蒸汽平均流速	$\omega_{ss,h}$	m/s	$D_1 v_{h,ave}/(3.6A_{ss,h})$	16.71
52	冷段蒸汽平均比容	$v_{c,ave}$	m^3/kg	查焓熵图	0.0212
53	冷段蒸汽平均流速	$\omega_{ss,c}$	m/s	$(D_1-D_{ds2})v_{c,ave}/(3.6A_{ss,c})$	15.41
54	管径改正系数	C_d	—	参考《原理》图12-16	0.91
55	冷段蒸汽热导率	λ_c	W/(m·℃)	查物性参数图表	0.0786
56	冷段蒸汽运动黏度	ν_c	m^2/s	查物性参数图表	5.99×10^{-7}
57	冷段蒸汽普朗特数	Pr_c	—	查物性参数图表	1.061
58	冷段蒸汽侧放热系数	$\alpha_{2,c}$	$W/(m^2\cdot℃)$	$0.023\lambda_c/d_n(\omega_{ss,c}d_n/\nu_c)^{0.8}Pr_c^{0.4}C_d$	2850.2
59	管径改正系数	C_d	—	参考《原理》图12-16	0.91
60	热段蒸汽热导率	λ_h	W/(m·℃)	查物性参数图表	0.0818
61	热段蒸汽运动黏度	ν_h	m^2/s	查物性参数图表	6.92×10^{-7}
62	热段蒸汽普朗特数	Pr_h	—	查物性参数图表	1.011
63	热段蒸汽侧放热系数	$\alpha_{2,h}$	$W/(m^2\cdot℃)$	$0.023\lambda_h/d_n(\omega_{ss,h}d_n/\nu_h)^{0.8}Pr_h^{0.4}C_d$	2761.3
64	灰污系数	ζ	$m^2\cdot℃/W$	参考《原理》式(12-61a)	0.0043
65	冷段管壁灰污层温度	$t_{w,c}$	℃	$t_{c,ave}+1000(\zeta+1/\alpha_{2,c})B_{cal}(Q_{c,c}+Q_{r,c})/A_c$	598.43
66	热段管壁灰污层温度	$t_{w,h}$	℃	$t_{h,ave}+1000(\zeta+1/\alpha_{2,h})B_{cal}(Q_{c,h}+Q_{r,h})/A_h$	623.00
67	p_n与s的乘积	$p_n s$	m·MPa	$pr_n s$	0.00388
68	烟气辐射减弱系数	k_g	$(m\cdot MPa)^{-1}$	$10.2[(0.78+1.6r_{H_2O})/(10.2p_n s)^{0.5}-0.1](1-0.37T_{ave}/1000)$	25.80
69	飞灰减弱系数	k_{fa}	$(m\cdot MPa)^{-1}$	$48350\rho_g/(T_{ave}{}^2 d_{fa}^2)^{1/3}$	83.82
70	辐射减弱系数	K	$(m\cdot MPa)^{-1}$	$k_g r_n+k_{fa}\mu_{fa}$	6.29
71	烟气辐射吸收力	Kps	—	Kps	0.113
72	烟气黑度	ε	—	$1-e^{-Kps}$	0.107
73	冷段辐射放热系数	$\alpha_{r,c}$	$W/(m^2\cdot℃)$	$5.7\times10^{-8}(\varepsilon_w+1)/2\varepsilon T_{ave}{}^3[1-(T_{w,c}/T_{ave})^4]/[1-(T_{w,c}/T_{ave})]$	23.18
74	热段辐射放热系数	$\alpha_{r,h}$	$W/(m^2\cdot℃)$	$5.7\times10^{-8}(\varepsilon_w+1)/2\varepsilon T_{ave}{}^3[1-(T_{w,h}/T_{ave})^4]/[1-(T_{w,h}/T_{ave})]$	23.96
75	燃料修正系数	A		参考《原理》式(12-62)	0.4
76	冷段辐射放热系数修正	$\alpha'_{r,c}$	$W/(m^2\cdot℃)$	$\alpha_{r,c}[1+A(T'/1000)^{0.25}(l_r/b)^{0.07}]$	32.98
77	热段辐射放热系数修正	$\alpha'_{r,h}$	$W/(m^2\cdot℃)$	$\alpha_{r,h}[1+A(T'/1000)^{0.25}(l_r/b)^{0.07}]$	34.08

续表

序号	名　称	符号	单位	计算公式或数据来源	数值
78	流通系数	ω	—	设计选取为常数 1	1
79	热有效系数	ψ	—	参考《原理》表 12-5	0.65
80	冷段烟气侧放热系数	α_{1c}	W/(m²·℃)	$\omega\alpha_g+\alpha'_{r,c}$	103.38
81	热段烟气侧放热系数	α_{1h}	W/(m²·℃)	$\omega\alpha_g+\alpha'_{r,h}$	104.48
82	冷段传热系数	K_c	W/(m²·℃)	$\psi\alpha_{1c}/(1+\alpha_{1c}/\alpha_{2,c})$	64.85
83	热段传热系数	K_h	W/(m²·℃)	$\psi\alpha_{1h}/(1+\alpha_{1h}/\alpha_{2,h})$	65.44
84	冷段较小温差	Δt_{min}	℃	$\theta''-t'_c$	302.6
85	冷段较大温差	Δt_{max}	℃	$\theta'-t''_c$	504.7
86	冷段平均温差	Δt	℃	$(\Delta t_{max}-\Delta t_{min})/(\ln\Delta t_{max}/\Delta t_{min})$	395.11
87	冷段对流传热量	$Q_{c,cal}$	kJ/kg	$KA_c\Delta t/(1000B_{cal})$	1621.8
88	误差	e	%	$(Q_{c,c}-Q_{c,cal})/Q_{c,c}\times100$	−0.29
89	热段较小温差	Δt_{min}	℃	$\theta''-t''$	210.45
90	热段较大温差	Δt_{max}	℃	$\theta'-t'_h$	515.61
91	热段平均温差	Δt	℃	$(\Delta t_{max}-\Delta t_{min})/(\ln\Delta t_{max}/\Delta t_{min})$	340.54
92	热段对流传热量	$Q_{h,cal}$	kJ/kg	$K\Delta tA_h/(1000B_{cal})$	1469.3
93	误差	e	%	$(Q_{c,h}-Q_{h,cal})/Q_{c,h}\times100$	−0.42
94	过热器总对流吸热量	Q'_c	kJ/kg	$Q_{c,cal}+Q_{h,cal}$	3091.1
95	误差	e	%	$(Q_c-Q'_c)/Q_c\times100$	−0.07
96	过热器区平均传热系数	K_{ave}	W/(m²·℃)	$0.5(K_c+K_h)$	65.14
97	两侧水冷壁工质温度	t_{sw}	℃	查焓熵图(饱和温度)	342.53
98	平均传热温差	Δt	℃	$\theta_{ave}-t_{sw}$	535.20
99	两侧水冷壁对流吸热量	$Q_{ww,cal}$	kJ/kg	$K_{ave}\Delta tA_{ww}/(1000B_{cal})$	318.0
100	误差	e	%	$(Q_{ww}-Q_{ww,cal})/Q_{ww}\times100$	0.31
101	炉顶过热器进口汽焓	i'_{roof}	kJ/kg	查表 E9	2674.2
102	炉顶过热器进口汽温	t'_{roof}	℃	查表 E9	347.9
103	炉顶过热器蒸汽焓增量	Δi_{roof}	kJ/kg	$3.6Q_{roof}B_{cal}/(D_1-D_{ds1}-D_{ds2})$	10.72
104	高温过热器区炉顶蒸汽压力	p_{roof}	MPa	设计选取	14.9
105	炉顶过热器出口汽焓	i''_{roof}	kJ/kg	$i'_{roof}+\Delta i$	2684.9
106	炉顶过热器出口汽温	t''_{roof}	℃	查焓熵图	348.3
107	平均温差	Δt	℃	$\theta_{ave}-0.5(t'_{roof}+t''_{roof})$	529.6
108	炉顶过热器对流吸热量	$Q_{roof,cal}$	kJ/kg	$K_{ave}\Delta tA_{roof}/(1000B_{cal})$	111.4

续表

序号	名　　称	符号	单位	计算公式或数据来源	数值
109	误差	e	%	$(Q_{roof}-Q_{roof,cal})/Q_{roof}\times 100$	−0.34
110	后水引出管平均传热温差	Δt	℃	$\theta_{ave}-t_{sw}$	535.2
111	后水引出管对流吸热量	$Q_{rw,cal}$	kJ/kg	$K_{ave}\Delta tA_{rw}/(1000B_{cal})$	178.1
112	误差	e	%	$(Q_{rw}-Q_{rw,cal})/Q_{rw}\times 100$	−0.06

注：1. 过热器系统总压降一般在锅炉额定压力的10%以内，对超高压机组压降允许达到15%。分级计算时，中间各级过热器进出口压力可根据有关资料取用，再无资料数据时可依据过热器总压降进行估计，但估计误差不应大于3%。

2. 本例的特点是高温过热器采用并联混合流方案，工质在冷段逆流，在热段顺流。计算方法可采用将冷、热段看做是一个整体，平均传热温差需要查表修正；也可以采用分级计算的方法(如本例)。这两种方法都有一定的缺陷，第一种方法缺乏冷段出口和热段进口的工质参数，并且平均传热温差也没有考虑减温水带来的温降；第二种方法采用烟气重量份额的假设，然后进行渐进的迭代，最后得到满足误差的结果，其中烟气重量份额的假设会带来计算误差。综合来说这两种方法在工程中都有应用，只要满足工程的计算误差还是可行的，这也是工程计算的一个特点。

3. 高温过热器的热力计算，往往有三个参数(θ'、t'和t'')为确定值，不好使用逐次渐进法。此时平衡对流换热量的手段往往是①重新布置过热器，更改对流过热器的换热面积；②更改减温幅度。

(3) 低温过热器结构见图 E7。低温过热器结构设计和热力计算见表 E12 和表 E13。

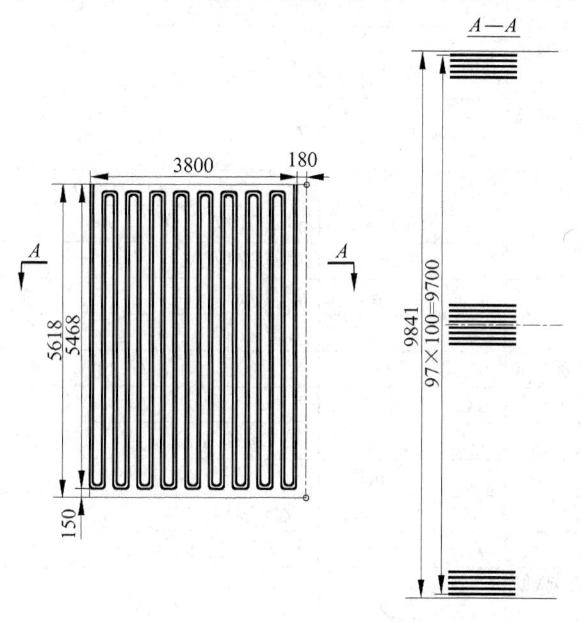

图 E7　低温过热器结构简图

表 E12　低温过热器结构

序号	名　　称	符号	单位	计算公式或数据来源	数值
1	管子直径	d	mm	设计选取	42
2	管子壁厚	δ	mm	设计选取	5
3	并绕根数	n	—	设计选取	2
4	低温过热器回程数	n_1	—	设计选取	18
5	横向排数	Z_1	—	设计选取	98
6	过热器最小弯曲半径	R	mm	设计选取	80
7	横向节距	s_1	mm	设计选取	100
8	横向相对节距	σ_1	—	s_1/d	2.38
9	纵向节距	s_2	mm	设计选取	60
10	过热器深	b	m	查图 E7	3.8
11	过热器前辐射空间深度	l_r	m	查表 E10	1.5
12	纵向平均节距	$s_{2,ave}$	mm	$1000b/(n\times n_1-1)$	108.57
13	纵向相对节距	σ_2	—	$s_{2,ave}/d$	1.43
14	低温过热器入口烟道高度	$h_{p,sh}$	m	查表 E10	5.618
15	水平烟道高度	h_g	m	查表 E10	5.618
16	管子平均计算长度	l_{ave}	m	图 E7，18×5.468	98.42
17	受热面积	A	m^2	$nZ_1\times\pi\times d\times l_{ave}$	2545.30
18	低温过热器与转向室距离	$l_{p,sh\text{-}rc}$	m	设计选取	0.18
19	低温过热器区顶棚管长度	l_{roof}	m	$l_{p,sh\text{-}rc}+b$	3.98
20	顶棚管受热面积	A_{roof}	m^2	$al_{roof}(0.5\pi d+(s_{roof}-d))/s_{roof}$	49.55
21	侧包墙管管径	d	mm	设计选取	51
22	侧包墙管壁厚	δ	mm	设计选取	5
23	侧包墙管节距	$s_{s,sh}$	mm	设计选取	100
24	侧包墙受热面积	$A_{s,sh}$	m^2	$2h_g l_{roof}(0.5\times\pi\times d+(s_{s,sh}-d))/s_{s,rc}$	57.73
25	底水冷壁受热面积	A_{bww}	m^2	$al_{roof}(0.5\times\pi\times d+(s_{bww}-d))/s_{bww}$	55.94
26	烟气平均流通截面	A_g	m^2	$h_g(a-dZ_1)$	32.16
27	蒸汽流通截面	A_{ss}	m^2	$\pi/4\times n\times Z_1\times d_n^2$	0.158
28	辐射层厚度	s	m	$0.9d(4\sigma_1\sigma_2/\pi-1)$	0.126
29	斜后水引出管管径	d	mm	设计选取	108
30	斜后水引出管根数	n_{rw}	—	设计选取	12
31	斜后水引出管受热面积	A_{rw}	m^2	$n_{rw}\times\pi\times d\times h_g$	22.87
32	顶棚管排数	n_{roof}	—	查表 E5	98

续表

序号	名　　称	符号	单位	计算公式或数据来源	数值
33	顶棚蒸汽流通面积	A_{roof}	m^2	$\pi/4d^2_{n,roof}n_{roof}$	0.129
34	前包墙连接管直径	d	mm	设计选取	133
35	前包墙连接管壁厚	δ	mm	设计选取	10
36	前包墙连接管根数	$Z_{f,sh}$	—	设计选取	12
37	前包墙连接管蒸汽流通面积	$A_{f,sh}$	m^2	设计选取	0.120
38	总蒸汽流量	D	t/h	$(D_1-D_{ds2}-D_{ds1})$	396
39	顶棚蒸汽流量	D_{roof}	t/h	$(D_1-D_{ds2}-D_{ds1})A_{roof}/(A_{roof}+A_{f,sh})$	205.17
40	侧包墙蒸汽流量	$D_{s,sh}$	t/h	$(D_1-D_{ds2}-D_{ds1})A_{f,sh}/(A_{roof}+A_{f,sh})$	190.83

表 E13　低温过热器热力计算

序号	名　　称	符号	单位	计算公式或数据来源	数值
1	烟气进口温度	θ'	℃	查表 E11	750.45
2	烟气进口焓	I'	kJ/kg	查表 E11	10597.9
3	烟气出口温度	θ''	℃	先假定后校核	522
4	烟气出口焓	I''	kJ/kg	查表 E3	7318.4
5	减温水(主给水)焓	i_{fw}	kJ/kg	查表 E4	1016.1
6	蒸汽出口焓(未减温)	i''	kJ/kg	$(D_1-D_{ds2})/(D_1-D_{ds1}-D_{ds2})i'_{psh}-D_{ds1}/(D_1-D_{ds1}-D_{ds2})i_{fw}$	3011.8
7	蒸汽出口压力	p''	MPa	查表 E9	14.4
8	蒸汽出口温度	t''	℃	查焓熵图	407.5
9	炉顶对流吸热量	Q_{roof}	kJ/kg	先假定后校核	71
10	侧包墙对流吸热量	$Q_{s,sh}$	kJ/kg	先假定后校核	82
11	斜后水引出管对流吸热量	Q_{rw}	kJ/kg	先假定后校核	33
12	底水冷壁对流吸热量	Q_{bww}	kJ/kg	先假定后校核	81
13	过热器对流吸热量	Q_c	kJ/kg	$\varphi(I''-I'+\Delta\alpha I^0_{ca})-Q_{roof}-Q_{s,sh}-Q_{bw}-Q_{bww}$	3105.1
14	蒸汽进口焓	i'	kJ/kg	$I''-3.6B_{cal}Q_c/(D_1-D_{ds2}-D_{ds1})$	2711.8
15	蒸汽进口压力	p'	MPa	设计选取	14.7
16	蒸汽进口温度	t'	℃	查焓熵图	350.0
17	蒸汽进口流量加权温度	$t_{w,ave}$	℃	$(D_{roof}/D)t''_{rc}+(D_{s,sh}/D)t''_{s,sh}$	349.7
18	低温过热器入口接口温差	Δt_{li}	℃	$t'-t_{w,ave}$	0.2
19	蒸汽平均温度	t_{ave}	℃	$(t'+t'')/2$	378.7
20	烟气平均温度	θ_{ave}	℃	$(\theta'+\theta'')/2$	636.2

续表

序号	名　称	符号	单位	计算公式或数据来源	数值
21	烟气流速	ω_g	m/s	$B_{cal}V_g(\theta_{ave}+273)/(273A_g)$	10.69
22	标准烟气热导率	λ	W/(m·℃)	查物性参数图表	0.0771
23	标准烟气运动黏度	ν	m^2/s	查物性参数图表	9.60×10^{-5}
24	平均烟气普朗特数	Pr_{ave}	—	查物性参数图表	0.606
25	烟气普朗特数	Pr	—	$(0.94+0.56r_{H_2O})Pr_{ave}$	0.594
26	管排数改正系数	C_z	—	参考《原理》式(12-19)	1
27	烟气成分及温度改正系数	C_w	—	$0.92+0.726r_{H_2O}$	0.972
28	节距改正系数	C_s	—	参考《原理》式(12-20)	0.923
29	烟气侧对流放热系数	α_g	W/(m²·℃)	$0.2\lambda/d(\omega_g/\nu)^{0.65}Pr^{0.33}C_zC_sC_w$	67.33
30	蒸汽平均压力	p_{ave}	MPa	$0.5(p'+p'')$	14.55
31	蒸汽平均比容	v_{ave}	m^3/kg	查焓熵图	0.015
32	蒸汽平均流速	v_{ss}	m/s	$(D_1-D_{ds2}-D_{ds1})v_{ave}/(3600A_{ss})$	10.47
33	管径改正系数	C_d	—	参考《原理》图 12-16	0.91
34	蒸汽热导率	λ	W/(m·℃)	查物性参数图表	0.081
35	蒸汽运动黏度	ν	m^2/s	查物性参数图表	3.81E−07
36	蒸汽普朗特数	Pr	—	查物性参数图表	1.41
37	蒸汽侧放热系数	α_2	W/(m²·℃)	$0.023\lambda/d_n(\omega_{ss}d_n/\nu)^{0.8}Pr^{0.4}C_d$	3459.4
38	灰污系数	ζ	m²·℃/W	参考《原理》式(12-61a)	0.0043
39	管壁灰污层温度	t_w	℃	$t_{ave}+1000(\zeta+1/\alpha_2)B_{cal}Q_c/A$	438.2
40	p_n 与 s 的乘积	p_ns	m·MPa	pr_ns	0.00265
41	烟气辐射减弱系数	k_g	$(m\cdot MPa)^{-1}$	$10.2[(0.78+1.6r_{H_2O})/(10.2p_ns)^{0.5}-0.1](1-0.37T_{ave}/1000)$	36.14
42	飞灰减弱系数	k_{fa}	$(m\cdot MPa)^{-1}$	$48350\rho_g/(T_{ave}^2d_{fa}^2)^{1/3}$	97.99
43	辐射减弱系数	K	$(m\cdot MPa)^{-1}$	$k_gr_n+k_{fa}\mu_{fa}$	8.45
44	烟气辐射吸收力	Kps	—	Kps	0.11
45	烟气黑度	ε	—	$1-e^{-Kps}$	0.10
46	辐射放热系数	α_r	W/(m²·℃)	$5.7\times10^{-8}(\varepsilon_w+1)/2\varepsilon T_{ave}^3[1-(T_w/T_{ave})^4]/[1-(T_w/T_{ave})]$	11.18
47	燃料修正系数	A	—	参考《原理》式(12-62)	0.4
48	辐射放热系数修正	α_r'	W/(m²·℃)	$\alpha_r[1+A(T'/1000)^{0.25}(l_r/b)^{0.07}]$	15.39
49	流通系数	ω	—	设计选取为常数 1	1
50	烟气侧放热系数	α_1	W/(m²·℃)	$\omega\alpha_g+\alpha_r'$	82.72
51	热有效系数	ψ		参考《原理》表 12-5	0.65
52	传热系数	K	W/(m²·℃)	$\psi\alpha_1\alpha_2/(\alpha_2+\alpha_1)$	52.51

续表

序号	名　　称	符号	单位	计算公式或数据来源	数值
53	逆流较小温差	Δt_{min}	℃	$\theta''-t'$	172.1
54	逆流较大温差	Δt_{max}	℃	$\theta'-t''$	343.0
55	平均温差	Δt	℃	$(\Delta t_{max}-\Delta t_{min})/(\ln\Delta t_{max}/\Delta t_{min})$	247.8
56	对流传热量	$Q_{c,cal}$	kJ/kg	$K\Delta tA/(1000B_{cal})$	3116.2
57	误差	e	%	$(Q_c-Q_{c,cal})/Q_c\times100$	−0.36
58	底水冷壁工质温度	t_{sw}	℃	查焓熵图(饱和温度)	342.53
59	平均传热温差	Δt	℃	$\theta_{ave}-t_{sw}$	293.7
60	底水冷壁对流吸热量	$Q_{bww,cal}$	kJ/kg	$K\Delta tA_{bww}/(1000B_{cal})$	81.2
61	误差	e	%	$(Q_{bww}-Q_{bww,cal})/Q_{bww}\times100$	−0.22
62	炉顶过热器进口汽焓	i'_{roof}	kJ/kg	查表 E11	2684.9
63	炉顶过热器进口汽温	t'_{roof}	℃	查表 E11	348.3
64	炉顶过热器蒸汽焓增量	Δi_{roof}	kJ/kg	$3.6Q_{roof}B_{cal}/(D_1-D_{ds1}-D_{ds2})$	6.86
65	炉顶过热器出口汽焓	i''_{roof}	kJ/kg	$i'_{roof}+\Delta i_{roof}$	2691.8
66	炉顶过热器压力	p_{roof}	MPa	设计选取	14.8
67	炉顶过热器出口汽温	t''_{roof}	℃	查焓熵图	348.5
68	平均温差	Δt	℃	$\theta_{ave}-0.5(t'_{roof}+t''_{roof})$	287.8
69	炉顶过热器对流吸热量	$Q_{roof,cal}$	kJ/kg	$K\Delta tA_{roof}/(1000B_{cal})$	70.5
70	误差	e	%	$(Q_{roof}-Q_{roof,cal})/Q_{roof}\times100$	0.73
71	后水引出管平均传热温差	Δt_{rw}	℃	$\theta_{ave}-t_{sw}$	293.7
72	后水引出管对流吸热量	$Q_{rw,cal}$	kJ/kg	$K\Delta tA_{rw}/(1000B_{cal})$	33.2
73	误差	e	%	$(Q_{rw}-Q_{rw,cal})/Q_{rw}\times100$	−0.59
74	侧包墙压力	$p_{s,sh}$	MPa	设计选取	14.7
75	侧包墙蒸汽流量	$D_{s,sh}$	t/h	查表 E12(并联两路)	190.83
76	侧包墙蒸汽焓增量	$\Delta i_{s,sh}$	kJ/kg	$3.6Q_{s,sh}B_{cal}/D_{s,sh}$	16.44
77	侧包墙进口汽焓	$i'_{s,sh}$	kJ/kg	$i'_{s,sh}=i''_{roof}$	2691.8
78	侧包墙进口汽温	$t'_{s,sh}$	℃	$t'_{s,sh}=t''_{roof}$	348.5
79	侧包墙出口汽焓	$i''_{s,sh}$	kJ/kg	$i'_{s,sh}+\Delta i_{s,sh}$	2708.2
80	侧包墙出口汽温	$t''_{s,sh}$	℃	查焓熵图	349.57
81	侧包墙平均汽温	$t_{s,sh,ave}$	℃	$0.5(t'_{s,sh}+t''_{s,sh})$	349.04
82	平均温差	Δt	℃	$\theta_{ave}-t_{s,sh,ave}$	287.19
83	侧包墙对流吸热量	$Q_{s,sh,cal}$	kJ/kg	$K\Delta tA_{s,sh}/(1000B_{cal})$	81.9
84	误差	e	%	$(Q_{s,sh}-Q_{s,sh,cal})/Q_{s,sh}\times100$	0.08

注：由于低温过热器进出口蒸汽温度均未知，所以必须进行校核。对于入口来说，附加过热器必须在计算完转向室后才能确定；对于出口来说，屏式过热器入口为减温后的蒸汽温度。所以先假定减温水量和出口烟温，计算出蒸汽进口温度，然后与转向室计算完成后的低温过热器入口加权温度进行比较，温差不大于1℃即认为合格。

(4) 转向室结构设计和热力计算见表 E14 和表 E15。

表 E14　转向室结构计算

序号	名　　称	符号	单位	计算公式或数据来源	数值
1	管子直径	d	mm	设计选取	51
2	管子壁厚	δ	mm	设计选取	5
3	转向室高度	h_{rc}	m	设计选取	5.618
4	转向室深度	b_{rc}	m	设计选取	5.6
5	转向室宽度	w_{rc}	m	设计选取	9.841
6	侧包墙总面积	$H_{s,sh}$	m^2	$2h_{rc}b_{rc}$	62.92
7	后包墙面积	$H_{r,sh}$	m^2	$w_{rc}h_{rc}$	55.28
8	顶棚面积	H_{roof}	m^2	$w_{rc}L_{rc}$	55.11
9	总受热面积	H_{rc}	m^2	$H_{s,sh}+H_{r,sh}+H_{roof}$	173.31
10	转向室角系数	x_{rc}	—	设计选取	1
11	辐射受热面积	H	m^2	$x_{rc}H_{rc}$	173.31
12	转向室周界面积	H_{sur}	m^2	$H_{s,sh}+2H_{r,sh}+2H_{roof}$	283.71
13	转向室容积	V	m^3	$0.5H_{s,sh}w_{rc}$	309.59
14	有效辐射层厚度	S	m	$3.6V/H_{sur}$	3.93

表 E15　转向室热力计算

序号	名　　称	符号	单位	计算公式或数据来源	数值
1	进口烟温	θ'	℃	查表 E13	522
2	进口烟焓	I'	kJ/kg	查表 E13	7318.4
3	侧包墙吸热量	$Q_{s,sh}$	kJ/kg	先假定后校核	38
4	后包墙吸热量	$Q_{r,sh}$	kJ/kg	先假定后校核	33.5
5	顶棚吸热量	Q_{roof}	kJ/kg	先假定后校核	33.3
6	总吸热量	Q_r	kJ/kg	$Q_{s,sh}+Q_{r,sh}+Q_{roof}$	104.8
7	出口烟焓	I''	kJ/kg	$I'-Q_r/\varphi$	7213.2
8	出口烟温	θ''	℃	查表 E3	515.0
9	平均烟温	θ_{ave}	℃	$0.5(\theta'+\theta'')$	518.5
10	入口蒸汽温度	t'	℃	查表 E13, t''_{roof}	348.5
11	入口蒸汽焓	i'	kJ/kg	查表 E13	2691.8
12	蒸汽焓增量	Δi	kJ/kg	$3.6Q_rB_{cal}/D_{tn}$	19.54
13	转向室出口压力	p''	MPa	设计选取	14.7
14	转向室出口蒸汽焓	i''	kJ/kg	$i'+\Delta i$	2711.3
15	转向室出口蒸汽温度	t''	℃	查焓熵图	349.86
16	平均汽温	t_{ave}	℃	$0.5(t'+t'')$	349.18
17	灰污系数	ζ	$m^2\cdot$℃/W	参考《原理》式(12-61a)	0.0043
18	管壁灰污层温度	t_w	℃	$t_{ave}+1000\zeta B_{cal}Q_r/H$	376.8
19	p_n 与 s 的乘积	p_ns	m·MPa	pr_ns	0.0817
20	烟气辐射减弱系数	k_g	$(m\cdot MPa)^{-1}$	$10.2[(0.78+1.6r_{H_2O})/(10.2p_ns)^{0.5}-0.1](1-0.37T_{ave}/1000)$	6.33

续表

序号	名　　称	符号	单位	计算公式或数据来源	数值
21	飞灰减弱系数	k_{fa}	$(m\cdot MPa)^{-1}$	$48350\rho_g/(T_{ave}^2d_{fa}^2)^{1/3}$	107.43
22	辐射减弱系数	K	$(m\cdot MPa)^{-1}$	$k_g r_n+k_{fa}\mu_{fa}$	2.24
23	烟气辐射吸收力	Kps	—	Kps	0.879
24	烟气黑度	ε	—	$1-e^{-Kps}$	0.585
25	辐射放热系数	α_r	W/(m²·℃)	$5.7\times10^{-8}(\varepsilon_w+1)/2\varepsilon T_{ave}^3[1-(T_w/T_{ave})^4]/[1-(T_w/T_{ave})]$	45.35
26	平均温压	Δt	℃	$\theta_{ave}-t_w$	141.7
27	顶棚过热器吸热量	$Q_{roof,cal}$	kJ/kg	$\alpha_r\Delta tH_{roof}/(1000B_{cal})$	33.3
28	误差	e	%	$(Q_{roof}-Q_{roof,cal})/Q_{roof}\times100$	−0.07
29	后包墙过热器吸热量	$Q_{r,sh,cal}$	kJ/kg	$\alpha_r\Delta tH_{r,sh}/(1000B_{cal})$	33.4
30	误差	e	%	$(Q_{r,sh}-Q_{r,sh,cal})/Q_{r,sh}\times100$	0.21
31	侧包墙过热器吸热量	$Q_{s,sh}$	kJ/kg	$\alpha_r\Delta tH_{r,sh}/(1000B_{cal})$	38.0
32	误差	e	%	$(Q_{s,sh}-Q_{s,sh,cal})/Q_{s,sh}\times100$	−0.12

注：1. 水平烟道和尾部竖井的交接空间称为转向室。由于烟气转向时，其流量分配极不均匀，对受热面冲刷不完全，所以一般不布置受热面。现代大中型锅炉，由于采用悬吊结构，往往在转向室内布置包墙过热器、悬吊管及汽水引出管。

2. 由于转向室内烟气流速低，对流传热量很少，可以忽略不计，辐射传热量则相对较多，因此必须考虑。

E7　热量分配

前面的计算是初步的，至此进行锅炉整体的热量分配，校核排烟温度，若误差小于规范要求，就可以继续计算后级受热面，否则要对前面的受热面重新进行结构设计和传热计算。热量分配见表E16。

表E16　热量分配

序号	名　　称	符号	单位	计算公式或数据来源	数值
1	锅炉有效利用热	Q_{ut}	kJ/kg	Q_b/B_{cal}	26014.1
2	炉膛辐射换热量	Q_r	kJ/kg	查表E7	15205.4
3	屏式过热器对流吸热量	$Q_{psh,c,cal}$	kJ/kg	查表E9	1245.296
4	烟气对屏后的辐射热量	$Q_{rl,cal}$	kJ/kg	查表E9	143.94
5	高温过热器对流吸热量	$Q_{ssh,c,cal}$	kJ/kg	查表E11	3091.1
6	低温过热器吸热量	$Q_{psh,c,cal}$	kJ/kg	查表E13	3116.2
7	附加受热面吸热量	ΣQ_{add}	kJ/kg	$\Sigma Q_{roof}+\Sigma Q_{ww}+\Sigma Q_{rw}+\Sigma Q_{s,sh}+\Sigma Q_{r,sh}$ $=223.6+116.1+318+111.4+178.1+81.2+70.5+33.2+81.9+33+33.4+37.7$	1318.7

续表

序号	名　　称	符号	单位	计算公式或数据来源	数值
8	省煤器后工质总吸热量	ΣQ	kJ/kg	$Q_r + Q_{psh,c,cal} + Q_{r1,cal} + Q_{ssh,c,cal} + Q_{psh,c,cal} + \Sigma Q_{add}$	24120.7
9	省煤器前烟气绝热放热量	ΣQ_g	kJ/kg	$\phi(Q_l - I''_{rc} + \Delta\alpha I^0_{ca}) = 0.996\times[31308.5 - 7213.2 + (1.26-1.2)\times 193.3]$	24010.5
10	误差	e	%	$100(\Sigma Q_g - \Sigma Q)/\Sigma Q_g$	−0.46
11	锅炉出口蒸汽焓	i''_{ss}	kJ/kg	查表 E4	3437.5
12	锅炉排污率	δ_{bd}	%	查表 E4	1
13	省煤器水量	D_{eco}	t/h	$D_1 + D_{bd} - D_{ds}$	400.1
14	省煤器出口水焓	i''_{eco}	kJ/kg	$D_1/D_{eco}\, i''_{ss} - B_{cal}\,\Sigma Q/D_{eco} - D_{bd}/D_{eco}\, i'_s - D_{ds}/D_{eco}\, i_{fw}$	1207.4
15	省煤器吸热量(反计算)	Q_{eco}	kJ/kg	$[D_{eco}(i''_{eco} - i'_{eco})]/B_{cal}$	2000.1
16	空预器吸热量	Q_{aph}	kJ/kg	$(\beta''_{aph} + 0.5\Delta\alpha)(I^0_{ha} - I^0_{ca})$	3368.1
17	排烟焓校核	$I_{ex,cal}$	kJ/kg	$I''_{rc} - (Q_{eco} + Q_{aph})/\phi + 0.5\Delta\alpha_{aph}(I^0_{ha} + I^0_{ca}) + \Delta\alpha_{eco} I^0_{ha}$	1952.9
18	排烟温度校核	$\theta_{ex,cal}$	℃	查表 E3	136.3

注：1. 校验省煤器后(按汽水流动方向)受热面的传热总误差，要求不大于±0.5%。

2. 通过热量平衡估算上级省煤器出口工质温度，同时校核排烟温度。

E8　省煤器结构设计及热力计算

上级省煤器结构见图 E8。上级省煤器结构设计见表 E17。上级省煤器热力计算见表 E18。下级省煤器结构见图 E9。下级省煤器结构设计见表 E19。下级省煤器热力计算见表 E20。

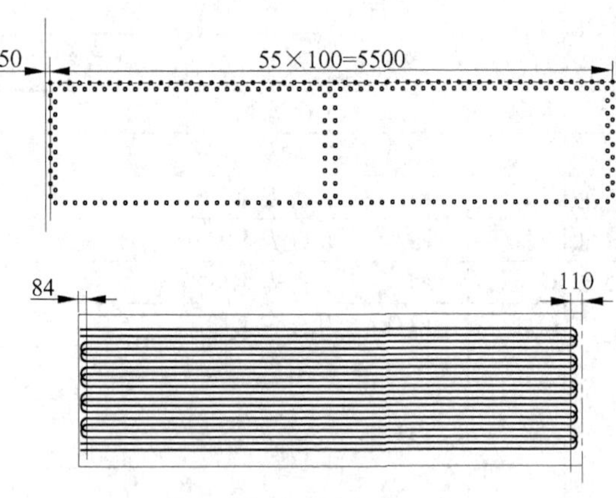

图 E8　上级省煤器结构简图

表 E17　上级省煤器结构

序号	名　　称	符号	单位	计算公式或数据来源	数值
1	管子直径	d	mm	设计选取	32
2	管子壁厚	δ	mm	设计选取	4
3	横向双排数	$Z_{1,\mathrm{even}}$	—	设计选取	56
4	横向单排数	$Z_{1,\mathrm{odd}}$	—	设计选取	55
5	平均横向排数	$Z_{1,\mathrm{ave}}$	—	$0.5(Z_{1,\mathrm{even}}+Z_{1,\mathrm{odd}})$	55.5
6	纵向排数(垂直方向)	Z_2	—	设计选取	20
7	并联管数	n	—	$Z_{1,\mathrm{odd}}+Z_{1,\mathrm{even}}$	111
8	弯曲半径	R	mm	设计选取	60
9	横向节距	s_1	mm	设计选取	100
10	纵向节距	s_2	mm	设计选取	60
11	横向相对节距	σ_1	—	s_1/d	3.13
12	纵向相对节距	σ_2	—	s_2/d	1.88
13	省煤器到出口箱距离	l_{tank}	m	设计选取	1.2
14	省煤器前辐射空间深度	l_{r}	m	$h_{\mathrm{tn}}+l_{\mathrm{tank}}$	6.818
15	省煤器高度	h	m	$(Z_2-1)s_2$	1.140
16	省煤器管距侧墙距离	δ_1	mm	设计选取	24
17	省煤器管距离中心线距离	δ_2	mm	设计选取	50
18	省煤器管与前后墙墙距离	δ_3	mm	设计选取	50
19	竖直烟井宽度	a	m	设计选取	9.841
20	烟道深度	b_{g}	m	设计选取	5.6
21	省煤器管组数	—	—	设计选取	2
22	每排管长	l_{i}	m	$a-2(\delta_1+\delta_2)$	9.693
23	受热面布置管长	l'	m	$Z_{1,\mathrm{ave}}Z_2l_{\mathrm{i}}+n\pi R(Z_2-2)/2$	10947.8
24	最上面二排管长	l_1	m	nl_{i}	1075.9
25	靠墙和中心线管排长	l_2	m	$2(Z_2-4)l_{\mathrm{i}}$	310.2
26	进出口穿墙区	l_3	m	$2n\delta_1$	5.33
27	弯头及中间段	l_4	m	$2n\pi R(Z_2/2-1)$	376.6
28	有效受热面布置管长	l	m	$l'-(l_1+l_2+l_4)/2+l_3/2$	10069.1
29	受热面积	A	m²	πdl	1012.3
30	烟气流通面积	A_{g}	m²	$ab-Z_1d(l_{\mathrm{i}}+4R)$	37.5
31	水的流通截面	A_{w}	m²	$2n(\pi d_{\mathrm{n}}^2/4)$	0.10
32	有效辐射层厚度	s	m	$0.9d(4\sigma_1\sigma_2/\pi-1)$	0.186

表 E18　上级省煤器热力计算

序号	名　　称	符号	单位	计算公式或数据来源	数值
1	烟气进口焓	I'	kJ/kg	查表 E15	7213.2
2	烟气进口温度	θ'	℃	查表 E15	515.0
3	烟气出口温度	θ''	℃	先假定后校核	421
4	烟气出口焓	I''	kJ/kg	查表 E3	5938.7
5	省煤器对流吸热量	Q_{c}	kJ/kg	$\phi(I''-I'+\Delta\alpha I_{\mathrm{ca}}^0)$	1273.2

续表

序号	名　　称	符号	单位	计算公式或数据来源	数值
6	锅炉排污率	δ_{bd}	%	查表E16	1
7	省煤器水量	D_{eco}	t/h	查表E16	400.1
8	省煤器出口水焓	i''	kJ/kg	查表E16	1207.4
9	出口水压	p''	MPa	设计选取	15.07
10	出口水温	t''	℃	查焓熵图	275.0
11	进口水焓	i'	kJ/kg	$i''-3.6B_{cal}Q_c/D_{eco}$	1085.6
12	焓增量	Δi	kJ/kg	$i''-i'$	121.7
13	进口水压	p'	MPa	设计选取	15.3
14	进口水温	t''	℃	查焓熵图	249.9
15	逆流较大温差	Δt_{max}	℃	$\theta'-t''$	240.0
16	逆流较小温差	Δt_{min}	℃	$\theta''-t'$	171.1
17	逆流平均温差	Δt	℃	$(\Delta t_{max}-\Delta t_{min})/(\ln\Delta t_{max}/\Delta t_{min})$	203.6
18	平均烟温	θ_{ave}	℃	$(\theta'+\theta'')/2$	468.0
19	平均水温	t_{ave}	℃	$(t'+t'')/2$	262.4
20	介质质量流速	ρw	kg/(m²·s)	$D_{eco}/(3.6A_w)$	1106.6
21	烟气流速	ω_g	m/s	$B_{cal}V_g(\theta_{ave}+273)/(273A_g)$	7.54
22	标准烟气热导率λ	λ	W/(m·℃)	查物性参数图表	0.0626
23	标准烟气运动黏度ν	ν	m²/s	查物性参数图表	6.79×10^{-5}
24	平均烟气普朗特数	Pr_{ave}	—	查物性参数图表	0.623
25	烟气普朗特数	Pr	—	$(0.94+0.56r_{H_2O})Pr_{ave}$	0.610
26	斜向相对节距	s_2'/d	—	$[1/4(s_1/d)^2+(s_2/d)^2]^{1/2}$	2.44
27	判断参数	ϕ_σ	—	$(s_1/d-1)/(s_2'/d-1)$	1.47
28	管排数改正系数	C_z	—	参考《原理》式(12-21)	1
29	烟气成分及温度改正系数	C_w	—	$0.92+0.726r_{H_2O}$	0.971
30	节距改正系数	C_s	—	$0.95\phi_\sigma^{0.1}$	0.988
31	烟气侧对流放热系数	α_c	W/(m²·℃)	$0.358\lambda/d(\omega_g/\nu)^{0.6}Pr^{0.33}C_zC_sC_w$	77.02
32	管壁灰污层温度	t_w	℃	$t_{ave}+60$	322.4
33	p_n与s的乘积	p_ns	m·MPa	pr_ns	3.84×10^{-3}
34	烟气辐射减弱系数	k_g	$(m\cdot MPa)^{-1}$	$10.2[(0.78+1.6r_{H_2O})/(10.2p_ns)^{0.5}-0.1](1-0.37T_{ave}/1000)$	32.62
35	飞灰减弱系数	k_{fa}	$(m\cdot MPa)^{-1}$	$48350\rho_g/(T_{ave}^2d_{fa}^2)^{1/3}$	112.2
36	辐射减弱系数	K	$(m\cdot MPa)^{-1}$	$k_gr_n+k_{fa}\mu_{fa}$	7.69
37	烟气辐射吸收力	Kps	—	Kps	0.143
38	烟气黑度	ε	—	$1-e^{-Kps}$	0.133
39	辐射放热系数	α_r	W/(m²·℃)	$5.7\times10^{-8}(\varepsilon_w+1)/2\varepsilon T_{ave}^3[1-(T_w/T_{ave})^4]/[1-(T_w/T_{ave})]$	8.26
40	燃料修正系数	A	—	参考《原理》式(12-62)	0.4
41	辐射放热系数修正	α_r'	W/(m²·℃)	$\alpha_r[1+A(T'/1000)^{0.25}(l_r/b)^{0.07}]$	13.99

续表

序号	名　　称	符号	单位	计算公式或数据来源	数值
42	灰污系数基本值	ζ_0	$m^2 \cdot ℃/W$	参考《原理》图 12-14	0.0032
43	灰污系数附加值	$\Delta\zeta$	$m^2 \cdot ℃/W$	参考《原理》表 12-4	0.0017
44	管径改正系数	C_d	—	参考《原理》图 12-14	0.75
45	灰污系数	ζ	$m^2 \cdot ℃/W$	$C_d\zeta_0+\Delta\zeta$	0.0041
46	烟气侧放热系数	α_1	$W/(m^2 \cdot ℃)$	$\alpha_d+\alpha_f'$	91.00
47	传热系数	K	$W/(m^2 \cdot ℃)$	$\alpha_1/(\zeta\alpha_1+1)$	66.27
48	对流传热量	$Q_{c,cal}$	kJ/kg	$K\Delta tA/(1000B_{cal})$	1285.4
49	误差	e	%	$(Q_c-Q_{c,cal})/Q_c\times100$	−0.96

注：1. 省煤器两级布置，要分级计算。

2. 考虑到煤中的灰分，在管组烟气入口处的第一、二排管，管子弯头部分及靠墙的管子都装防磨盖板。

3. 上级省煤器布置要比下级省煤器小，这是为了使上级空气预热器有足够的传热温压。

4. 对流受热面中的烟气流速既与受热面的传热强度有关，也和烟气侧流阻、磨损有关。提高烟气流速虽然会加强传热，减少受热面而节省钢材，在另一方面却增大流阻，增高受热面的磨损。本例参考《原理》13-15 节和北京锅炉厂的实践经验，进行受热面布置，以获得合理的烟气流速。

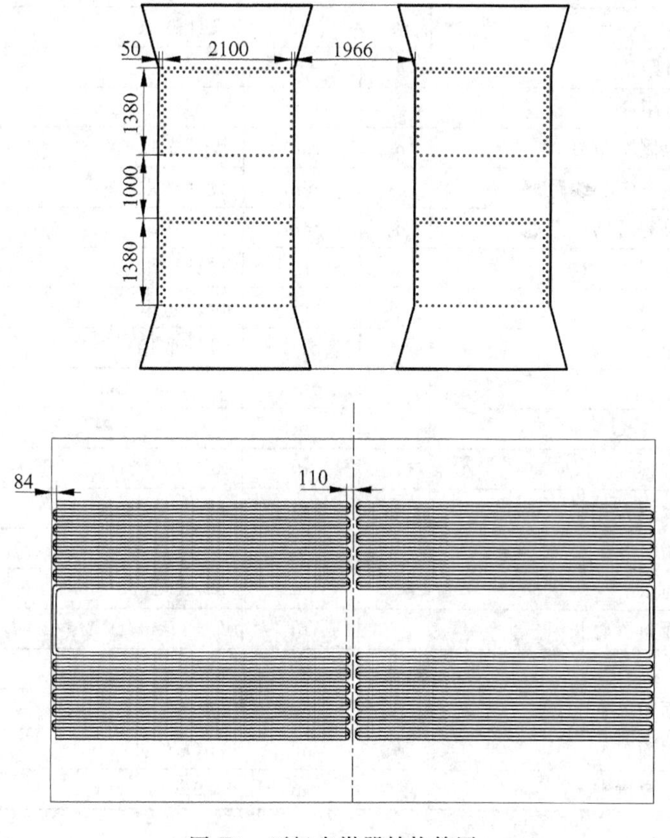

图 E9　下级省煤器结构简图

表 E19　下级省煤器结构

序号	名　　称	符号	单位	计算公式或数据来源	数值
1	管子直径	d	mm	设计选取	32
2	管子壁厚	δ	mm	设计选取	4
3	横向双排数	$Z_{1,\mathrm{even}}$	—	设计选取	44
4	横向单排数	$Z_{1,\mathrm{odd}}$	—	设计选取	43
5	平均横向排数	$Z_{1,\mathrm{ave}}$	—	$0.5(Z_{1,\mathrm{even}}+Z_{1,\mathrm{odd}})$	43.5
6	纵向排数(垂直方向)	Z_2	—	设计选取	48
7	并联管数	n	—	$(Z_{1,\mathrm{even}}+Z_{1,\mathrm{odd}})$	87
8	弯曲半径	R	mm	设计选取	60
9	横向节距	s_1	mm	设计选取	100
10	纵向节距	s_2	mm	设计选取	60
11	省煤器前辐射空间深度	l_r	m	设计选取	1
12	省煤器隔断深度	l_spa	m	设计选取	1
13	省煤器高度	h	m	设计选取	3.76
14	横向相对节距	σ_1	—	s_1/d	3.125
15	纵向相对节距	σ_2	—	s_2/d	1.875
16	省煤器管距侧墙距离	δ_1	mm	设计选取	24
17	省煤器管距离中心线距离	δ_2	mm	设计选取	50
18	省煤器管与前后墙墙距离	δ_3	mm	设计选取	50
19	竖直烟井宽度	a	m	设计选取	9.841
20	烟道深度	b	m	设计选取	4.4
21	省煤器管组数	—	—	设计取用	2
22	每排管长	l_i	m	$a-2(\delta_1+\delta_2)$	9.693
23	受热面布置管长	l'	m	$Z_{1,\mathrm{ave}}Z_2 l_\mathrm{i}+n\pi R(Z_2-2)/2$	20616.7
24	最上面二排管长	l_1	m	$2nl_\mathrm{i}$	1686.6
25	靠墙和中心线管排长	l_2	m	$4(Z_2-4)l_\mathrm{i}$	1706.0
26	进出口穿墙区	l_3	m	$2n\delta_1$	4.18
27	弯头及中间段	l_4	m	$2n\pi R(Z_2/2-1)$	754.4
28	有效受热面布置管长	l	m	$l'-(l_1+l_2+l_4)/2+l_3/2$	18545.3
29	受热面积	A	m^2	πdl	1864.4
30	烟气流通面积	A_g	m^2	$ab-Z_1 d(l_\mathrm{i}+4R)$	29.47
31	水的流通截面	A_w	m^2	$2n(\pi d_\mathrm{n}^2/4)$	0.0787
32	有效辐射层厚度	s	m	$0.9\mathrm{d}(4\sigma_1\sigma_2/\pi-1)$	0.186

表 E20　下级省煤器热力计算

序号	名　　称	符号	单位	计算公式或数据来源	数值
1	烟气进口焓	I'	kJ/kg	查表 E22	4625.3
2	烟气进口温度	θ'	℃	查表 E22	326.8
3	进口水压	p'	MPa	设计选取	15.6
4	进口水温	t''	℃	设计选取	235
5	进口水焓	i'	kJ/kg	查焓熵图	1016.1
6	省煤器水量	D_{eco}	t/h	查表 E16	400.1
7	烟气出口温度	θ''	℃	先假定后校核	275
8	烟气出口焓	I''	kJ/kg	查表 E3	3919.7
9	省煤器对流吸热量	Q_d	kJ/kg	$\varphi(I'-I''+\Delta\alpha I_{ca}^0)$	706.6
10	省煤器出口水焓	i''	kJ/kg	$i'+3.6B_{cal}Q_c/D_{eco}$	1083.7
11	出口水压	p''	MPa	设计选取	15.3
12	出口水温	t'	℃	查焓熵图	249.5
13	温差		℃		−0.4
14	逆流较大温差	Δt_{max}	℃	$\theta'-t''$	77.3
15	逆流较小温差	Δt_{min}	℃	$\theta''-t'$	40.0
16	逆流平均温差	Δt	℃	$(\Delta t_{max}-\Delta t_{min})/(\ln\Delta t_{max}/\Delta t_{min})$	56.6
17	平均烟温	θ_{ave}	℃	$(\theta'+\theta'')/2$	300.9
18	平均水温	t_{ave}	℃	$(t'+t'')/2$	242.3
19	烟气流速	ω_g	m/s	$B_{cal}V_g(\theta_{ave}+273)/(273A_g)$	7.70
20	介质质量流速	w	kg/(m²·s)	$D_{eco}/(3.6A_w)$	1411.9
21	标准烟气热导率	λ	W/(m·℃)	查物性参数图表	0.0483
22	标准烟气运动黏度	ν	m²/s	查物性参数图表	4.37×10^{-5}
23	平均烟气普朗特数	Pr_{ave}	—	查物性参数图表	0.650
24	烟气普朗特数	Pr	—	$(0.94+0.56r_{H_2O})Pr_{ave}$	0.636
25	斜向相对节距	s_2'/d	—	$[1/4(s_1/d)^2+(s_2/d)^2]^{1/2}$	2.44
26	判断参数	φ_σ	—	$(s_1/d-1)/(s_2'/d-1)$	1.47
27	管排数改正系数	C_z	—	参考《原理》式(12-21)	1
28	烟气成分及温度改正系数	C_w	—	$0.92+0.726r_{H_2O}$	0.97
29	节距改正系数	C_s	—	$0.768\varphi_\sigma^{0.5}$	0.93
30	烟气侧对流放热系数	α_c	W/(m²·℃)	$0.358\lambda/d(\omega_g/\nu)^{0.6}Pr^{0.33}\ C_zC_sC_w$	74.94
31	管壁灰污层温度	t_w	℃	$t_{ave}+25$	267.3

续表

序号	名　称	符号	单位	计算公式或数据来源	数值
32	p_n 与 s 的乘积	$p_n s$	m·MPa	$pr_n s$	0.0037
33	烟气辐射减弱系数	k_g	$(\mathrm{m \cdot MPa})^{-1}$	$10.2[(0.78+1.6r_{H_2O})/(10.2p_n s)^{0.5}-0.1](1-0.37T_{ave}/1000)$	35.89
34	飞灰减弱系数	k_{fa}	$(\mathrm{m \cdot MPa})^{-1}$	$48350\rho_g/(T_{ave}^2 d_{fa}^2)^{1/3}$	132.91
35	辐射减弱系数	K	$(\mathrm{m \cdot MPa})^{-1}$	$k_g r_n + k_{fa}\mu_{fa}$	8.25
36	烟气辐射吸收力	Kps	—	Kps	0.154
37	烟气黑度	ε	—	$1-e^{-Kps}$	0.142
38	辐射放热系数	α_r	W/(m²·℃)	$5.7\times10^{-8}(\varepsilon_w+1)/2\varepsilon T_{ave}^3\times[1-(T_w/T_{ave})^4]/[1-(T_w/T_{ave})]$	5.06
39	燃料修正系数	A	—	参考《原理》式(12-62)	0.4
40	辐射放热系数修正	α_r'	W/(m²·℃)	$\alpha_r[1+A(T'/1000)^{0.25}\times(l_r/b)^{0.07}]$	7.69
41	灰污系数基本值	ζ_0	m²·℃/W	参考《原理》图 12-14	0.0025
42	灰污系数附加值	$\Delta\zeta$	m²·℃/W	参考《原理》表 12-4	0
43	管径改正系数	C_d	—	参考《原理》图 12-14	0.75
44	灰污系数	ζ	m²·℃/W	$C_d\zeta_0+\Delta\zeta$	1.88×10^{-3}
45	烟气侧放热系数	α_1	W/(m²·℃)	$\alpha_d+\alpha_f'$	82.62
46	传热系数	K	W/(m²·℃)	$\alpha_1/(\zeta\alpha_1+1)$	71.54
47	对流传热量	$Q_{c,cal}$	kJ/kg	$K\Delta tA/(1000B_{cal})$	710.8
48	误差	e	%	$(Q_c-Q_{c,cal})/Q_c\times100$	−0.59

E9　空气预热器结构设计及热力计算

上级空气预热器结构见图 E10。上级空气预热器结构设计见表 E21。上级空气预热器热力计算见表 E22。下级空气预热器结构见图 E11。下级空气预热器结构设计见表 E23。下级空气预热器热力计算见表 E24。

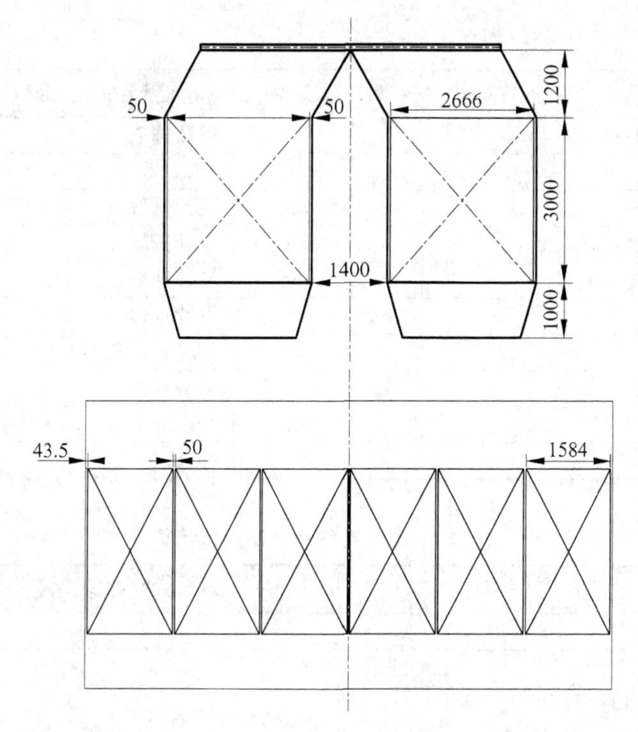

图 E10 上级空气预热器结构简图

表 E21 上级空气预热器结构

序号	名　　称	符号	单位	计算公式或数据来源	数值
1	管子直径	d	mm	设计选取	40
2	管子壁厚	δ	mm	设计选取	1.5
3	行程数	n	—	设计选取	1
4	管箱数	B	—	设计选取	12
5	横向管箱数	B_1	—	设计选取	6
6	空气流动向管箱排数	B_2	—	设计选取	2
7	管箱高度	h	m	设计选取	3
8	横向节距	s_1	—	设计选取	72
9	纵向节距	s_2	—	设计选取	43
10	横向相对节距	σ_1	—	s_1/d	1.8
11	纵向相对节距	σ_2	—	s_2/d	1.075
12	单个管箱横向排数	Z_{i1}	—	设计选取	23
13	单个管箱空气流动向排数	Z_{i2}	—	设计选取	63
14	横向排数	Z_1	—	$B_1 Z_{i1}$	138
15	空气流动向排数	Z_2	—	设计选取	126

续表

序号	名　称	符号	单位	计算公式或数据来源	数值
16	单个管箱管子根数	n_i	—	设计选取	1418
17	总管子根数	$\sum n$	—	$n_i B$	17016
18	管箱间距	δ_1	mm	设计选取	50
19	管箱与侧墙墙距离	δ_2	mm	设计选取	43.5
20	管箱与前后墙墙距离	δ_3	mm	设计选取	50
21	烟道宽度	a	m	设计选取	9.841
22	受热面积	A	m^2	$\sum nh\pi(d-\delta)/1000$	6174.3
23	烟气流通面积	A_g	m^2	$\sum n\pi/4d_n^2$	18.30
24	空气流通截面	A_a	m^2	$2h(a-Z_1d-5\delta_1)$	24.43
25	有效辐射层厚度	s	m	$0.9d_n$	0.0333

表 E22　上级空气预热器热力计算

序号	名　称	符号	单位	计算公式或数据来源	数值
1	烟气进口温度	θ'	℃	查表 E18	421
2	烟气进口焓	I'	kJ/kg	查表 E18	5938.7
3	空气预热器出口过量空气比	β''_{pah}	—	查表 E7	1.11
4	空气预热器入口过量空气比	β'_{pah}	—	$\beta''_{ah}+\Delta\alpha$	1.14
5	空气出口温度	t''	℃	设计选取	320
6	空气出口焓	I''_a	kJ/kg	查表 E3	3147.8
7	空气进口温度	t'	℃	先假定后校核	197
8	空气进口焓	I'_a	kJ/kg	查表 E3	1917.7
9	空气预热器对流吸热量	Q_c	kJ/kg	$(I''_a-I'_a)(\beta''_{aph}+0.5\Delta\alpha)$	1383.8
10	空气平均温度	t_{ave}	℃	$(t'+t'')/2$	258.5
11	空气平均焓	i_{ave}	℃	$(I''_a+I'_a)/2$	2532.8
12	烟气出口焓	I''	kJ/kg	$I'-Q_c/\varphi+\Delta\alpha i_{ave}$	4625.3
13	烟气出口温度	θ''	℃	查表 E3	326.8
14	烟气平均温度	θ_{ave}	℃	$(\theta'+\theta'')/2$	373.9
15	逆流较小温差	Δt_{min}	℃	$\theta'-t''$	101
16	逆流较大温差	Δt_{max}	℃	$\theta''-t'$	129.8
17	纯逆流平均温差	Δt	℃	$(\Delta t_{max}-\Delta t_{min})/(\ln\Delta t_{max}/\Delta t_{min})$	114.8
18	大温降	t_{max}	℃	$t''-t'$	123
19	小温降	t_{min}	℃	$\theta'-\theta''$	94.17
20	参数	P	—	$t_{min}/(\theta'-t')$	0.420
21	参数	R	—	t_{max}/t_{min}	1.31

续表

序号	名　　称	符号	单位	计算公式或数据来源	数值
22	温压修正系数	ψ	—	参考《原理》图 12-4	0.93
23	平均温差	Δt_{ave}	℃	$\psi\Delta t$	106.8
24	空气平均流速	ω_a	m/s	$B_{cal}V^0(\beta''_{aph}+0.5\Delta\alpha)(t_{ave}+273)/(273\times A_a)$	6.98
25	烟气平均流速	ω_g	m/s	$B_{cal}V_g(\theta_{ave}+273)/(273A_g)$	13.73
26	管壁温度	t_w	℃	$0.5(t_{ave}+\theta_{ave})$	316.2
27	p_n与s的乘积	$p_n s$	m·MPa	$pr_n s$	6.76×10^{-4}
28	烟气辐射减弱系数	k_g	$(m\cdot MPa)^{-1}$	$10.2[(0.78+1.6r_{H_2O})/(10.2p_n s)^{0.5}-0.1](1-0.37T_{ave}/1000)$	82.42
29	飞灰减弱系数	k_{fa}	$(m\cdot MPa)^{-1}$	$48350\rho_g/(T_{ave}^2 d_{fa}^2)^{1/3}$	122.79
30	辐射减弱系数	K	$(m\cdot MPa)^{-1}$	$k_g r_n+k_{fa}\mu_{fa}$	17.76
31	烟气辐射吸收力	Kps	—	Kps	0.0591
32	烟气黑度	ε	—	$1-e^{-Kps}$	0.0574
33	辐射放热系数	α_r	W/(m²·℃)	$5.7\times10^{-8}(\varepsilon_w+1)/2\varepsilon T_{ave}^3[1-(T_w/T_{ave})^4]/[1-(T_w/T_{ave})]$	2.79
34	相对长度改正系数	C_l	—	参考《原理》图 12-8	1
35	烟气温度及成分改正系数	C_w	—	参考《原理》图 12-8	0.98
36	烟气温度及壁温改正系数	C_t	—	参考《原理》图 12-8	1
37	标准烟气热导率	λ	—	查物性参数图表	0.055
38	标准烟气运动黏度	ν	—	查物性参数图表	5.38×10^{-5}
39	平均烟气普朗特数	Pr_{ave}	—	查物性参数图表	0.635
40	烟气普朗特数	Pr	—	$(0.94+0.56r_{H_2O})Pr_{ave}$	0.622
41	烟气侧对流放热系数	α_c	W/(m²·℃)	$0.023\lambda/d(\omega_g d/\nu)^{0.8}Pr^{0.4}C_tC_lC_w$	41.60
42	烟气侧对流放热系数	α_1	W/(m²·℃)	$\alpha_c+\alpha_t$	44.39
43	空气热导率	λ	W/(m·℃)	查物性参数图表	0.0422
44	空气运动黏度	ν	m²/s	查物性参数图表	4.28×10^{-5}
45	空气普朗特数	Pr	—	查物性参数图表	0.69
46	斜向相对节距	s_2'/d	—	$[1/4(s_1/d)^2+(s_2/d)^2]^{1/2}$	1.40
47	判断参数	φ_σ	—	$(s_1/d-1)/(s_2'/d-1)$	1.99
48	管排数改正系数	C_z	—	参考《原理》式(12-21)	1
49	烟气成分及温度改正系数	C_w	—	参考《原理》图 12-7	0.92

续表

序号	名　　称	符号	单位	计算公式或数据来源	数值
50	节距改正系数	C_s	—	$0.768\varphi_\sigma^{0.5}$	1.08
51	空气侧对流放热系数	α_2	W/(m²·℃)	$0.358\lambda/d(\omega_a d/\nu)^{0.6} Pr^{0.33} C_z C_s C_w$	64.73
52	利用系数	ξ	—	参考《原理》表 12-9	0.85
53	传热系数	K	W/(m²·℃)	$\xi\alpha_1\alpha_2/(\alpha_1+\alpha_2)$	22.38
54	对流传热量	$Q_{c,cal}$	kJ/kg	$K\Delta tA/(1000B_{cal})$	1388.535
55	误差	e	%	$(Q_c-Q_{c,cal})/Q_c\times100$	−0.34

注：1. 本例参考北京锅炉厂炉型采用双烟道布置尾部受热面，目的是为了合理布置尾部受热面和得到合理的烟气流速。

2. 空气预热器的漏风不同于其他受热面，它是向烟气侧漏入热风，所以计算时采用平均热空气温度和焓值。

3. 空气预热器中的传热情况与其他受热面不同，受热面两侧的放热系数对传热同样重要。要使空气预热器的结构经济合理，就必须研究空气流速与烟气流速的合理比例和烟气的合理流速。本例参考《原理》13-15 节和北京锅炉厂的实践经验，设计高温级空气预热器烟气流速范围在 12～14m/s，低温级空气预热器烟气流速范围在 10～11m/s，空气流速与烟气流速的比例在 0.5 左右。

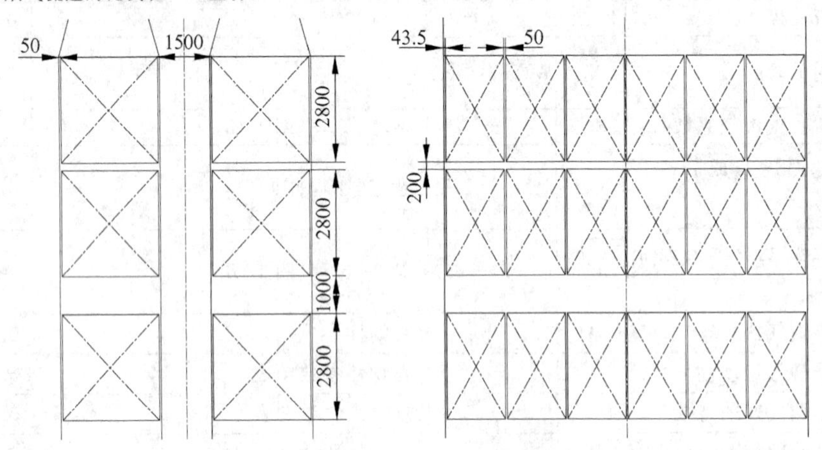

图 E11　下级空气预热器结构简图

表 E23　下级空气预热器结构

序号	名　　称	符号	单位	计算公式或数据来源	数值
1	管子直径	d	mm	设计选取	40
2	管子壁厚	δ	mm	设计选取	1.5
3	行程数	n	—	设计选取	3
4	管箱数	B	—	设计选取	12
5	横向管箱数	B_1	—	设计选取	6
6	空气流动向管箱排数	B_2	—	设计选取	2
7	管箱高度	h	m	设计选取	2.8

续表

序号	名　　称	符号	单位	计算公式或数据来源	数值
8	横向节距	s_1	mm	设计选取	72
9	纵向节距	s_2	mm	设计选取	43
10	横向相对节距	σ_1	—	s_1/d	1.8
11	纵向相对节距	σ_2	—	s_2/d	1.075
12	单个管箱横向排数	Z_{i1}	—	设计选取	23
13	单个管箱空气流动向排数	Z_{i2}	—	设计选取	63
14	横向排数	Z_1	—	$B_1 Z_{i1}$	138
15	空气流动向排数	Z_2	—	设计选取	126
16	单个管箱管子根数	n_i	—	设计选取	1418
17	总管子根数	$\sum n$	—	nB	17016
18	管箱间距	δ_1	mm	设计选取	50
19	管箱与墙距离	δ_2	mm	设计选取	43.5
20	烟道宽度	a	m	设计选取	9.841
21	受热面积	A	m^2	$n\sum nh\pi(d-\delta)/1000$	17288.1
22	烟气流通面积	A_g	m^2	$\sum n\pi/4d_n^2$	18.30
23	空气流通截面	A_a	m^2	$2h(a-Z_1 d-5\delta_1)$	22.80
24	有效辐射层厚度	s	m	$0.9d_n$	0.0333

表 E24　下级空气预热器热力计算

序号	名　　称	符号	单位	计算公式或数据来源	数值
1	烟气进口温度	θ'	℃	查表 E22	275
2	烟气进口焓	I'	kJ/kg	查表 E22	3919.7
3	空气进口温度	t'	℃	设计选取	20
4	空气进口焓	I_a'	kJ/kg	查表 E3	193.3
5	空气出口温度	t''	℃	先假定后校核	198
6	空气出口焓	I_a''	kJ/kg	查表 E3	1927.5
7	空气平均焓	$I_{a,ave}$	kJ/kg	$(I_a'+I_a'')/2$	1060.4
8	空气预热器出口过量空气比	β_{ah}''	—	查表 E22	1.14
9	空气预热器对流吸热量	Q_c	kJ/kg	$(\beta_{aph}''+0.5\Delta\alpha)(I_a''-I_a')$	2003.0
10	烟气出口焓	I''	kJ/kg	$I'+\Delta\alpha I_{a,ave}-Q_c/\varphi$	1940.4
11	烟气出口温度	θ''	℃	查表 E3	135.5
12	空气平均温度	t_{ave}	℃	$(t'+t'')/2$	109
13	烟气平均温度	θ_{ave}	℃	$(\theta'+\theta'')/2$	205.2
14	逆流较小温差	Δt_{min}	℃	$\theta'-t''$	77

续表

序号	名　　称	符号	单位	计算公式或数据来源	数值
15	逆流较大温差	Δt_{max}	℃	$\theta''-t'$	115.5
16	纯逆流平均温差	Δt	℃	$(\Delta t_{max}-\Delta t_{min})/(\ln\Delta t_{max}/\Delta t_{min})$	94.9
17	大温降	t_{max}	℃	$t''-t'$	178
18	小温降	t_{min}	℃	$\theta'-\theta''$	139.5
19	参数	P	—	$t_{min}/(\theta'-t')$	0.547
20	参数	R	—	t_{max}/t_{min}	1.28
21	温压修正系数	ψ	—	参考《原理》图 12-4	0.96
22	平均温差	Δt_{ave}	℃	$\psi\Delta t$	91.14
23	空气平均流速	ω_a	m/s	$B_{cal}V^0(\beta''_{aph}+0.5\Delta\alpha)(t_{ave}+273)/(273\times A_a)$	5.52
24	烟气平均流速	ω_g	m/s	$B_{cal}V_g(\theta_{ave}+273)/(273A_g)$	10.53
25	管壁温度	t_w	℃	$0.5(t_{ave}+\theta_{ave})$	157.1
26	p_n 与 s 的乘积	$p_n s$	m·MPa	$pr_n s$	0.000654
27	烟气辐射减弱系数	k_g	$(\text{m}\cdot\text{MPa})^{-1}$	$10.2[(0.78+1.6r_{H_2O})/(10.2p_n s)^{0.5}-0.1](1-0.37T_{ave}/1000)$	90.40
28	飞灰减弱系数	k_{fa}	$(\text{m}\cdot\text{MPa})^{-1}$	$48350\rho_g/(T_{ave}^2 d_{fa}^2)^{1/3}$	150.00
29	辐射减弱系数	K	$(\text{m}\cdot\text{MPa})^{-1}$	$k_g r_n+k_{fa}\mu_{fa}$	18.96
30	烟气辐射吸收力	Kps	—	Kps	0.0631
31	烟气黑度	ε	—	$1-e^{-Kps}$	0.0612
32	辐射放热系数	α_r	W/(m²·℃)	$5.7\times10^{-8}(\varepsilon_w+1)/2\varepsilon T_{ave}^3[1-(T_w/T_{ave})^4]/[1-(T_w/T_{ave})]$	1.18
33	相对长度改正系数	C_l	—	参考《原理》图 12-8	1
34	烟气温度及成分改正系数	C_w	—	参考《原理》图 12-8	0.98
35	烟气温度及壁温改正系数	C_t	—	参考《原理》图 12-8	1
36	标准烟气热导率	λ	—	查物性参数图表	0.040
37	标准烟气运动黏度	ν	—	查物性参数图表	3.19×10^{-5}
38	平均烟气普朗特数	Pr_{pj}	—	查物性参数图表	0.669
39	烟气普朗特数	Pr	—	$(0.94+0.56r_{H_2O})Pr_{ave}$	0.654
40	烟气侧对流放热系数	α_c	W/(m²·℃)	$0.023\lambda/d(\omega_g d/\nu)^{0.8}Pr^{0.4}C_tC_lC_w$	38.43
41	烟气侧对流放热系数	α_1	W/(m²·℃)	$\alpha_c+\alpha_f$	39.61
42	空气热导率	λ	W/(m·℃)	查物性参数图表	0.12

续表

序号	名称	符号	单位	计算公式或数据来源	数值
43	空气运动黏度	ν	m^2/s	查物性参数图表	4.49×10^{-4}
44	空气普朗特数	Pr	—	查物性参数图表	0.7
45	斜向相对节距	s_2'/d	—	$[1/4(s_1/d)^2+(s_2/d)^2]^{1/2}$	1.40
46	判断参数	φ_σ	—	$(s_1/d-1)/(s_2'/d-1)$	1.99
47	管排数改正系数	C_z	—	参考《原理》式(12-21)	1
48	烟气成分及温度改正系数	C_w	—	参考《原理》图12-7	0.92
49	节距改正系数	C_s	—	$0.768\varphi_\sigma^{0.5}$	1.08
50	空气侧对流放热系数	α_2	W/(m²·℃)	$0.358\lambda/d(\omega_a d/\nu)^{0.6}Pr^{0.33}C_zC_sC_w$	38.58
51	利用系数	ξ	—	参考《原理》表12-9	0.7
52	传热系数	K	W/(m²·℃)	$\xi\alpha_1\alpha_2/(\alpha_1+\alpha_2)$	13.68
53	对流传热量	$Q_{c,cal}$	kJ/kg	$K\Delta tA/(1000B_{cal})$	2028.6
54	误差	e	%	$(Q_c-Q_{c,cal})/Q_c\times100$	−1.28

E10 热力计算主要参数汇总

锅炉热力计算的主要参数汇总于表E25。

表E25 热力计算主要参数汇总

参数名称	符号	单位	屏式过热器	高温过热器热段	高温过热器冷段	低温过热器	转向室	上级省煤器	上级空气预热器	下级省煤器	下级空气预热器
烟气出口温度	θ'	℃	1005.0	750.4	750.4	522.0	515.0	421.0	326.8	275.0	135.5
介质进口温度	t'	℃	395.0	489.4	447.8	350.0	348.5	249.9	197.0	235.0	20.0
介质出口温度	t''	℃	447.6	540.0	500.3	407.5	349.9	275.0	320.0	249.5	198.0
烟气平均速度	$\omega_{g,ave}$	m/s	5.59	10.52	10.52	10.69	—	7.54	13.73	7.70	10.53
介质平均速度	ω	m/s	17.82	16.71	15.41	10.47	—	1106.6	6.98	1411.9	5.52
受热面积	A/H	m²	519.8	700.7	672.7	2545.3	173.3	1012.3	6174.3	1864.4	17288.1
平均温差	Δt	℃	635.3	340.5	395.1	247.8	141.7	203.6	106.8	56.6	91.1
传热系数	K	W/m²·℃	40.07	65.44	64.85	52.51	45.35	66.27	22.38	71.54	13.68
对流吸热量	$Q_{c,cal}$	kJ/kg	1245.3	1469.3	1621.8	3116.2	104.8	1285.4	1388.5	710.8	2028.6

注：省煤器介质平均速度为质量流速(kg/(m²·s))。

参考文献

1. 邹鹏程.量子力学.北京：高等教育出版社,1989
2. 钟云霄.热力学与统计物理.北京：科学出版社,1988
3. 郭硕鸿.电动力学.北京：高等教育出版社,1986
4. 陆大有.工程辐射传热.北京：国防工业出版社,1988
5. 埃克特 E R G,德雷克 R M.传热与传质分析.航青,译.北京：科学出版社,1983
6. 斯帕罗 E M,塞斯 R D.辐射传热.顾传保,张学学,译.北京：高等教育出版社,1982
7. 西格尔 R,豪厄尔 J R.热辐射传热.曹玉璋,等译.北京：科学出版社,1990
8. Holman J P. Heat Transfer. 5th Edition. New York：McGraw-Hill,1981
9. 杨世铭,传热学.第二版.北京：高等教育出版社,1987
10. 王兴安,梅飞鸣.辐射传热.北京：高等教育出版社,1989
11. 北京锅炉厂设计科译.锅炉机组热力计算校准方法.北京：机械工业出版社,1976
12. 秦裕琨.炉内传热.第二版.北京：机械工业出版社,1992
13. 《工业锅炉设计计算标准方法》编委会.工业锅炉设计计算标准方法.北京：中国标准出版社,2003
14. 余其铮.辐射换热基础.北京：高等教育出版社,1990
15. 岑可法,樊建人,池作和,沈珞禅.锅炉和热交换器的积灰、结渣、磨损和腐蚀的防止原理和计算.北京：科学出版社,1994
16. 巴苏 P,弗雷泽 S A.循环流化床锅炉的设计和运行.岑可法,译.北京：科学出版社,1994
17. 冯俊凯,沈幼庭,杨瑞昌.锅炉原理及计算.第三版.北京：科学出版社,2003
18. 杨贤荣,马庆芳.辐射换热角系数手册.北京：国防工业出版社,1982
19. 机械工业部.层状燃烧及沸腾燃烧工业锅炉热力计算方法(JB/DQ 1060—82),1982
20. 卞伯绘.辐射换热的分析与计算.北京：清华大学出版社,1988
21. 陈学俊,陈听宽.锅炉原理.第二版.北京：机械工业出版社,1991
22. 《冯俊凯论文选集》编辑组.冯俊凯论文选集.北京：机械工业出版社,2002
23. 顾莱纳 W,奈斯 L,斯托克 H.热力学与统计物理.钟云霄,译.北京：北京大学出版社,2001
24. 包科达.热物理学基础.北京：高等教育出版社,2001
25. 马腾才.等离子体物理原理.合肥：中国科技大学出版社,1988
26. 王补宣.工程传热传质学(上).北京：科学出版社,1982
27. 韩才元,徐明厚,周怀春,邱建荣.煤粉燃烧.北京：科学出版社,2001
28. 王应时,范维澄,周力行,徐旭常.燃烧过程数值计算.北京：科学出版社,1986
29. Edwards D K, Weiner M M. Comment on radiative transfer in nonisothermal gases. Combustion Flame ,1966,10：202～203
30. Cess R D, Wang L S. A band absorptance formulation for nonisothermal gaseous radiation. Int. J. Heat Mass Transfer,1970,13：547～556

31. Edwards D K, Balakrishnan A. Thermal radiation by combustion gases. Int. J. Heat Mass Transfer,1973,16:25～40
32. Basu P, et al. An investigation into heat transfer in circulating fluidized bed. Int. J. Heat Mass Transfer,1987,30:2399～2409
33. 岑可法,倪明江等.循环流化床/锅炉理论设计与运行.北京:中国电力出版社,1998
34. 刘效洲,余战英,惠世恩,徐通模.热管式热流计的开发研制.动力工程,2001,21(14)
35. 洪梅,董芃,秦裕琨.大型煤粉锅炉炉膛传热分体式计算方法研究.哈尔滨工业大学学报,2000,32(3)
36. 张永福.锅炉参数对炉内传热的影响.热力发电,2000,(1)
37. 唐必光.大容量锅炉炉膛换热计算的一个新方法.动力工程,1992,(6)
38. 程乐鸣,岑可法,倪明江,骆仲.循环流化床锅炉炉膛热力计算.中国电机工程学报,2002,22(12)
39. 吕俊复,邢 兴等.循环流化床燃烧室换热系数试验研究.燃烧科学与技术,2000,6(2)
40. 周克毅,赵 震,曹汉鼎.炉膛出口温度计算方法的分析与比较.动力工程,1999,19(5)
41. 张缦,别如山.循环流化床锅炉水冷壁的传热系数.锅炉制造,2005,(2)
42. 谢植,高魁明.工业辐射温度测量.沈阳:东北大学出版社,1994
43. 刘林华.炉膛传热计算方法的发展状况.动力工程,2000,20(1)